사출성형의 원리와 응용

Principles and Applications of
INJECTION MOLDING

사출성형의 원리와 응용

류민영 지음

교문사

머리말

PREFACE

사출성형과 인연을 맺은 지 33년이 지났습니다. 사출성형은 플라스틱 성형의 대표적인 공정이며 여러 분야가 복합된 종합공정이라는 생각이 듭니다. 기계, 공정, 금형, 주변기기, 소재 등이 결합되어 있고, CAE와 자동화까지 연결된 생산공정이기 때문입니다. 사출성형공정은 이제 자동화 수준을 넘어 스마트 팩토리로 발전되어 가고 있습니다. 사출공정은 머지않은 장래에 인공지능을 탑재하여 완벽한 생산 시스템으로 발전되어 갈 것으로 기대됩니다. 이러한 환경에서 사출성형의 올바른 응용 및 사출공정기술 발전의 가속화를 위해서는 사출성형의 원리를 이해하는 것이 매우 중요하다고 판단됩니다. 이렇게 중요한 생산공정인 사출성형에 대해 저의 현장 경험과 교육 경험, 그리고 문제해결에 참여한 연구 경험을 담아서《사출성형의 원리와 응용》의 교재를 발간하게 되어 매우 기쁘게 생각합니다.

본 교재는 교육기관에서는 교육자료로, 현장에서는 문제해결 가이드로, 연구기관에서는 사출공정에 포함된 기술을 이해하는 자료로 활용할 수 있도록 기대하며 내용을 구성하였습니다.

1장은 사출성형기의 구성과 작동을 이해할 수 있도록 기술하였습니다. 성형은 기계가 하는 것이므로 사출성형기의 구체적인 이해는 꼭 필요합니다. 2장은 사출성형의 원리에 대해서 논리적으로 설명하였습니다. 사출성형공정의 사이클에서 각 공정의 특징과 성형원리를 설명하였습니다. 성형원리의 충분한 이해는 문제의 해결은 물론 응용력을 증가시키기 때문에 매우 중요합니다. 3장은 사출금형의 구성에 대해서 소개하였습니다. 사출금형의 분야는 매우 넓고 사출금형의 설계는 매우 다양하기 때문에 지협적인 내용을 다루기보다는 사출금형의 전체 구성을 이해하고 성형 중 금형의 역할을 충분히 이해할 수 있도록 구성하였습니다. 많은 도식도를 이용하여 금형을 이해하기 쉽게 구성하였고 기본적인 금형설계에 대해서 기초이론을 설명하고 논리적으로 기술하였습니다. 4장 사출성형조건의 설정에서는 공정변수들의 설정방법에 대해서 논의하였습니다. 각 공정변수들에 따라 나타나는 현상을 소재와 관련 지어 설명하며 설정방법을 제시하였습니다. 특히 캐비티 내의 압력곡선을 이용하여 성형상태를 모니터링할 수 있는 지식을 갖도록 설명하였습니다. 5장 사출성형품의 특징에서는 사출성형의 원리 속에서 나타나는 특징들을 설명하였습니다. 그리고 이러한 특징이 제품의 품질에 어떻게 영향을 미치는지 기술하였으며 높은 품질을 유지하기 위한 방법을 설명하였습니다. 6장 사출성형의 불량 원인 및 대책에서는 사출성형 제품에서 나타나는 불량의 발생원인을 설명하고 이를 해결하기 위한 방법을 공정조건, 금형, 소재 등의 차원에서 설명하였습니다. 사출성형은 소재-금형-공정이 잘 어우러져야 올바른 제품을 생산할 수 있으므로 이의 관계를 이해할 수 있도록 기술하였습니다. 마지막으로 7장 사출성형을 위한 고분자 수지의 이해에서는 사출성형을 성공리에 수행하기 위해서 꼭 이해했으면 하는 내용을 담았습니다. 사출성형 엔지니어는 대부분 소재 전문가가 아니어서 고분자 수지에 대한 기본적인 이해가 부족한 경우를 종종 관찰하였습니다. 그래서 고분자를 전공하지 않은 사출성형 엔지니어가 고분자 수지를 쉽게 이해할 수 있도록 설명하였습니다. 고분자의 물성에 영향을 미치는 기본적인 인자들에 대해 설명하였고 기계적 물성과 기능, 그리고 성형성 향상을 위해 수행하는 방법들에 대해 설명하였습니다.

어떠한 교재든지 한 번의 읽기로 다 이해하기는 어렵습니다. 독자의 환경에 맞는 부분만 이해하게 됩니다. 사출성형에 종사하면서 본 교재를 잊지 않고 계속 읽는다면 지속적으로 독자의 목적을 달성하는 데 도움이 될 것으로 감히 생각합니다.

본 교재의 내용을 꾸미는 데 도움을 준 실험실 제자들에게 고마움을 전합니다. 그리고 긴 시간 동안 책의 편집을 도와준 교문사 편집팀에게 감사의 말씀을 드립니다. 비록 작지만 다양한 독자에게 큰 도움이 되길 희망합니다.

2022년 1월

저자 류민영

차례
CONTENTS

CHAPTER 1

사출성형기

CHAPTER 1

사출성형기

1.1 사출성형 개요

플라스틱의 쓰임은 단순한 일상 생활용품에서부터 반도체 및 최첨단 부품에 이르기까지 다양하다. 플라스틱은 금속이나 세라믹 소재에 비해 성형의 자유도가 높아서 다양한 형상의 제품 성형이 가능하다는 장점이 있다. 플라스틱 성형공정은 제품의 형상과 소재의 특성에 따라 사출성형(injection molding), 압출성형(extrusion shaping), 블로우성형(blow molding) 등 다양하지만 그 중에서 가장 대표적인 공정이 사출성형이다.

사출성형은 플라스틱을 녹여서 제품의 형상이 새겨져 있는 금형 속에 높은 압력과 속도로 흘려 넣은 후 금형의 냉각으로 수지를 굳혀서 제품을 성형하는 공정이다. 형상이 복잡한 제품을 성형하는 측면에서 아이디어는 단순하지만 일련의 성형과정의 조절과 장비와 장치의 구성이 복잡하다. 또 각 영역들이 유기적인 관계를 갖고 있어서 어느 하나의 영역이라도 문제가 있으면 올바른 성형을 하기가 어렵다.

사출성형공정(injection molding process)은 다른 성형공정에 비해 정밀도가 높고 생산성이 매우 높은 특성을 가지고 있다. 또한 생산의 자동화가 수월하여 요즘과 같이 스마트 공장(smart factory) 구현을 추구하고 있는 상황에서는 이를 적용하기에 가장 적합한 공정이 사출성형이라 말할 수 있다. 사출성형공정은 생산의 무인화가 가능하고 원료 공급, 생산제품의 적재 및 이송 물류 시스템을 자동으로 구현할 수 있다.

그러나 사출성형은 정밀도가 높은 제품을 생산할 수 있는 반면 제품의 품질에 영향을 주는 요인이 매우 다양하여 공정 조절이 쉽지 않다. 원재료, 사출성형기, 금형, 주변기기, 그리고 각종 공정조건이 제품의 품질에 영향을 주고 있어서 각 요소들의 특성과 요소들 간의 연관성을 잘 파악하고 있지 않으면 품질을 조절하기가 어렵다. 즉, 원재료, 기계, 금형, 그리고 공정의 종합적인 지식이 있어야 정밀도 있는 요구 품질을 만족시킬 수 있다.

본 교재는 사출성형의 기본 원리는 물론 사출성형공정의 복합적인 요소들을 잘 이해하고 조절할 수 있는 정보를 제공하고자 구성하였다.

1장에서는 사출성형기에 대해서 그의 구성과 각 구성영역의 역할에 대해서 설명하였다. 2장에서는 사출성형의 원리에 대해서 설명하였다. 제품을 성형하는 사출성형의 한 사이클의 구성에서 각 단계마다 제품이 성형되는 과정 및 역할을 자세히 설명하였다. 3장에서는 사출금형에 대해서 그의 구성과 각 구성품의 역할에 대해서 설명하였다. 그리고 금형 구성품의 기초적인 설계에 대해 기술하였다. 4장에서는 사출성형조건의 설정에 대해서 설명하였다. 사출성형의 공정 파라미터(parameter)들이 제품 성형에 영향을 주는 요소를 설명하고 최적의 제품을 사출할 수 있는 공정조건을 설정하는 데 도움을 줄 수 있도록 하였다. 5장에서는 사출성형품의 특징에 대해서 설명하였다. 사출성형 중에 나타나는 수지의 유동현상(flow behavior), 분자 배향(molecular orientation)과 잔류응력(residula stress), 성형수축(mold shrinkage) 등에 대해서 설명하였다. 6장에서는 사출성형에서 나타나는 성형불량의 원인 및 대책에 대해서 기술하였다. 불량 원인은 다양한 요소가 함께 관여되어 있는 경우가 많고 불량을 해소하기 위한 대책 또한 다양하다. 여러 대책들을 제시하고 그 중 상황에 따라 실현 가능한 방법을 채택하여 불량을 제거할 수 있도록 설명하였다. 7장에서는 사출성형을 위한 고분자 재료의 이해를 위해 고분자의 구성과 물성, 고분자의 종류, 그리고 고분자의 흐름특성에 대해서 설명하였다.

1.2 사출성형기의 구조

그림 1-1에는 사출성형기(injection molding machine)의 예로 수평식 인라인 스크류 방식 사출성형기의 구성을 보여준다. 사출성형기의 구성은 크게 사출 유닛(injection unit), 형체 유닛(clamp unit), 그리고 프레임(frame)과 유압 구동부(hydraulic power

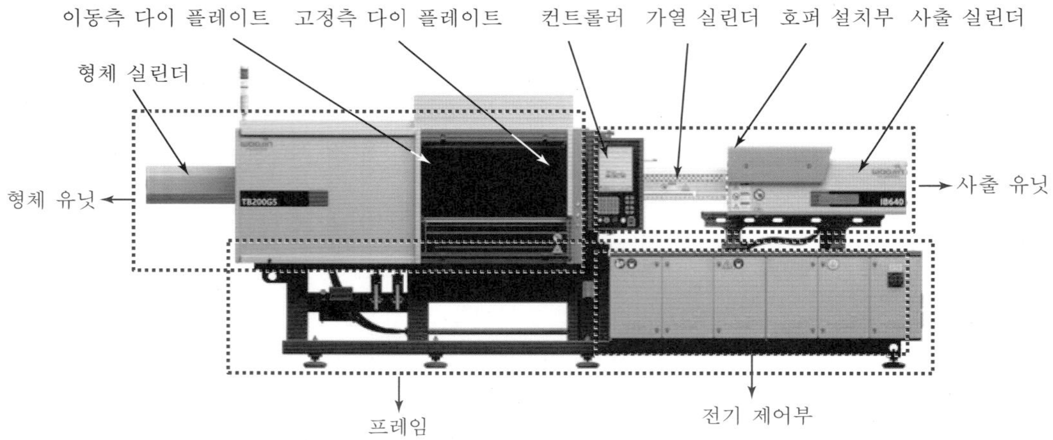

(a) 사출성형기의 정면

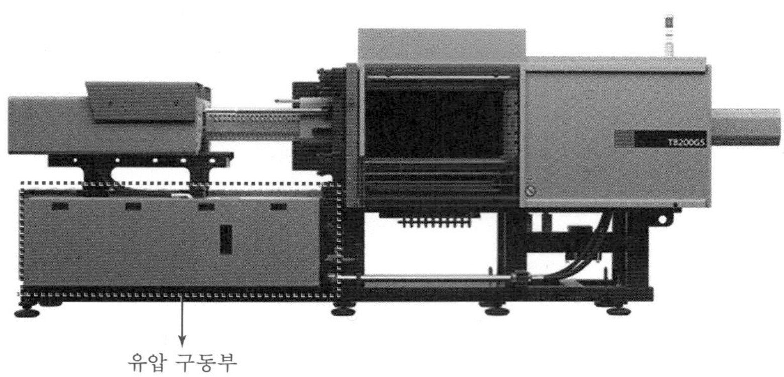

(b) 사출성형기 뒷면

그림 **1-1** 사출성형기의 구성(유압식, 수평식 인라인 스크류 방식)

system), 전기 제어부(electrical control system)로 이루어져 있다. 사출 유닛은 고체의 수지를 녹이며 앞으로 이송시키고 금형으로 수지를 주입하는 역할을 한다. 형체 유닛은 이동측 금형을 매달고 이동하면서 금형을 열고 닫는 역할과 사출 중에 금형이 열리지 않게 형체력을 발생하는 역할을 한다. 여기서는 사출성형과 직접 관련이 있는 사출 유닛과 형체 유닛에 대해 자세히 알아보자.

1.2.1 사출 유닛

그림 1-2(a)는 인라인 스크류 방식의 사출 유닛의 외관을 보여준다. 사출 유닛은 호퍼(hopper), 가열 실린더(heating cylinder), 히터(heater), 단축 스크류(single screw), 노즐(nozzle), 사출 실린더(injection cylinder)로 구성되어 있다. 그림 1-2(b)는 가열 실린더 내부의 부품을 보여준다.

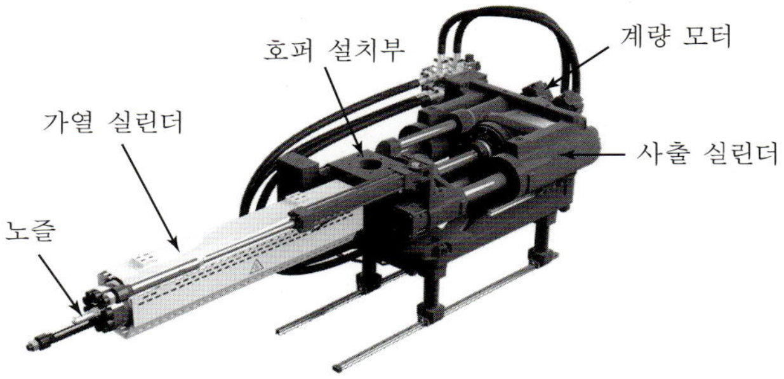

(a) 사출 유닛의 전체 구성도

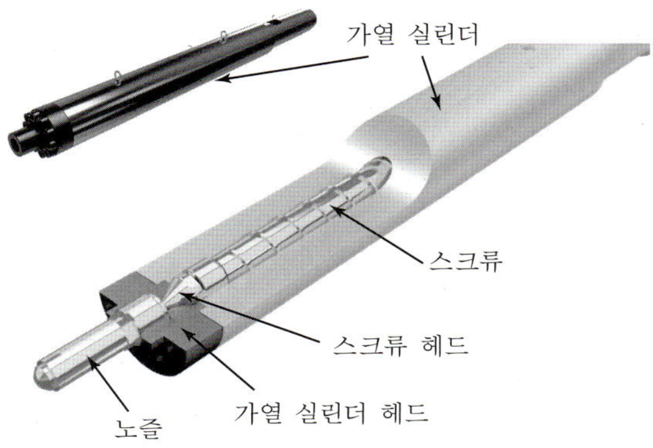

(b) 가열 실린더 내부

그림 **1-2** 사출성형기 사출 유닛의 구성

(1) 호퍼

호퍼는 가열 실린더와 연결된 장치로 고체 수지를 적재하고 이를 가열 실린더에 제공하는 역할을 한다. 고체 수지의 형태는 수지의 합성 후 후처리나 후가공에 따라 펠렛(pellet), 그래뉼(granule), 파우더(powder) 형태로 공급된다. 일반적으로 호퍼에서 수지를 건조시키거나 건조상태를 유지하기 위해 드라이어(dryer)가 설치되어 있다.

(2) 가열 실린더

가열 실린더는 수지의 가소화(plasticization) 및 용융수지를 이송하는 원통 부분이며 배럴(barrel)이라고도 한다. 가열 실린더 외부에는 밴드히터(band heater)와 열전대(thermocouple)가 장착되어 있고, 내부에는 단축 스크류(single screw)가 있다.

(3) 단축 스크류

단축 스크류는 호퍼로부터 공급되는 고체 수지를 회전으로 가소화시켜 용융수지를 스크류 선단에 모은다. 그리고 스크류가 회전을 멈추고 플런저(plunger) 역할을 하여 앞으로 전진하여 용융수지를 노즐을 통하여 금형에 주입한다. 스크류의 가장 중요한 역할은 수지의 가소화인데, 수지마다 녹는 양상이 다르므로 수지의 녹는 특성에 맞게 설계된 전용 스크류를 사용하는 경우가 많다.

(4) 노즐

노즐은 가열 실린더 선단부에 연결된 부품으로 가열 실린더 내부 스크류에서 가소화된 수지를 금형에 전달하는 통로의 역할을 한다.

(5) 사출 실린더

사출 실린더는 가열 실린더 내의 스크류를 앞으로 전진시키는 장치로, 용융수지를 적정한 압력과 속도로 금형에 주입하도록 스크류를 뒤에서 미는 힘을 제공한다. 또한 계량모터는 가열 실린더 내의 스크류에 회전을 제공한다.

1.2.2 형체 유닛

그림 1-3에 사출성형기의 형체 유닛의 구성이 나타나 있다. 고정 금형(stationary mold)

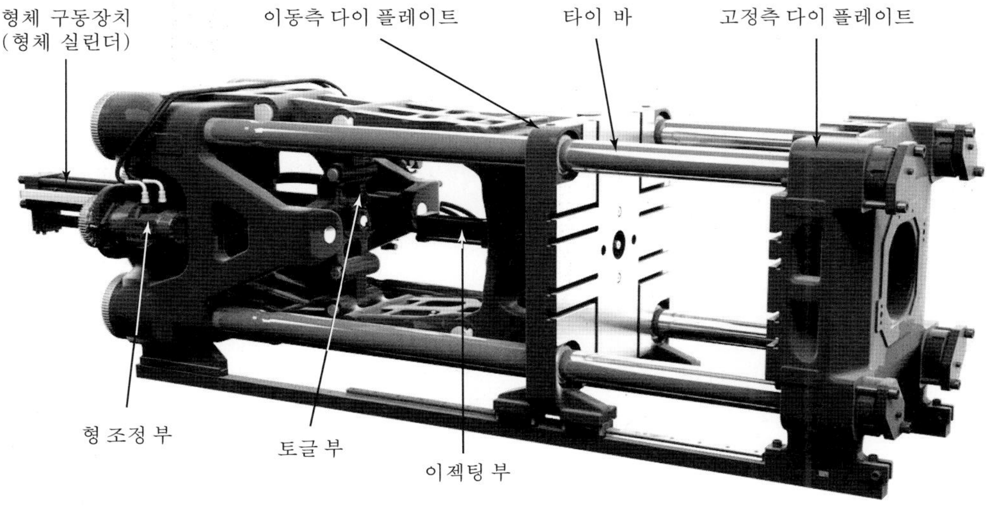

그림 **1-3** 사출성형기 형체 유닛의 구성

과 이동 금형(movable mold)을 고정하는 고정측 다이 플레이트(die plate)와 이동측(가동측) 다이 플레이트가 있다. 그리고 움직이는 이동측 다이 플레이트의 가이드 역할을 하며, 형체력(clamping force) 발생 시에는 인장되면서 지탱하는 타이 바(tie bar)가 있다. 이동측 다이 플레이트의 구동과 형체력을 제공하는 형체 구동장치(clamping device), 금형에서 고화된 성형품을 취출하는 이젝팅 기구(ejecting device), 금형의 두께를 조정할 때 사용되는 형 조정 부(mold adjustment part)로 구성되어 있다. 이동측 다이 플레이트를 구동하는 방법, 즉 금형의 개폐의 동력은 방법에 따라 유압식과 전동식이 있다. 그림 1-3의 사출성형기는 형체 실린더와 토글 부(toggle part)가 있는 유압 토글식 형체 유닛이다. 주요 부품의 설명을 다음과 같다.

(1) 다이 플레이트

다이 플레이트는 고정측 금형을 부착하는 고정측 다이 플레이트와 이동 금형을 부착하는 이동측 다이 플레이트로 구성되어 있다.

(2) 타이 바

타이 바는 고정측 및 이동측 다이 플레이트를 지탱하고 금형의 개폐운동으로 이동측 다이 플레이트가 이동할 때 슬라이드를 가이드한다. 금형이 완전히 닫혀 큰 형체력을 발휘할 때는 타이 바가 인장된다.

(3) 형체 실린더와 토글 부

금형을 개폐하고 형체력을 발생시키는 형체 실린더는 토글 링크가 조립되어 힘(형체력)이 확대되는 구조로 되어 있다.

(4) 이젝팅 부

이젝팅 부는 성형이 끝나고 고화된 제품을 이동측 금형에서 취출하는 장치로 이젝팅 플레이트를 밀어서 이젝팅 기구를 가동시킨다.

(5) 형 조정 부

형 조정 부는 금형의 크기(두께)에 맞게 이동측 다이 플레이트와 고정측 다이 플레이트의 간격을 조정하는 장치이다.

1.3 사출성형기의 종류

1.3.1 제어 동력에 의한 분류

(1) 유압식 사출성형기

유압식 사출성형기는 사출성형기의 전체적인 구동을 유압(hydraulic pressure)을 이용하여 구동하는 방식이다. 즉 모터를 회전시켜 펌프에서 토출된 유체로 유압 실린더(hydraulic cylinder)를 구동하고 또한 계량 모터를 구동하여 스크류의 회전 동작을 준다. 유압 실린더 구동을 통해 사출, 형체, 노즐, 이젝팅 장치를 구동시키는 가장 일반적으로 사용되고 있는 사출성형기이다.

그림 1-4와 1-5에 유압식 사출성형기의 모습이 나타나 있다. 사출 유닛을 구동하기 위한 사출 실린더와 형체 기구를 구동하는 형체 실린더가 있는 형식이다.

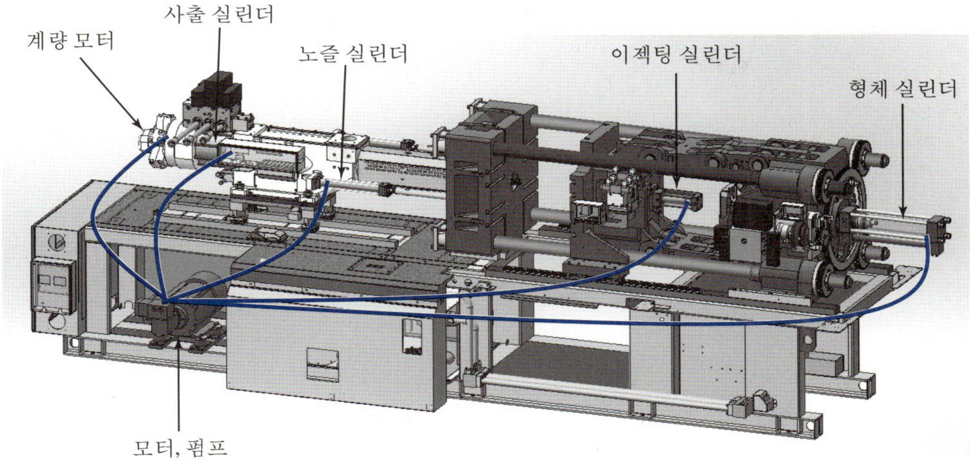

그림 **1-4** 유압식 사출성형기의 구조

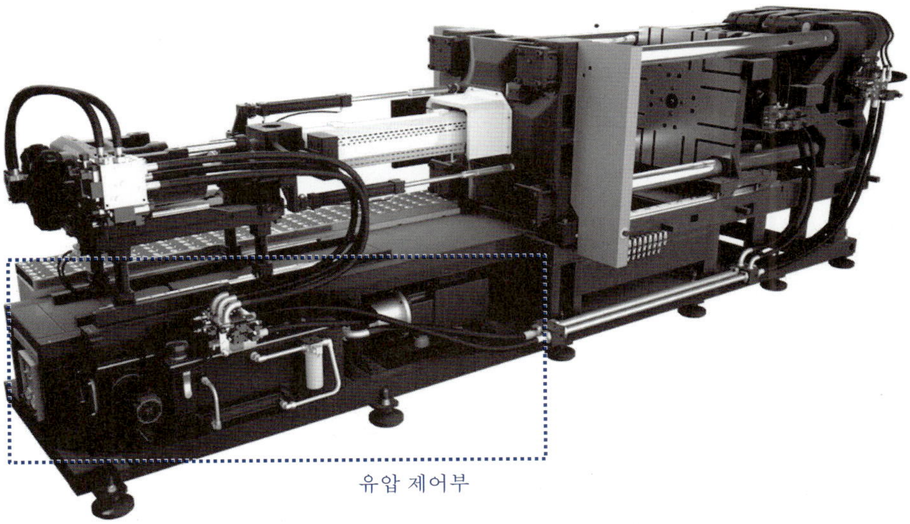

그림 **1-5** 유압식 사출성형기의 유압 제어 부분

유압식 사출성형기는 높은 압력을 장시간 유지할 수 있으며, 초기 투자비용이 적고 유지보수가 쉬운 특징을 갖고 있어 가장 일반적으로 사용되고 있다.

(2) 전동식 사출성형기

그림 1-6에 전동식 사출성형기의 구조에 대한 도식도 및 실제 모양이 나타나 있다. 그림

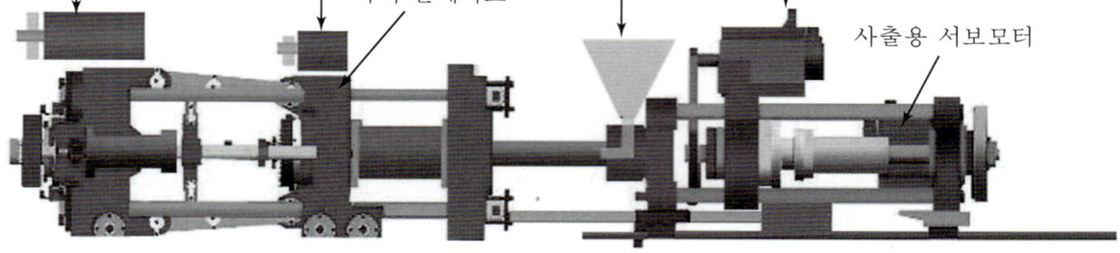

(a) 전동식 사출성형기 구조의 도식도

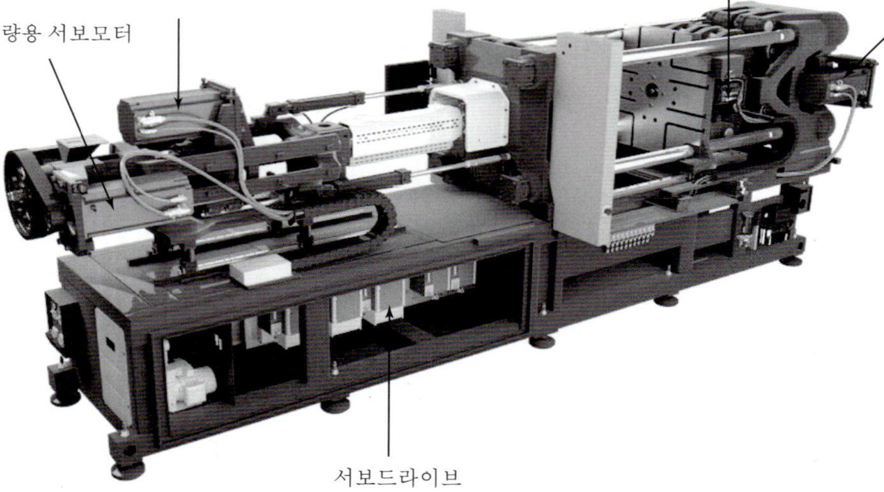

(b) 전동식 사출성형기의 실제 구조

그림 **1-6** 전동식 사출성형기의 구조

에서 보듯이 사출 유닛의 스크류의 구동은 사출용 서보모터(servo motor)를 이용하고 형체 유닛의 이동측 다이 플레이트 구동은 형체용 서보모터를 이용한다. 제품을 취출하기 위한 이젝팅 기구의 구동과 수지의 계량을 위한 스크류 회전에도 서보모터를 이용한다.

그림 1-7은 전동식 사출성형기의 사출 실린더에 사용되는 서보모터를 보여준다.

각 액추에이터 축에 서보모터를 장착하여 각 액추에이터가 필요할 때 필요한 만큼 구

그림 1-7 사출 실린더를 서보모터로 구동하는 전동식 사출성형기

동함으로써 소비 전력을 최소화할 수 있는 것이 특징이다. 형체 구동 시에도 실린더 대신 토글링크(toggle link)에 볼스크류(ball screw)를 이용하여 형 개폐 동작을 하기 때문에 감속과 가속제어가 탁월하고 충격이 작다. 그림 1-8은 서보 모터를 이용하여 토글을 구동하는 전동식 사출성형기를 보여준다. 서보모터에 의한 모든 동작이 폐쇄 회로 제어(closed loop control)로 되어 있어 위치, 속도, 토크제어가 우수하고 정밀하다. 전동식 사출성형기는 작동유를 사용하지 않으므로 유체에 의한 오염이 없으며 소음도 적다.

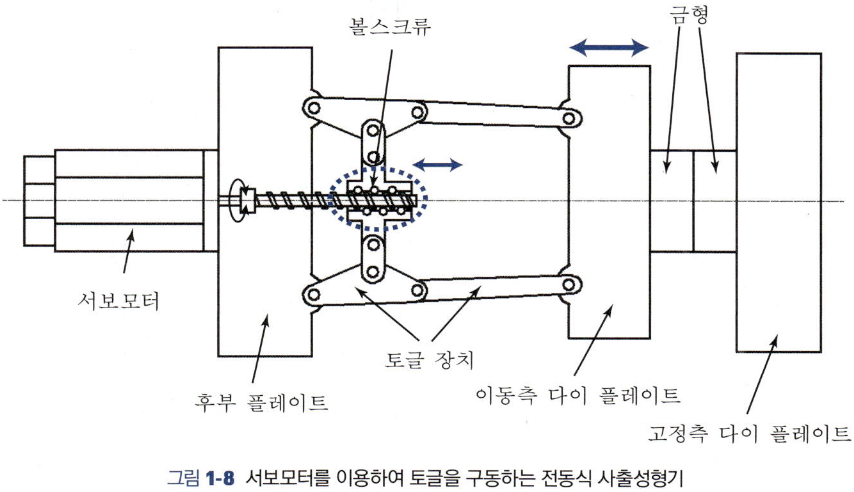

그림 1-8 서보모터를 이용하여 토글을 구동하는 전동식 사출성형기

(3) 하이브리드 방식 사출성형기

하이브리드(hybrid) 방식 사출성형기는 일반 유압 체계를 서보모터와 서보드라이브(컨트롤러)로 유압 펌프의 압력 및 유량을 제어하는 시스템이다. 전동식 사출성형기의 탁월한 제어 능력과 일반 유압 사출기의 우수한 유지 보수성의 장점을 결합한 새로운 유압 시스템이다.

그림 1-9와 1-10은 하이브리드 방식 사출성형기와 계량 하이브리드 시스템의 구성을 보여준다.

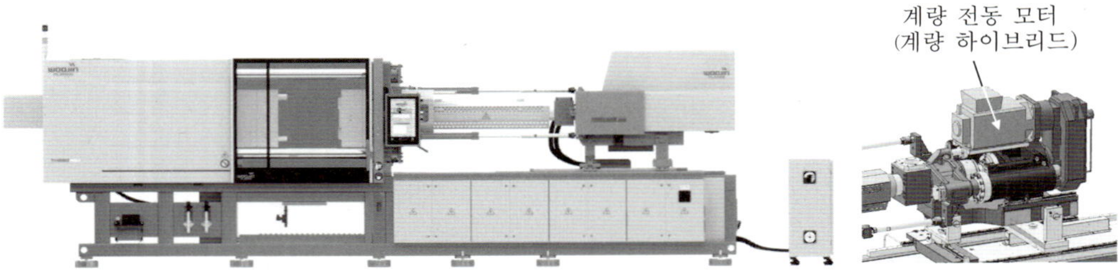

그림 **1-9** 하이브리드 방식 사출성형기

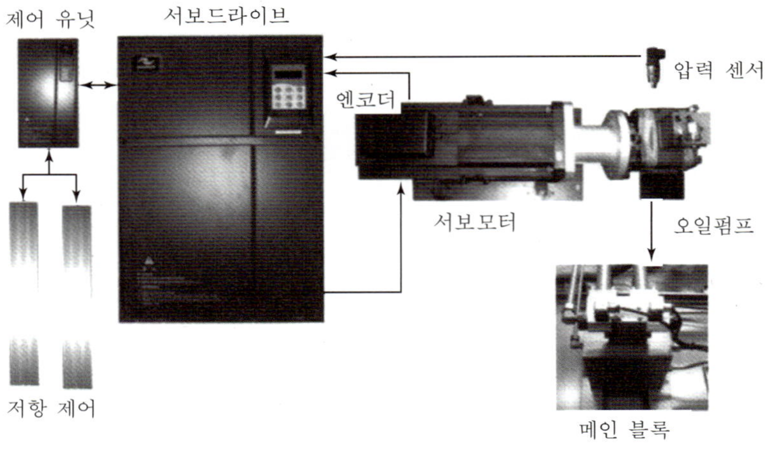

그림 **1-10** 하이브리드 시스템의 구성

1.3.2 형체 방식에 의한 분류

형체 유닛은 금형의 개폐 동작을 행하는 것 외에 금형의 캐비티 내에 사출된 용융수지의 높은 압력에 대항하여 금형이 열리지 않도록 충분한 힘으로 금형을 밀어주는 것이

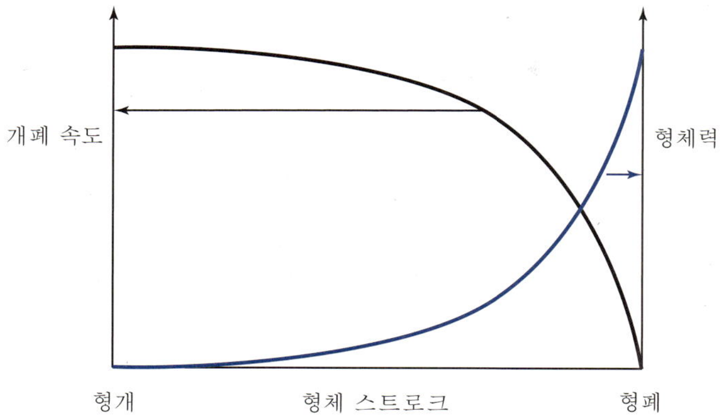

그림 1-11 형 개폐 스트로크에 따른 금형의 형 개폐 속도 및 형체력

주목적이다. 형체 유닛은 형체력 발생 방식에 따라 토글식과 직압식이 있다.

일반적인 형체 속도는 사출성형공정 중 사출을 시작하기 위해 금형이 열린 상태에서 닫히기 시작할 때는 소요시간을 줄이기 위해 고속으로 움직이며, 금형의 닫힘이 끝날 무렵에는 정밀도 및 금형의 손상 등을 고려하여 저속으로 닫힘을 끝낸다. 그러나 금형에 가해지는 힘의 크기는 반대이다. 즉, 금형이 닫히기 시작할 때는 작은 힘이 작용하고 금형의 닫힘이 끝날 때는 매우 큰 힘이 작용되어 사출성형 중에 금형이 열리지 않도록 한다. 형 개폐 스트로크에 따른 이동측 다이 플레이트의 이동 속도(금형의 개폐 속도)와 이 형판에 가해지는 힘(형체력)은 그림 1-11에서 보는 바와 같은 곡선을 보이도록 하는 게 필요하다.

(1) 토글식 형체기구

토글식 형체기구는 형체 실린더에서 발생한 힘을 기계적인 링크기구를 사용하여 힘을 확대하여 큰 형체력을 발생시키는 장치이다. 토글 링크에서 확대된 힘은 타이 바를 신장시켜 타이 바의 변형 회복력으로 형체력이 발생한다. 즉 토글기구를 이용하여 그림 1-11과 같은 형 개폐 속도와 형체력을 발휘하는 것이다.

토글기구에 있어서 구성되는 링크의 위치에 따라 힘의 확대율과 속도가 변화한다. 형체 개시의 단계에서는 속도가 빠르나 힘의 확대율은 작고, 형체완료에 가까워지면 속도가 급격하게 감소되는 반면에 힘의 확대율은 크게 증가한다. 따라서 최종적으로는 속도가 무한히 작아지게 되나 힘의 확대율은 링크기구가 강체이고 마찰손실이 없다고 가정하면 이론상 무한대로 된다. 이와 같이 일련의 형체 작동 중에 그 속도와 얻어지는 힘이 자동적으로 변하게 되는데, 그 구체적인 크기는 토글기구의 구성, 즉 링크의 수, 길이 등에 따라 다르다.

토글식은 타이 바를 신장시켜 형체력을 발생시키므로 그 크기는 유압 실린더의 힘과 토글의 확대율, 그리고 실제로는 타이 바의 신장량으로 결정된다. 토글기구의 형체력 F_t(ton)는 식 (1-1)과 같이 계산된다.

$$F_t = \frac{\pi D^2}{4} PM \times 10^{-3} \tag{1-1}$$

여기서 D(cm)는 유압 실린더의 지름, P(kg_f/cm^2)는 유압 펌프의 압력, M은 토글기구의 확대율이다. 토글기구의 확대율 M은 형체 스트로크의 각 위치에 따라 기하학적으로 결정되는 수치이다. 이 힘 F_t에 의해 타이 바가 신장된다.

실제 형체력으로서 금형에 작용하는 힘은 신장된 타이 바의 탄성 회복력에 해당되며, 이때 금형의 형체력 F(ton)는 식 (1-2)와 같이 계산된다.

$$F = nEA\frac{\Delta L}{L} \times 10^{-3} \tag{1-2}$$

여기서 E(kg_f/cm^2)는 타이 바 소재의 탄성계수, A(cm^2)는 타이 바의 단면적, ΔL(cm)은 타이 바의 신장량, L(cm)은 타이 바의 유효길이, n은 타이 바의 개수이다. 타이 바는 일반적으로 4개를 사용한다.

결과적으로 형체력은 타이 바의 탄성계수, 타이 바의 단면적과 길이 및 신장량으로 결정되므로 정해진 타이 바 재료와 길이에서 타이 바의 신장량에 비례한다.

그림 1-12는 링크기구에서 금형의 개폐 상태를 도식적으로 보여준다. 이론적으로 토글 링크 열림의 반각(ϕ)이 감소하면 금형이 열리는 방향이고, 반각이 0°이면 금형이 완전히 열린 상태로 두 금형이 가장 멀리 떨어져 있는 상태이다. 링크 열림 반각이 증가하면 금형이 닫히는 방향이고, 반각이 90°이면 금형이 완전히 닫힌 상태[그림 1-12(b)]가 된다.

이러한 링크기구에서 그림 1-11에 제시된 형 개폐 속도 및 형체력의 그래프가 나타난다. 형체 스트로크에 따른 속도와 힘은 링크기구의 고유한 특성으로 다음과 같이 분석된다.

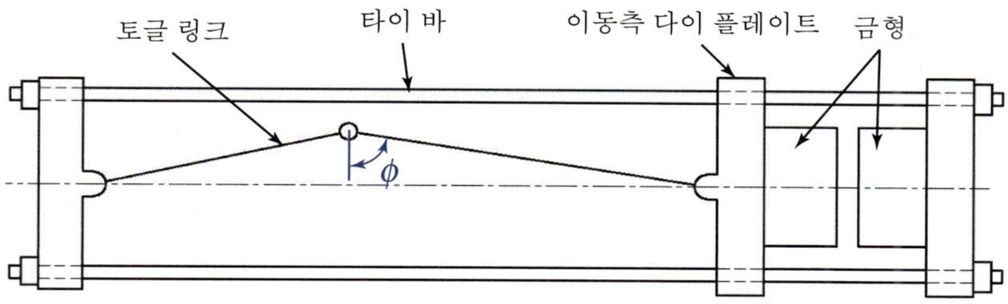

(a) 금형이 열린 상태

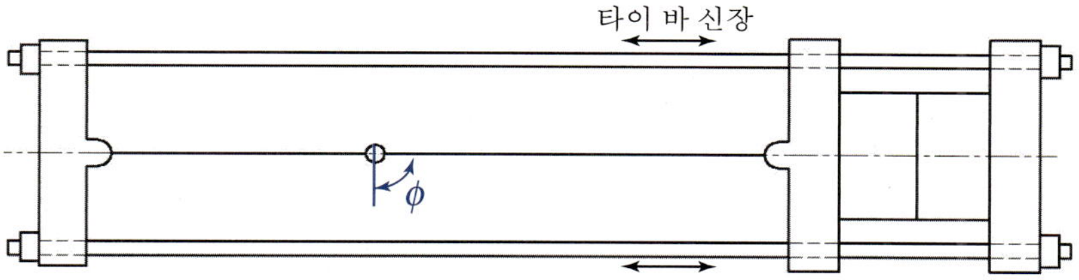

(b) 금형이 닫힌 상태

그림 **1-12** 토글식 형체기구의 모식도

그림 1-13은 반지름이 R인 링크기구에서 임의의 위치(ϕ)에 있는 링크의 끝점에서 접선 방향의 속도(V_t)와 수평 방향의 속도(V_h)를 보여준다. 링크 끝점의 접선 방향의 속도 V_t는 링크의 길이(R)와 링크의 회전 각속도의 곱으로 식 (1-3)과 같이 나타난다.

$$V_t = R(d\phi/dt) \tag{1-3}$$

링크 끝점의 수평 방향 속도는 접선 방향 속도의 수평 성분으로 식 (1-4)와 같이 계산

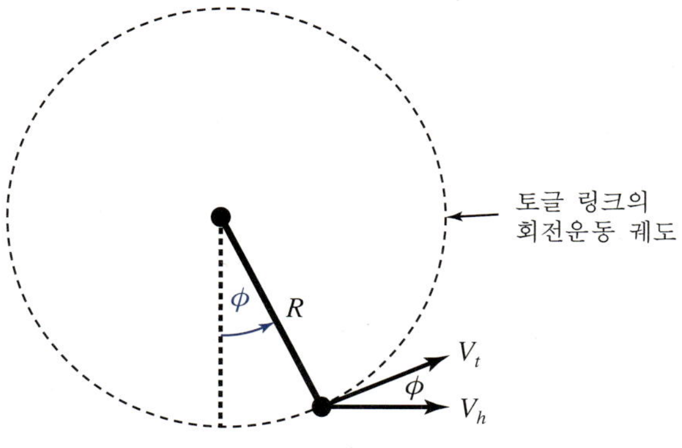

그림 **1-13** 토글 링크의 회전운동에서 임의의 열림 각도에서 링크 끝의 속도분포

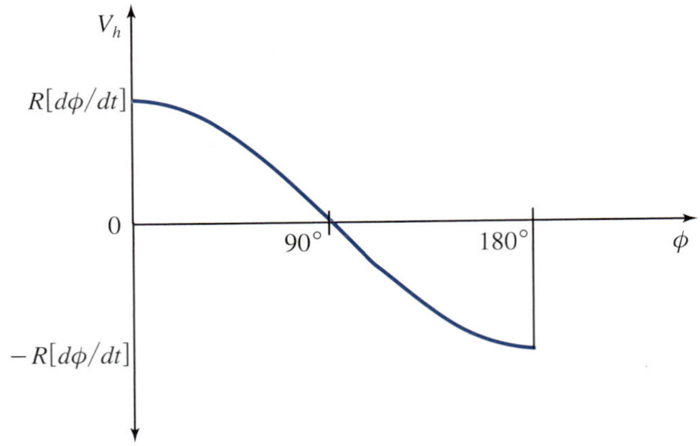

그림 1-14 토글 링크의 열림 각도에 따라 코사인 함수를 보이는 개폐 속도

된다. 수평 방향 속도 V_h는 결국 식 (1-5)와 같이 나타난다.

$$V_h = V_t \cos\phi \tag{1-4}$$

$$V_h = R(d\phi/dt)\cos\phi \tag{1-5}$$

형 개폐의 방향이 수평 방향이므로 링크 끝점의 수평 방향 속도는 형 개폐의 속도에 해당된다.

식 (1-5)의 형 개폐 속도인 수평 방향 속도를 보면 코사인(cosine) 함수를 포함하고 있는데 코사인 함수는 그림 1-14와 같다.

링크가 열리는 반각이 0°에서부터 각도가 커지는 방향이 금형이 닫히기 시작하는 운동인데 초기에 최대속도, 즉 큰 속도를 보이고 있다. 그리고 링크의 반각이 90°에 가까워지면 금형이 닫히는 영역인데 속도가 0에 접근하고 있다. 따라서 금형이 완전히 닫히면 속도는 0이다. 금형이 닫히는 속도가 그림 1-11에 제시된 형 개폐 속도 그래프를 잘 따르고 있음을 알 수 있다.

다음은 토글식 형체기구에서 어떠한 형체력을 보이는지 알아보자. 그림 1-15에 링크에 작용하는 힘이 나타나 있다. 링크기구에서 링크의 중앙을 아래로 힘(F_v)을 주어 당기면 두 링크의 끝은 그림 1-15에 도식적으로 나타난 것처럼 압축되는 힘(F_s)을 받는다. 그리고 링크의 끝에 연결된 이동측 다이 플레이트는 링크 끝의 반력으로 링크가 받는 힘과 같은 크기의 힘을 받는다. 이동측 다이 플레이트가 받는 힘은 수평과 수직의 힘

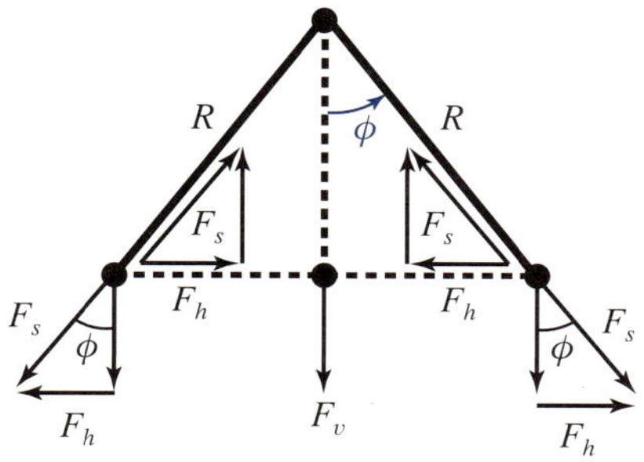

그림 **1-15** 토글 링크의 열림에 따른 링크 암의 힘 모식도

으로 나눠서 분석할 수 있다. 중앙에서 아래로 당기는 힘은 링크 끝이 받는 압축 힘의 수직 방향의 힘과 균형을 이룬다. 링크는 좌우 2개가 있으므로 식 (1-6)과 같이 표현된다.

$$F_v = 2F_s \cos\phi \tag{1-6}$$

식 (1-6)에서 링크가 받는 압축 힘(F_s)을 식 (1-7)과 같이 계산할 수 있다.

$$F_s = 0.5\frac{F_v}{\cos\phi} \tag{1-7}$$

링크 끝에서 받는 수평 방향의 힘(F_h)은 링크가 받는 압축 힘의 수평 성분이어서 식 (1-8)과 같이 계산할 수 있다.

$$F_h = F_s \sin\phi \tag{1-8}$$

이 수평 방향의 힘은 이동측 다이 플레이트를 미는 힘이어서 결국 금형을 미는 힘이다. 식 (1-7)을 식 (1-8)에 대입하면 최종적인 링크 끝의 수평 방향의 힘, 즉 금형을 미는 힘은 식 (1-9)와 같이 계산된다.

$$F_h = 0.5F_v \tan\phi \tag{1-9}$$

금형이 닫히는 힘이 탄젠트(tangent) 함수로 나타나고 있는데 그림 1-16에 수평 방향의 힘 곡선이 나타나 있다. 그림 1-11에 제시된 형체력 곡선과 같음을 알 수 있다. 이처럼 링크기구는 자연적으로 형체기구에서 요구하는(그림 1-11) 형 개폐 속도와 형체력을

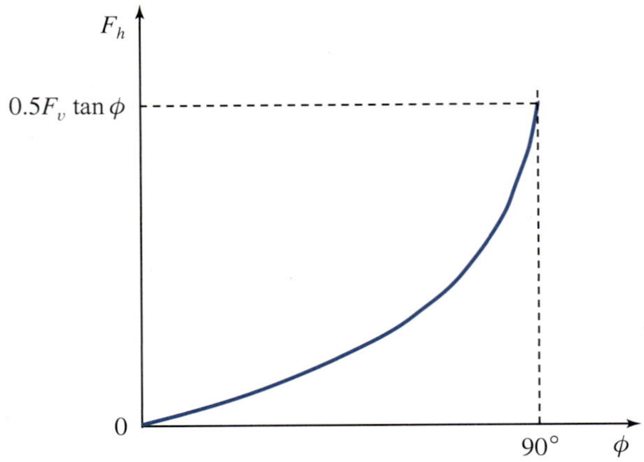

그림 1-16 토글 링크의 열림 반각에 따라 탄젠트 함수를 보이는 형체력

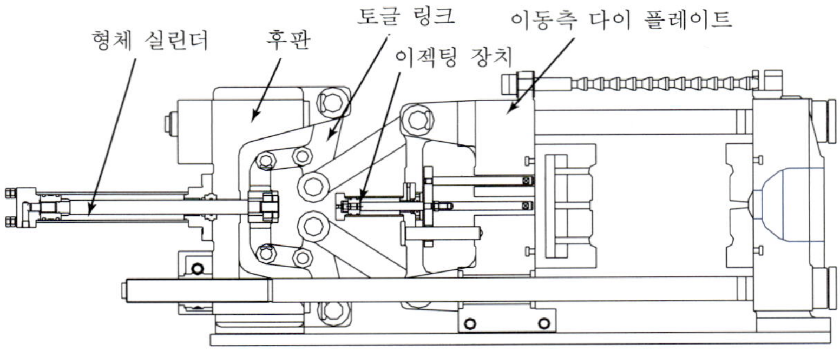

(a) 토글의 열린 상태

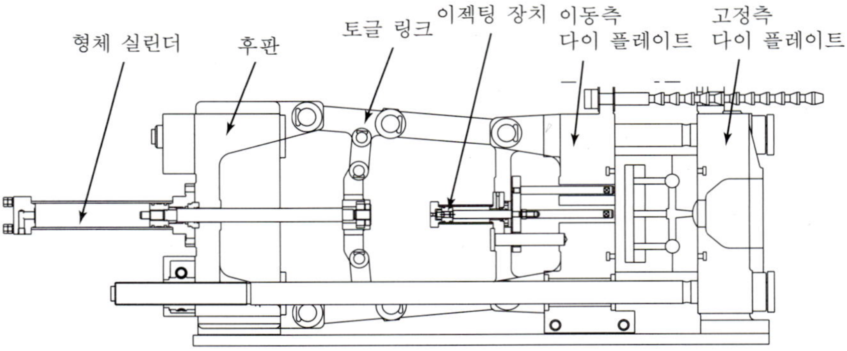

(b) 토글의 닫힌 상태

그림 1-17 토글식 형체기구 사출성형기의 형 개폐 상태

그림 **1-18** 토글식 형체기구의 사진

구사하고 있다.

그림 1-17에 토글식 형체기구를 갖는 사출성형기의 형 개폐 상태가 나타나 있다. 그림 1-18은 실제 토글식 형체기구의 사진이다.

(2) 직압식 형체기구

직압식 형체기구는 커다란 램 실린더를 이용하여 유압으로 형판을 이동시켜 형체력을 발생시키는 장치이다. 그림 1-11과 같은 형체 스트로크에 따른 속도와 힘을 얻을 수 있도록 실린더의 유압을 조절한다. 직압식 형체기구는 부스터 램식, 증압 실린더식, 보조 실린더식, 투 플레이트 다이렉트 록킹식 등 크게 4가지로 나눌수 있다.

그림 1-19는 형체력을 내기 위한 부스터 램 방식 유압 실린더의 작동원리를 보여준다. 부스터 램식의 작동원리는 다음과 같다.

금형이 열려 있는 상태에서 프리필 밸브는 닫혀 있다[그림 1-19(a)]. 그리고 부스터 램의 작동으로 형체 램이 고속으로 전진하면서 프리필 밸브가 열리고 유압이 형체 실린더로 유입된다[그림 1-19(b)]. 이때 형체 램이 고속으로 전진하게 된다. 그 후 금형이 닫히기 직전에 프리필 밸브가 닫힌다[그림 1-19(c)]. 이 단계에서 형체 램은 저속으로 되어 천천히 금형을 닫게 되며 압력은 크게 상승하여 큰 형체력을 발휘한다.

그림 1-20에는 증압 실린더식 형체기구가 나타나 있다. 증압 실린더식은 직렬로 연결

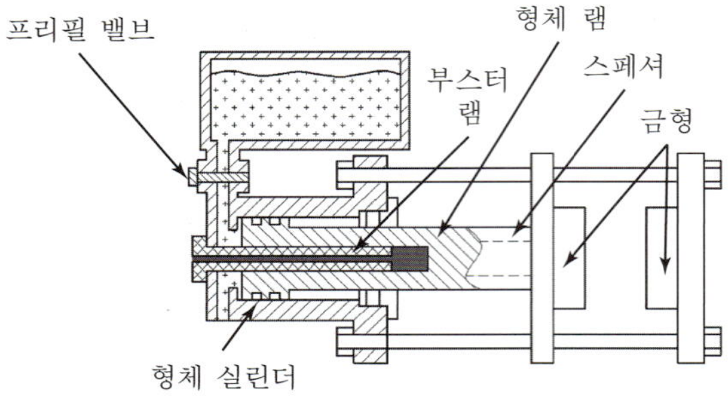

(a) 형체 램 후퇴

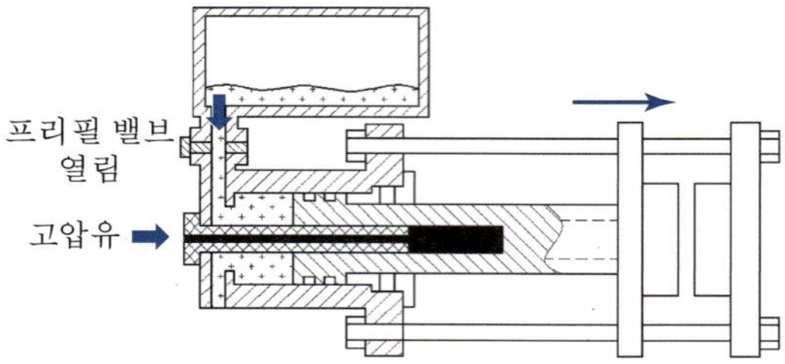

(b) 형체 램 고속 전진

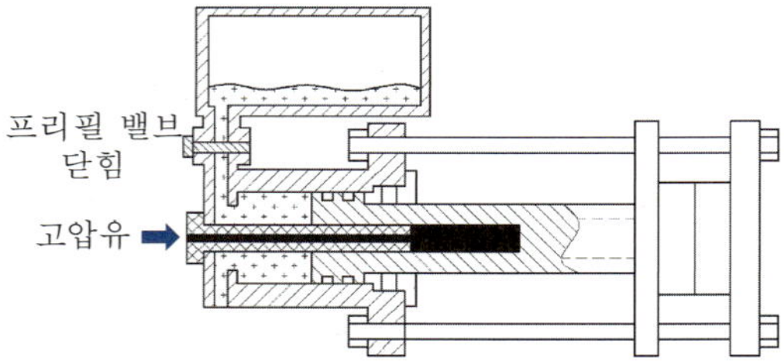

(c) 고압 형체

그림 1-19 부스터 램식의 직압식 형체기구

된 2개의 실린더 장치로 구성되어 있다. 금형을 닫을 때에는 먼저 형체 실린더에 유압이 가해져 형체 램이 고속으로 금형을 닫는다. 다음에 증압 실린더에 고압유를 보내면 증압 램의 작동에 의해 형체 램이 증압되어 금형이 고압으로 닫히게 된다.

보조 실린더식 직압식 형체기구는 형체 램 양측에 2개의 보조 실린더를 설치하여 금

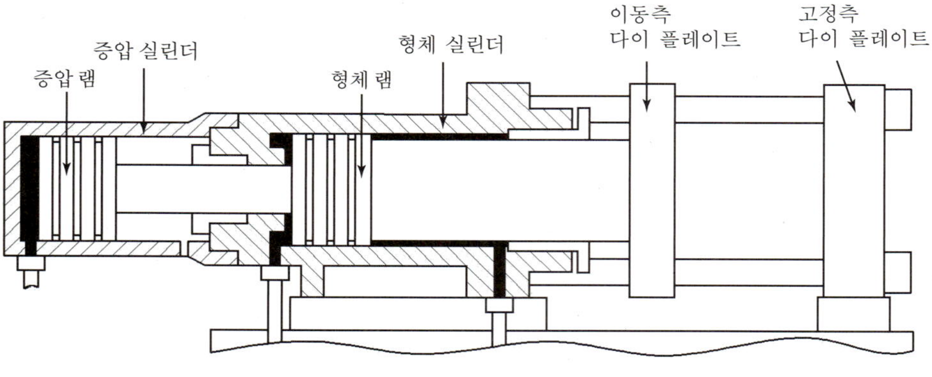

그림 1-20 증압 실린더식 직압식 형체기구

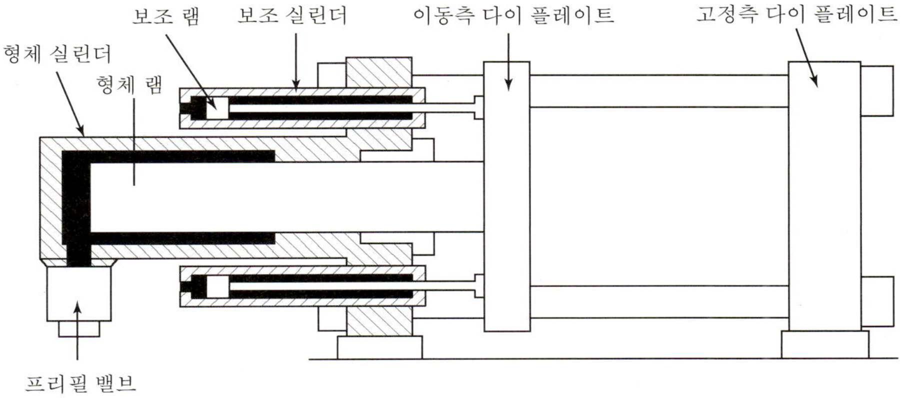

그림 1-21 보조 실린더식 직압식 형체기구

그림 1-22 보조 실린더식 직압식 형체기구의 사진

형 개폐의 고속화를 실현한 것이다. 금형을 닫는 행정에 초기에 형체 실린더의 프리필 밸브가 열린 상태에서 보조 실린더에 고압유를 보내 여기에 연결된 이동측 다이 플레이트를 고속 전진시켜 금형을 닫기 시작한다. 다음에 금형이 닫히기 직전에 프리필 밸브가 닫혀 금형은 저속으로 닫히게 된다. 속도는 작지만 형체 램 및 2개의 보조 램에 의해 금형이 고압으로 닫히게 된다. 그림 1-21은 보조 실린더식 직압식 형체기구를 도식적으로 보여준다. 그리고 그림 1-22는 실제 사진이다.

투 플레이트 다이렉트 록킹(two plate direct locking)식 형체기구는 현재 국내외에서 가장 일반적으로 사용되고 있는 방식이다. 형폐 구간에서 보조 실린더에 유압이 작용하여 이동측 다이 플레이트를 고속 전진을 시키고, 하프 너트가 타이 바를 고정시킨

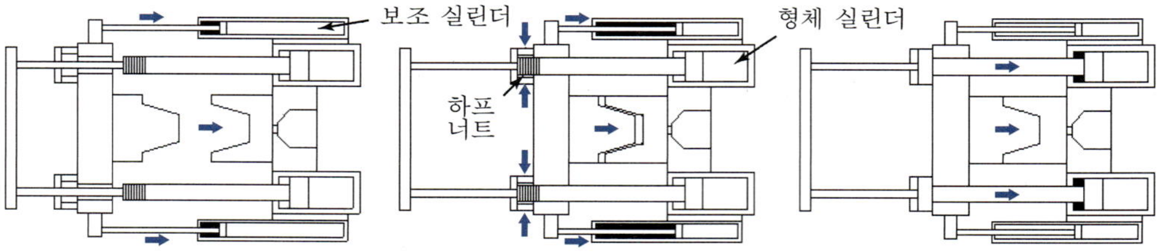

그림 1-23 투 플레이트 다이렉트 록킹식 형체기구

뒤에 형체 실린더에 유압이 작용하여 큰 형체력을 발생시킨다. 이 방식은 주로 대형기종에 사용하여 설치 면적을 적게 차지하는 장점이 있다. 그림은 1-23은 투 플레이트 다이렉트 록킹식 형체기구를 도식적으로 보여준다.

직압식 형체기구에서는 유압 실린더를 이용하여 형 개폐와 형체력을 발휘한다. 유압 실린더 내의 유압과 유량에 따른 피스톤(램)의 움직임을 알아보자. 그림 1-24에 간단한 유압 실린더의 도식도를 보였다.

압력 P_1(kg_f/cm^2)에 의해 피스톤이 전진하는 힘(F_F)과 압력 P_2(kg_f/cm^2)에 후진하는 힘(F_R)은 각각 식 (1-10), (1-11)과 같이 계산된다. 압력에 접촉하는 면적을 곱하면 된다.

$$F_F = \frac{\pi D^2}{4} P_1 \tag{1-10}$$

$$F_R = \frac{\pi (D^2 - d^2)}{4} P_2 \tag{1-11}$$

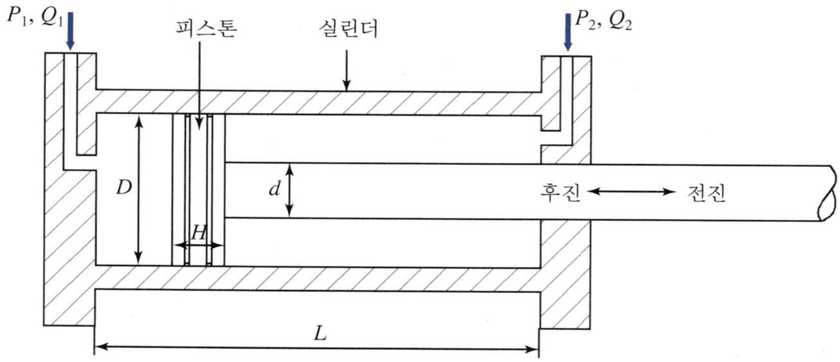

그림 1-24 유압 실린더의 도식도

여기서 D(cm)는 실린더 또는 피스톤의 지름이고, d(cm)는 로드의 지름이다. 또 Q_1 (cm³/min)에 의한 피스톤의 전진속도 V_F(cm/s)와 Q_2(cm³/min)에 의한 후진 속도 V_R(cm/s)은 각각 식 (1-12), (1-13)과 같이 계산된다.

$$V_F = \frac{4Q_1}{\pi D^2} \tag{1-12}$$

$$V_R = \frac{4Q_2}{\pi(D^2 - d^2)} \tag{1-13}$$

피스톤의 전진 소요 시간 t_F(s)와 후진 소요 시간 t_R(s)은 각각 식 (1-14), (1-15)와 같이 계산된다.

$$t_F = \frac{\pi D^2(L-H)}{4Q_1} \tag{1-14}$$

$$t_R = \frac{\pi(D^2 - d^2)(L-H)}{4Q_2} \tag{1-15}$$

여기서 H(cm)는 피스톤의 폭이다.

피스톤이 전진하는 힘이 금형을 밀어주는 힘, 즉 형체력이 되므로 식 (1-10)을 이용하여 형체력 F(ton)을 식 (1-16)과 같이 구할 수 있다.

$$F = \frac{\pi D^2}{4} P_1 \times 10^{-3} \tag{1-16}$$

따라서 높은 형체력을 얻으려면 실린더의 지름(D)을 크게 하든지 펌프 압력(P_1)을 높인다.

유압 실린더에서 피스톤의 전진속도가 금형이 닫히는 속도, 즉 형체 속도 V_C(cm/s)는 식 (1-17)과 같이 계산된다. 같은 방법으로 형개 속도 V_O(cm/s)는 식 (1-18)과 같이 된다.

$$V_C = \frac{4Q_1}{\pi D^2} \tag{1-17}$$

$$V_O = \frac{4Q_2}{\pi(D^2 - d^2)} \tag{1-18}$$

그러므로 빠른 형체 속도를 얻으려면 실린더 지름(D)을 작게 하거나 유량(Q_1)을 크게 한다. 형체기구가 구비해야 할 능력으로는 금형을 밀어주는 충분한 힘과 빠른 개폐가 필요하다. 이 두 항목은 실린더 지름과 관련이 있는데, 형체력을 높이기 위해서는 실린더 지름이 커진다. 그러나 실린더 지름이 커지면 금형의 개폐 속도가 떨어진다.

1.3.3 사출 방식에 의한 분류

(1) 인라인 스크류 방식

인라인 스크류 방식은 단축 스크류를 이용하여 수지를 녹이는 방식인데, 스크류의 회전에 의한 마찰열과 가열 실린더에 설치된 밴드히터의 열에 의해 수지를 가소화시킨다. 그림 1-25에 인라인 스크류 방식 사출성형기의 사출 유닛이 나타나 있다.

스크류의 회전에 의해 용융된 수지는 스크류의 채널(channel)을 따라 스크류 선단(가열 실린더 앞부분)으로 이송된다. 스크류 선단으로 수지가 모이면 이 부분의 압력이 증가되어 스크류를 밀어 뒤로 후퇴시킨다. 이때 후퇴하는 거리를 조절하여 사출할 양(shot size)을 조절한다. 스크류가 사출량에 맞게 정해진 거리만큼 뒤쪽으로 이동하게 되면 회전이 정지되고, 스크류 뒤쪽의 동력 장치에 의해 스크류를 앞쪽으로 밀어 스크류 선단에 모여 있는 수지를 노즐을 통하여 금형으로 주입한다.

스크류 선단부에는 역류방지를 위한 밸브인 체크 링(check ring)이 있다(그림 1-26). 체크 링은 수지가 스크류 끝을 지나 스크류 앞쪽으로 이동하는 것을 허용하나 스크류 앞쪽으로 넘어간 수지가 다시 스크류 뒤쪽으로 이동하는 것을 허용하지 않는 구조로 되어 있다. 그래서 체크 링은 스크류가 앞으로 이동하면서 스크류 선단에 모인 수지를 금형 쪽으로 밀어낼 때 수지가 스크류 뒤쪽으로 새어 나오는 것을 방지한다.

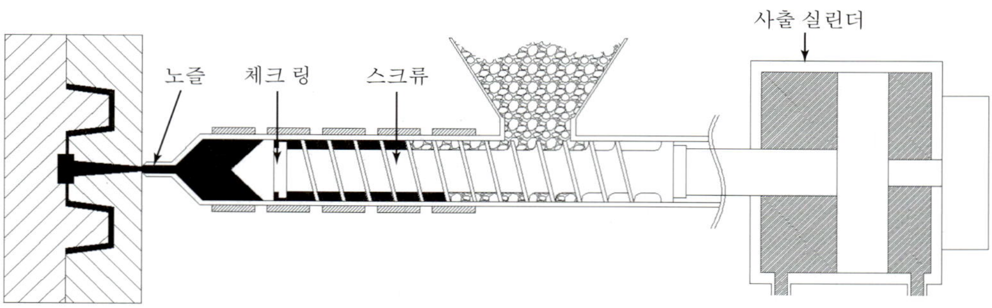

그림 1-25 인라인 스크류 방식 사출 유닛의 도식적 모습

(a) 체크 링 (b) 체크 링을 장착한 스크류와 가열 실린더

그림 **1-26** 인라인 스크류 방식의 스크류 끝에 부착되는 체크 링

스크류가 회전하여 스크류 선단에 수지가 모이면 이 선단의 압력이 증가하여 스크류를 뒤로 밀게 되며, 이에 대응하여 스크류 뒤쪽에서 밀어주는 압력이 있는데 이를 배압(back pressure)이라고 한다. 따라서 스크류 선단의 압력이 스크류 배압보다 크면 스크류는 뒤로 밀리면서 스크류 앞에 공간을 만들면서 수지를 모은다.

인라인 스크류 방식은 스크류 회전에 의한 내부 발열로 균일한 가소화가 일어나고 가소화 능력이 크다. 그리고 스크류가 앞으로 전진하여 수지가 노즐을 통해 금형 속으로 들어갈 때 압력 손실이 적어 사출압의 저하가 적다. 또한 배럴 안에 수지가 용융된 상태로 체류하는 시간이 짧으며 수지의 교체 및 색체 교체가 용이한 장점이 있다.

인라인 스크류 방식에서는 스크류가 회전하면서 발생되는 수지와 스크류 사이의 마찰열이 수지를 녹이는 데 큰 역할을 한다. 그런데 이 마찰열은 스크류 지름의 제곱에 비례한다. 그래서 스크류 지름이 크면 마찰열이 커서 가소화에 유리하지만 스크류 지름이 작으면 마찰열이 작아 수지의 가소화가 어렵다. 이론적으로 스크류 지름이 13 mm 이하에서는 효과적으로 수지를 가소화시킬 수 없어 일반적으로 스크류 지름이 13 mm 이하의 스크류는 사용하지 않는다.

(2) 플런저식 사출방식

플런저식 사출방식이 그림 1-27에 나타나 있다. 가열 실린더 안에 토피도(torpedo)와 플런저가 있다. 플런저의 후퇴거리에 따라 호퍼로부터 플라스틱의 양이 준비된다. 또는 계량장치에 의해 호퍼로부터 사출량에 맞는 플라스틱 양이 계량되어 들어온다. 유입된

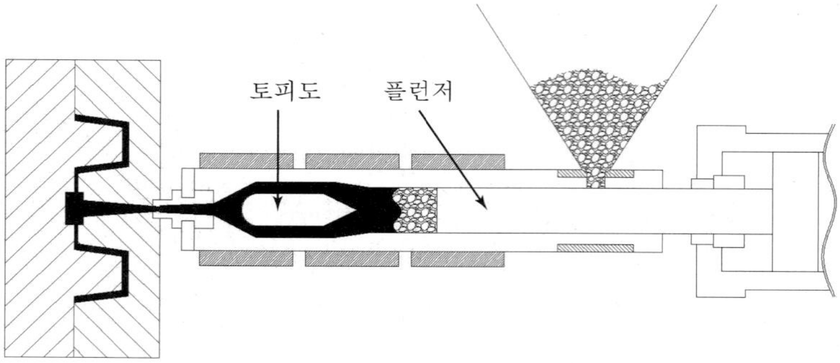

그림 1-27 플런저식 사출방식

고체 플라스틱은 가열 실린더의 밴드히터에 의해 가열되어 용융된다. 실린더 안의 어느 정도 용융된 수지는 플런저에 의해 토피도를 지나 노즐로 이송된다. 수지가 토피도를 지나면서 큰 전단변형률이 발생하고, 이에 따라 수지의 온도가 상승하여 추가적으로 균일한 용융이 일어난다. 스크류식에 비해 가소화 능력이 현저히 떨어지고 토피도를 지나면서 압력 손실이 크다.

인라인 스크류 방식에서 스크류 지름이 13 mm보다 작아지는 경우는 스크류에서 수지를 가소화시키는 능력이 크게 상실된다. 이렇게 사출 유닛의 스크류 지름이 작아지는 경우는 플런저식을 선택하면 유리하다.

(3) 프리플라식 사출방식

프리플라식 사출방식은 수지를 가소화시키기 위한 가소화 가열 실린더와 용융수지를 밀어내기 위한 사출용 가열 실린더로 구성되어 있다. 즉 2개의 가열 실린더로 구성되어 있다. 그림 1-28에 프리플라식 사출성형기가 나타나 있다.

가소화 가열 실린더는 단축 스크류가 있어 수지를 가소화시키며 앞으로 이송시킨다. 가소화 가열 실린더에서 내려오는 수지는 사출용 가열 실린더의 끝으로 유입되는데, 이 유입되는 압력에 의해 사출 플런저가 뒤로 후퇴하며 이 후퇴량을 조절하여 사출량을 계량한다. 그림 1-29에 가소화 가열 실린더와 사출용 가열 실린더를 보여준다. 프리플라식 사출방식은 수지가 가소화 가열 실린더에서 가소화되고 다시 사출용 가열 실린더에 머물게 되므로 수지가 열을 받고 있는 체류시간이 길어 열에 약한 수지에는 적합하지 않다. 따라서 이 방식의 사출방식은 열분해가 잘 되지 않는 수지의 빠른 성형 사이클에

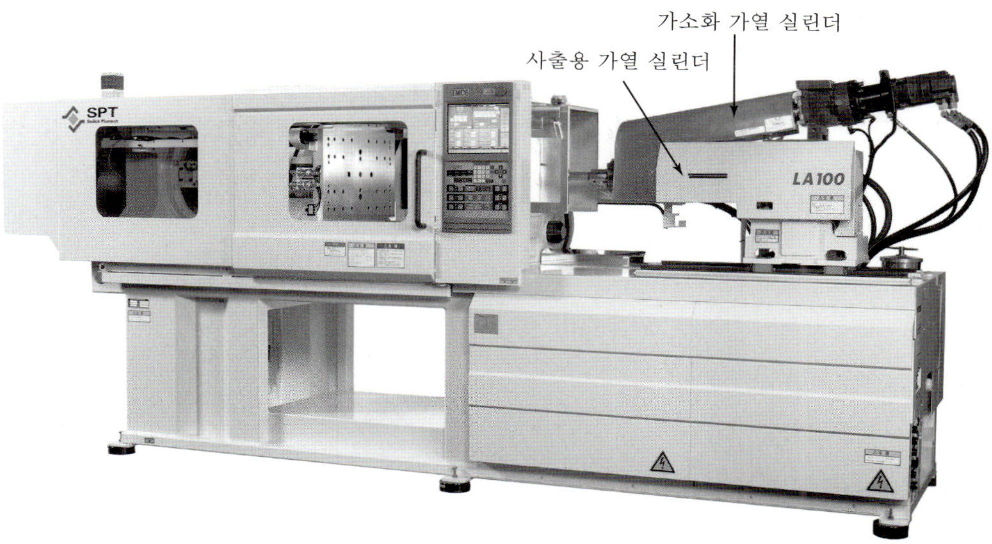

그림 1-28 프리플라식 사출성형기

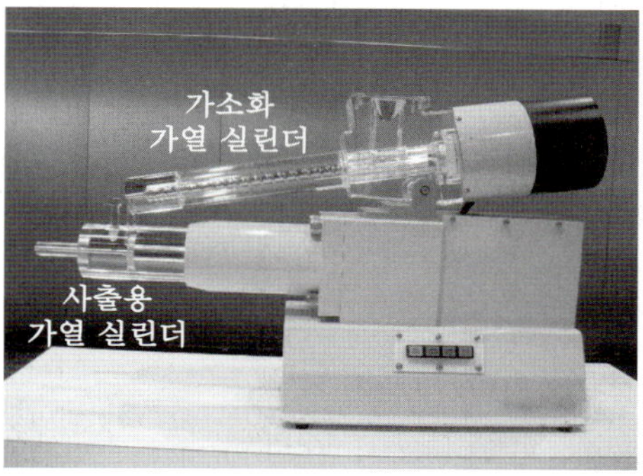

(a) 가소화 가열 실린더와 사출용 가열 실린더 모형

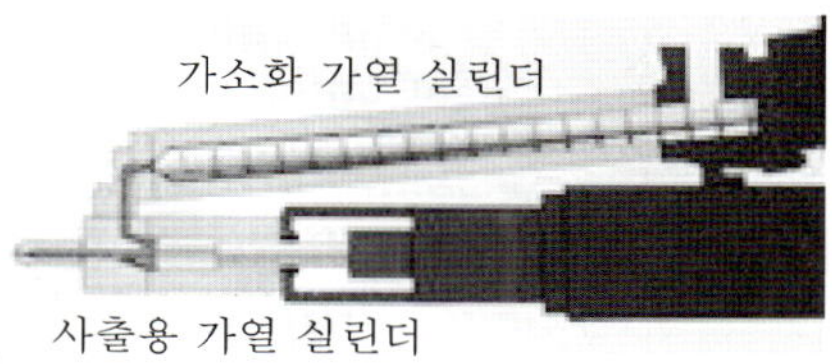

(b) 프리플라식의 도식적 그림

그림 1-29 프리플라식 사출성형기에서 가소화 가열 실린더와 사출용 가열 실린더

적합하다. 프리플라식 사출방식은 가소화 가열 실린더가 따로 준비되어 가소화만 시키기 때문에 가소화 능력이 크다. 가소화 가열 실린더에서 스크류를 쓰지 않고 플런저식으로 가소화시키는 방법도 있다.

프리플라식을 채택하고 있는 사출기는 많지 않으나 소딕(Sodick)사의 사출기가 대표적이다.

1.3.4 사출 방향에 따른 분류

(1) 수평식 사출성형기

수평식 사출성형기는 금형을 부착하고 작업하는 방향이 수평 방향인 사출성형기이다. 대부분의 사출성형기는 수평식이며 앞에서 보여준 모든 형태들의 사출성형기가 수평식 사출성형기이다.

수평식 사출성형기는 성형 후 성형품의 취출이 쉽고 자동성형에 유리하며, 금형의 부착 및 조정이 용이하다. 가열 실린더와 노즐의 청소가 용이하고 고속화가 가능하며 생산성이 높다. 기계의 높이가 낮아 원료공급이나 보수가 용이한 장점도 있다.

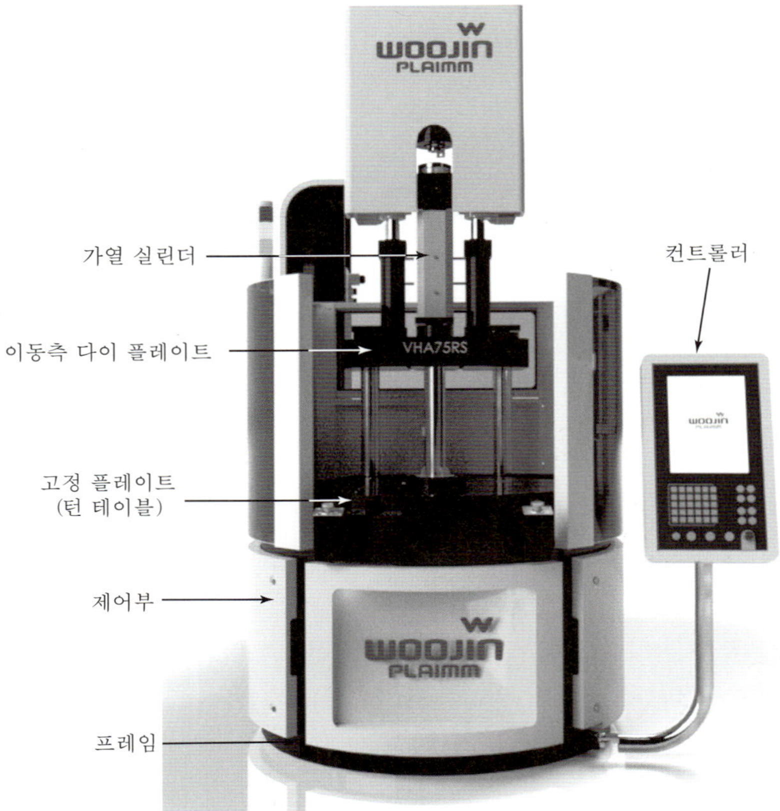

그림 1-30 수직식 사출성형기

(2) 수직식 사출기

수직식 사출성형기는 금형을 부착하고 작업하는 방향, 즉 금형을 열고 닫는 방향과 수지가 사출되는 방향이 수직이다. 그림 1-30은 수직식 사출성형기를 보여준다.

수직식 사출성형기는 주로 인서트몰딩(금속 등을 금형에 삽입하고 수지를 사출하여 사출품에 금속이 묻히게 하여 성형하는 방법)에 사용된다. 그 이유는 금속을 금형 속에 인서트할 경우 고정된 아래 금형에 금속 인서트를 위치시키고 위쪽 금형이 내려와 형체를 하면 금속 인서트의 위치가 안정적으로 고정되기 때문이다. 수평식 사출기를 사용하면 금형 속의 금속 인서트가 흔들려 위치가 불안정하여 정확한 인서트 사출이 어렵다.

수직식 사출성형기는 설치 점유면적이 적으며 금형의 부착면적이 넓어 비교적 큰 금형을 부착할 수 있다. 그리고 중력의 작용 방향으로 운동하므로 무거운 금형 사용 시 수평식에 비해 안정성이 좋다.

1.4 사출성형기 선정

1.4.1 형체장치에 관련사항

(1) 형체력

형체력은 사출하는 동안에 금형이 열리지 않도록 이동 금형을 밀어주는 힘이다. 형체력은 성형제품의 투영면적과 캐비티 내 용융수지의 압력(형 내 평균압력)을 곱하여 계산하며 톤(ton) 단위로 표시한다. 사출성형기 사양의 가장 대표적인 항목이며 형체력을 기준으로 사출성형기의 크기가 결정된다. 식 (1-19)는 성형 중 형체력을 산출하는 식이다.

$$F = Ap \times 10^{-3} \qquad (1\text{-}19)$$

여기서 F(ton)는 형체력, A(cm^2)는 제품의 투영면적을 나타내는데, 스프루, 런너, 게이트의 투영면적도 포함해야 한다. p(kg/cm^2)는 금형 내 수지의 평균압력이다. 선택하는 사출성형기는 성형 중에 예측되는 형체력보다 큰 형체력을 가져야 한다.

(2) 형체 스트로크

형체 스트로크는 제품을 성형하기 위해 사출성형기의 이동측 다이 플레이트가 움직이는 거리를 말한다. 이동측 다이 플레이트에 금형이 부착되기 때문에 금형이 열리는 거리와 같다. 형체 스트로크 크기는 금형이 열려서 제품을 취출할 때 금형에 간섭을 받지 않을 정도의 스트로크를 가져야 한다. 통상 형체 스트로크는 성형품 높이(깊이)의 2.2~2.5배가 되어야 제품 취출이 무난한다. 그러나 금형의 구조와 스프루의 길이, 성형품의 취출 방법 등에 따라 요구되는 형체 스트로크는 다르다.

(3) 최대 형개 거리

최대 형개 거리(daylight)는 고정측 다이 플레이트와 이동측 다이 플레이트 사이의 최대 거리를 말한다. 즉, 두 다이 플레이트가 열릴 수 있는 최대 형개 거리를 말한다. 사출성형기에서 작업 가능한 최대 금형의 두께는 최대 형개 거리에서 형체 스트로크를 뺀 것이다.

(4) 타이 바 간격

사출성형기에는 일반적으로 4개의 타이 바가 있고, 이 타이 바는 이동측 다이 플레이트의 이송을 가이드한다. 사출성형기의 두 다이 플레이트에 장착되는 금형은 이 4개의 타이 바 안에 들어가야 하므로 사출기에 장착할 수 있는 금형의 최대 크기를 타이 바 간격이 결정짓는다.

1.4.2 사출장치에 관련사항

(1) 사출 용량

사출 용량은 사출 유닛에서 한 번에 수지를 녹일 수 있는 최대의 용량으로, 보통 체적으로 계산하나 무게로 표시할 때는 PS(polystyrene)의 무게를 기준으로 표시한다. 사출 용량보다 큰 체적을 갖는 제품을 성형하는 것은 불가능하지만 사출성형기 능력에 비해 너무 작은 용량으로 성형을 하는 것도 문제가 된다. 사출 용량이 너무 큰 사출성형기를 사용할 경우 수지가 높은 온도로 사출 유닛 안에서 체류하는 시간이 길어져 열화를 일으킬 수 있다. 일반적으로 최대 사출 용량의 20~80% 수준에서 사용하는 것이 바

람직하다. 인라인 스크류 방식 사출성형기에서 사출 용량 Q(cm^3)는 식 (1-20)과 같이 계산된다.

$$Q = \frac{\pi D^2}{4} L_{\text{stroke}} \tag{1-20}$$

여기서 D(cm)는 스크류의 지름이고 L_{stroke}(cm)는 스크류의 최대 스트로크(stroke)이다.
스크류의 지름이 커지면 사출 용량은 커진다.

(2) 사출압력

사출압력은 스크류 선단에서 수지에 작용하는 압력을 말한다. 따라서 스크류 선단에 작용하는 힘을 스크류의 단면적으로 나눈 값으로 계산된다. 스크류를 강체(rigid body)라고 가정하면 스크류 선단에 작용하는 힘은 스크류를 뒤에서 밀어주는 힘과 같다. 사출압력 P_i(kg$_f$/cm^2)는 식 (1-21)과 같이 계산된다.

$$P_i = \frac{4}{\pi D^2} F_i \tag{1-21}$$

여기서 F_i(kg$_f$)는 사출 실린더에서 스크류를 뒤에서 미는 힘이고 D(cm)는 스크류의 지름이다. 스크류를 미는 힘이 일정할 때, 즉 사출 실린더의 용량이 일정할 때 사출압은 스크류 지름이 작을수록 커진다. 그러나 스크류 지름이 작아지면 스크류의 강성이 작아지고 사출 용량도 줄어든다. 따라서 적절한 스크류 지름의 설계가 중요하다.

CHAPTER 2

사출성형의 원리

CHAPTER 2

사출성형의 원리

2.1 사출성형의 사이클

사출을 하기 위한 전체적인 과정은 그림 2-1에 나타난 바와 같이 건조된 수지의 가소화, 충전, 보압, 냉각, 이형 및 취출 순으로 이루어진다. 건조된 수지는 사출기 사출 유닛의 호퍼에 보내어 사출을 한다. 대부분의 경우 사일로(silo)로부터 이송된 수지를 호퍼에 가득 채우는데(flood fed), 스크류 내 수지의 이송은 스크류의 회전속도에 따라 결정된다. 스크류에 이송된 수지는 스크류 회전에 의해 스크류 채널을 따라 앞으로 이송되면서 사출할 수 있는 흐름 상태로 변한다. 이것이 수지의 가소화이다. 본 설명은 인라인 스크류 방식 사출기를 기준으로 한 것이다.

수지의 가소화가 이루어지면서 스크류 끝에 수지가 모이게 되는데 정해진 양이 모이면 스크류가 회전을 멈추고 앞으로 전진하면서 이 모아진 수지를 앞으로 밀어내어 금형으로 보낸다. 금형으로 보내진 수지는 제품형상을 갖는 캐비티를 채우게 되는데 이것이 충전이다.

충전이 끝나면 수지는 금형의 차가운 온도로 인해 냉각을 하게 된다. 수지가 캐비티 안에서 냉각을 하게 되면 수축이 일어나 금형의 치수로 성형이 이루어지지 않는다. 그래서 수축을 보상하기 위해 충전 후에도 스크류 끝에 모여 있는 수지에 압력을 가하여 수축량을 보상한다. 이렇게 충전 후에도 계속 압력을 가하는 것을 보압이라고 한다. 보압

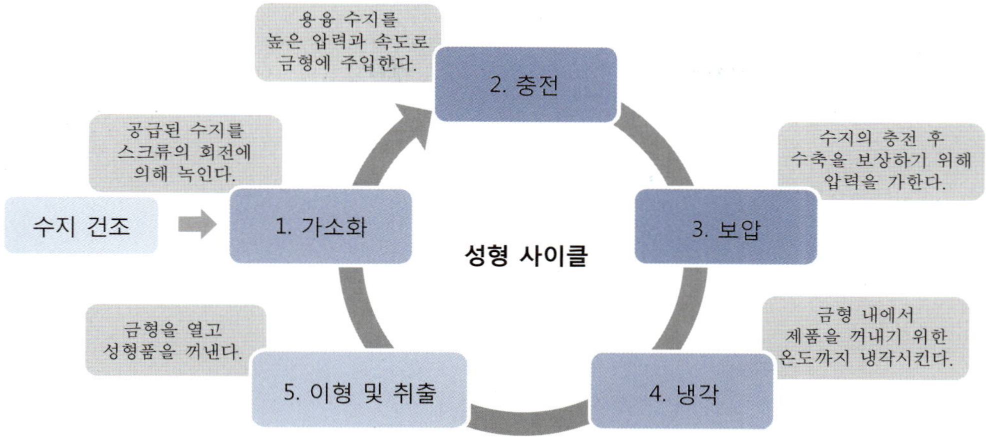

그림 **2-1** 사출성형의 사이클

은 수지가 더 이상 캐비티에 흘러 들어가지 않을 때까지 수행한다. 보압이 끝난 후 가열 실린더 내 스크류 선단의 최종 위치를 큐션(cushion)이라고 한다. 큐션량이 어느 정도 유지되어야 보압이 충분히 발휘된다. 이 보압이 끝난 후에는 수지가 금형 안에서 굳어지면서 제품이 완성된다. 이때 금형 내에서 제품을 꺼내도 되는 온도까지 냉각하는 시간이 필요한데 이 과정이 냉각이다. 냉각된 후에는 금형을 열고 제품을 뽑아내면 된다. 이 과정이 이형 및 취출이다.

그림 2-2에는 그림 2-1의 사출 사이클에 따른 사출 유닛에서 스크류의 동작과 형체 유닛에서 금형의 동작이 도식적으로 나타나 있다.

가소화 단계에서는 스크류가 회전하며 뒤로 후퇴한다. 스크류 후퇴량을 조절하여 사출할 수지의 양을 조절한다. 가소화 단계가 끝나면 스크류가 회전을 멈추고 앞으로 전진하면서 용융수지를 금형에 주입한다. 이러한 충전 단계가 끝나고 보압 단계에서도 스크류는 앞으로 전진하며 캐비티 내 수지의 수축량을 보충한다. 보압이 끝나면 금형 내에서는 수지의 냉각이 진행된다. 이때 스크류는 다음 사출 사이클을 위해 회전하면서 수지를 가소화시킨다. 이 가소화 시간은 수지의 냉각시간 안에 이루어져야 시간의 지체 없이 다음 사이클이 진행된다. 수지의 냉각이 완료되면 금형이 열리고 제품을 꺼낸다. 제품이 취출되면 바로 금형이 닫히고 다음 사출이 진행된다.

사출성형의 한 사이클 동안의 사출기의 작동과 시간분포가 그림 2-3에 나타나 있다. 그림에 보듯이 공정 중 수지를 냉각하는 데 가장 큰 시간분포를 갖는다. 실제로 제품이

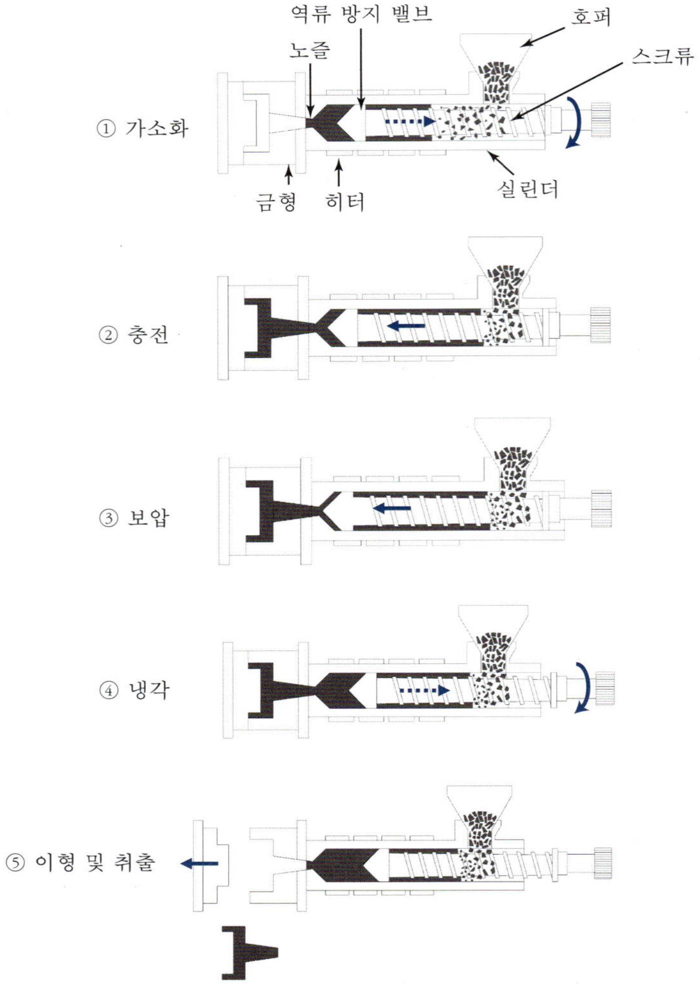

그림 2-2 사출성형의 사이클에 따른 사출기 사출 유닛과 형체 유닛의 동작 모습

냉각되는 시점은 충전이 끝난 후부터 시작된다. 따라서 충전 직후부터 금형이 열릴 때까지가 냉각하는 시간이라고 볼 수 있다. 보압이 끝나고 스크류가 회전하면서 뒤로 밀리면서 다음 사출을 위해 수지의 가소화를 하는 동안 금형은 열리지 않고 오로지 수지의 냉각을 기다리는데, 이 시간을 특별히 냉각시간이라고 부른다. 그림 2-3에서 보면 가소화 시간이 냉각시간이 된다. 그림 2-3에서도 냉각시간에 가소화가 이루어지고 있음을 보여준다.

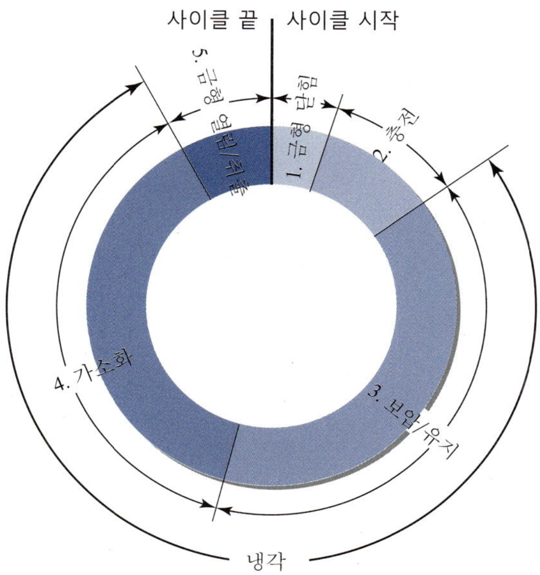

그림 2-3 사출성형의 한 사이클 동안의 사출기의 작동과 시간분포

2.2 수지의 가소화

수지의 가소화는 호퍼를 통해 유입되는 고체 플라스틱을 흐름성을 갖도록 물리적인 상태를 변화시키는 것이다. 수지의 가소화 대신 수지를 녹인다(melting)고도 표현하는데 결정성 수지에서는 맞는 표현이다. 수지가 녹는다는 것은 고체 수지에 형성된 결정이 녹는 것을 의미하기 때문이다. 그러나 비결정 수지는 결정이 없어 녹인다는 표현보다는 가소화라는 표현이 더 적합하다고 할 수 있다. 따라서 두 종류 수지에 통합적으로 가소화라는 표현을 쓴다. 또는 멜팅이라고도 표현한다.

인라인 스크류 방식에서는 스크류의 회전에 의한 마찰열과 배럴(가열 실린더)에서의 밴드히터에 의해 수지를 가소화시킨다. 스크류의 회전에 의해 용융된 수지가 스크류의 채널을 따라 배럴 앞(스크류 선단) 부분으로 이송된다. 스크류 선단으로 수지가 모이면 압력이 증가되어 스크류를 뒤로 밀어 후퇴시키는데 이 후퇴하는 거리를 조절하여 사출할 양(shot size)을 조절한다. 즉 스크류가 회전하면서 뒤쪽으로 이동된 후 회전이 정지되고, 스크류 뒤쪽에 설치된 동력 장치에 의해 스크류를 앞쪽으로 밀어 스크류 선단에 모여 있는 수지를 노즐 쪽으로 밀어낸다. 가소화된 수지는 스크류 선단을 지나 노즐을 통과하여 금형의 캐비티 속으로 흘러간다. 즉 사출된다. 플라스틱의 종류에 따라 가소화 양상(녹는 양상)이 다르므로 각 재료에 맞는 전용 스크류를 쓰는 경우가 많다.

2.2.1 가소화 스크류의 형상

수지의 가소화에 쓰이는 스크류는 단축 스크류로 그림 2-4와 같은 형상을 갖는다. 스크류의 디자인을 축방향으로 세 영역으로 나누어 생각할 수 있다. 즉 스크류의 기능과 역할에 따라 공급부(feed zone, solid conveying zone), 압축부(compression zone, melting zone), 그리고 계량부(metering zone, homogenizing zone)로 나뉜다. 스크류의 주요 치수는 지름(D), 길이(L 또는 L/D), 피치(pitch), 스크류 날개의 높이(H), 이송부 깊이와 계량부 깊이의 비(압축비) 등이며, 이러한 기하학적 형상은 수지의 이송, 가소화, 압력 및 온도의 상승과 밀접한 관계가 있다. 스크류의 길이는 보통 지름의 20배, 즉 L/D가 20 수준이다. 그림 2-5는 사출기의 스크류에서 고체 수지가 녹아서 앞으로 이송되는 현상을 보여준다. 가소화 단계가 끝난 후 사출 유닛의 전원을 끄고 스크류 내의 용융된 수지를 굳힌 후 배럴 안의 스크류를 빼내어 수지의 분포를 관찰한 것이다. 공급부에는 녹은 수지는 없고 고체 수지만 있는데, 스크류를 빼내는 과정에서 스크류에

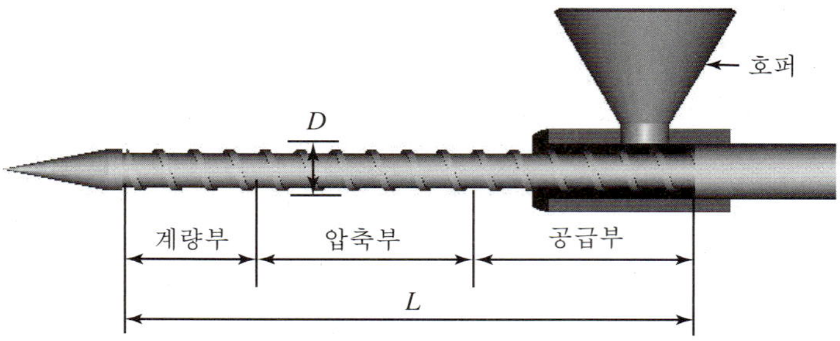

그림 2-4 사출성형기의 가소화 스크류

그림 2-5 가소화 스크류 내 녹은 수지의 분포

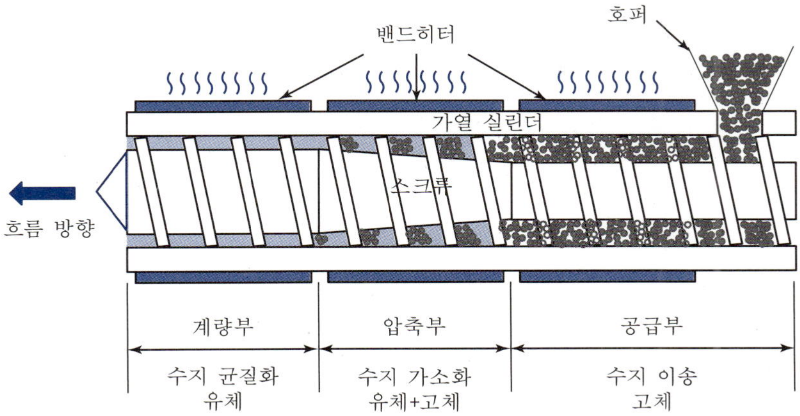

그림 2-6 가소화 스크류 내 위치별 녹은 수지의 분포

서 분리되어 사진에는 스크류에 고체 수지가 보이지 않고 있다. 그림 2-6은 고체 수지가 압축되면서 녹아가는 현상을 도식적으로 보여준다. 특별히 스크류 중간이나 끝부분에 믹싱헤드(mixing head)를 만들어 녹은 수지의 혼련(mixing)을 좋게 하고 온도를 균일하게 한다. 일반적으로 수지에는 다양한 첨가제나 보강제가 포함되어 있다. 수지가 녹으면서 이러한 첨가제나 보강제가 수지 내에서 분산이 잘 이루어지지 않고 뭉치게 되면 수지의 기능과 물성이 크게 저하된다. 그래서 수지가 녹았을 때 첨가제와 보강제가 분산이 잘 되도록 하기 위해 믹싱헤드를 사용한다. 그림 2-7은 믹싱헤드를 갖고 있는 스크류를 보여준다. 실제로 요구되는 믹싱의 상태에 따라 매우 다양한 형상의 믹싱헤드가 사용된다.

그림 2-7 믹싱헤드를 갖고 있는 가소화 스크류

스크류가 앞으로 전진하면서 스크류 선단의 용융수지를 밀어낼 때 용융수지가 스크류 뒤쪽으로 흘러갈 염려가 있는데 이러한 역류를 방지하기 위한 체크 링이 있다(그림 1-26).

2.2.2 스크류 위치별 기능

(1) 공급부

공급부는 호퍼 쪽의 구간으로 스크류의 회전에 의해 고체 수지가 앞으로 이송하는 구간이다. 고체 수지의 형상은 파우더(powder), 타원형의 그래뉼(granule), 펠렛(pellet) 등의 형태로 공급된다. 스크류에서 고체 수지의 이송 능력은 수지와 스크류 표면의 마찰 상태, 그리고 수지와 가열 실린더(배럴) 안쪽 면의 마찰 상태와 관련이 있다. 수지와 실린더 안쪽 면과의 마찰이 커야 고체 수지의 이송이 원활하다. 호퍼부의 온도를 높게 설정하면 수지가 녹아 배럴 안쪽 면이 수지로 코팅된다. 그러면 고체 수지와 배럴 안쪽 면의 마찰계수가 줄어들어 고체 수지가 앞으로 이송되지 못하고 그 자리에서 맴돈다. 공급부의 온도 설정이 고체 이송에 매우 중요하다.

(2) 압축부

압축부는 스크류 채널의 깊이(H)가 서서히 감소하며 수지가 강하게 압축되는 영역이다. 압축비는 '공급부 깊이/계량부 깊이'로 약 2~4 정도이다. 압축부에서는 수지를 압축하여 녹이게 되는데 빠른 시간에 녹이며 균일한 가소화가 되도록 설계한다. 또한 압축부에서는 높은 압력이 작용되므로 흡입된 공기는 뒤로, 즉 호퍼 쪽으로 빠져나간다. 가소화 스크류에서 이 압축부가 가장 중요한데 수지에 따라 녹는 양상이 다르므로 수지에 적합한 형상이어야 한다.

수지를 짧은 시간에 효과적으로 녹이기 위해 대부분 배리어 플라이트 스크류(barrier flighted screw) 또는 배리어 스크류(barrier screw)를 사용한다. 배리어 스크류는 고체 이송 영역이 끝나는 시점부터 스크류 날개를 하나 더 부착하여 수지의 멜팅(가소화)이 끝나는 부분까지 연속적으로 연결한 것이다. 이렇게 추가된 스크류 날개를 배리어 플라이트(barrier flight)라고 하고, 이는 고체 수지와 녹은 수지를 분리하여 멜팅을 잘 시키기 위한 것이다. 녹은 수지와 고체 수지가 잘 섞여 있으면 멜팅이 잘 이루어질 것 같

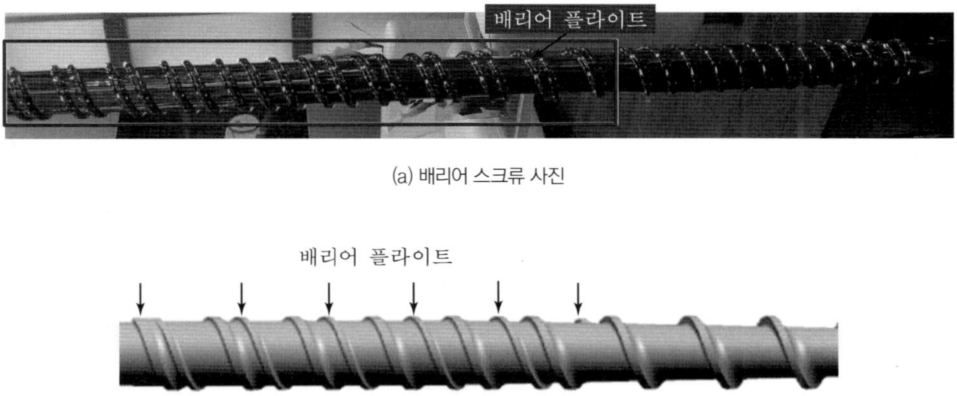

(a) 배리어 스크류 사진

(b) 배리어 스크류 3D 모델링

그림 **2-8** 배리어 스크류

지만 사실은 그렇지 않다. 녹은 수지와 고체 수지가 잘 분리되어 있어야 멜팅이 훨씬 빨리 완성된다. 멜팅 시작점은 멜팅된 양이 적으므로 배리어 플라이트에 의한 초기 채널 폭은 좁게 하고 점차적으로 채널 폭을 넓혀가면서 완전히 멜팅이 된 후에는 배리어 플라이트가 없어지게 한 스크류 설계이다. 그림 2-8에 배리어 스크류가 나타나 있으며, 배리어 플라이트가 덧붙여 있는 것을 보여준다.

(3) 계량부

계량부는 압축부에서 용융된 수지를 받아들여서 온도를 일정하게 하고 균일한 혼련을 갖도록 하며 용융수지를 스크류 선단 쪽으로 보내는 역할을 한다. 스크류 선단으로 흘러간 수지에 의해 스크류는 앞면의 높은 압력을 받아 뒤로 밀리면서 사출할 양을 준비한다. 이런 과정을 계량(metering)한다고 표현한다. 계량양은 정해진 스크류의 지름에서 스트로크의 크기로 결정된다. 즉 스크류가 뒤로 밀려가는 양으로 계량을 조절한다. 계량부에 있는 수지의 상태가 금형에 주입되기 전의 최종 상태이므로 매우 중요한 영역이다.

사출 용량은 스크류 지름과 스크류 최대 스트로크에 의해 결정된다. 즉 실린더 내에서 스크류가 가장 뒤로 후퇴했을 때 실린더 앞부분에 형성되는 공간의 크기가 사출 용량이다.

사출력은 스크류 끝에 작용되는 힘이다. 사출압은 스크류 끝에 작용되는 압력으로 사출력을 스크류 지름에 의한 면적으로 나눈 값이다. 따라서 높은 사출압을 얻기 위해서는 정해진 사출력에서 스크류 지름을 작게 설계하면 된다. 그러나 스크류 지름이 작아지면 스크류 강도가 약해지는 단점이 있다.

2.3 수지의 충전

사출장치가 이동하여 사출기의 노즐이 금형의 로케이트 링(locate ring)에 접촉되어 있는 상태에서 실린더에 있는 스크류가 피스톤 역할을 하여 앞으로 전진하면서 스크류 앞쪽에 모인 용융수지를 금형의 캐비티에 충전시킨다.

금형 내 수지의 충전(filling)은 스프루(sprue), 런너(runner), 게이트(gate), 캐비티(cavity) 순으로 이루어진다. 충전 시 금형에 높은 압력이 작용되므로 금형이 열리지 않도록 밀어주는 큰 힘이 필요한데 이를 형체력(clamping force)이라고 한다.

금형 내에서 용융수지는 오로지 압력에 의해 흘러간다. 금형의 두 벽면 속에서 수지가 흘러가는 현상을 분수 유동(fountain flow)이라고 한다. 분수대에서 나오는 물처럼 물줄기 중앙의 높은 속도의 물이 옆 주변으로 퍼지면서 분수를 이룬다. 이는 물줄기 중앙에서는 속도가 크고 중앙에서 멀어질수록 속도가 작아지는 모습이다. 즉 두 벽면 사이의 중앙에서는 최대 속도를 보이고 두 금형의 벽면에서는 속도가 0이다. 그림 2-9에

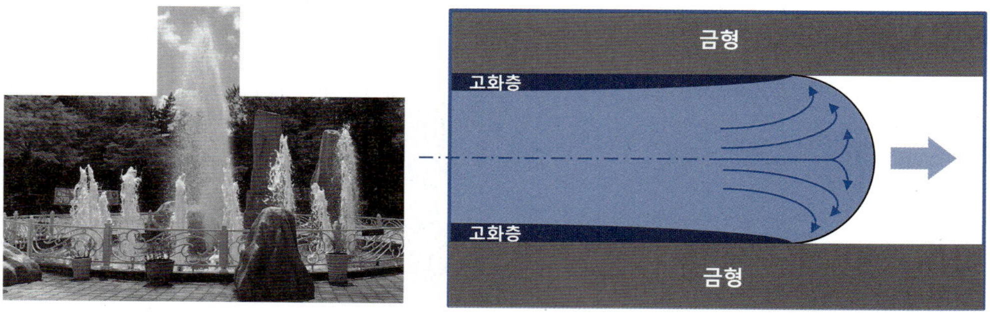

(a) 분수대의 물줄기 모양

(b) 금형 내 수지의 분수 유동

그림 2-9 분수대의 물줄기 및 금형 속에서 분수 유동을 보이는 수지의 속도분포

실제 분수와 금형 속에서 보이는 수지의 분수 유동이 나타나 있다. 흐름이 이미 진행된 부분의 벽면에서는 어느 정도 고화층이 형성되고 유동선단에서는 분수 유동을 보인다. 실제로는 벽면에서 미끄럼 유동(slip flow)이 일어나기 때문에 엄밀히 말하면 속도가 0이 아니나 큰 관점에서 0으로 보고 흐름을 분석한다. 고분자 용융체가 흐르는 다이나 금형 내에서 미끄럼 유동의 속도는 대략 평균속도의 10% 내외 정도로 분석되고 있으나 속도의 크기, 수지의 물성과 금형의 소재에 따라 다르다.

충전 과정에서 높은 온도의 수지가 낮은 온도의 금형 속에서 흐르면서 동시에 냉각이 진행된다. 이 냉각 때문에 금형의 벽면에서 수지의 고화층이 형성되는데 이는 대략 0.25 mm 정도로 분석된다. 금형 벽면이 두 쪽이므로 고화층은 총 0.5 mm의 두께가 된다. 즉 금형의 두 벽면 사이의 갭에서 0.5 mm는 고화층이 되므로 수지가 흘러 들어가는 통로는 전체 갭에서 0.5 mm를 뺀 영역이 된다. 따라서 엄밀히 말하면 두께 0.5 mm의 제품은 사출할 수 없게 된다. 이러한 현상 때문에 성형품의 두께가 얇으면 성형이 매우 어렵다.

그러므로 두께가 얇은 제품을 사출하기 위해서는 고화층의 제어가 필요하다. 이를 위한 1가지 방법은 수지의 충전을 재빨리 하여, 즉 사출속도를 높여서 수지가 굳어지기 전에 금형 속을 채우는 것이다. 이런 방법이 고속 사출(high speed injection molding)이다. 이렇게 고속 사출을 하게 되면 저압사출이 가능하여 성형품의 충전이 균일하여 밀도가 균일하다. 그리고 냉각이 균일하고 분자 배향이 감소하여 제품의 휨도 적다. 고속 사출은 주로 박판성형(thin wall molding)에 응용된다.

2.4 수지의 보압

충전 후 수지는 온도가 내려가면서 캐비티 안에서 수축이 이루어지는데 보압(packing)으로 이 수축량을 채워준다. 일반적으로 결정성 수지는 1.5~2%, 비결정 수지는 0.5% 정도의 체적수축을 보인다. 수지에 무기 충진제 등이 첨가되면 결정성 수지든 비결정성 수지든 체적수축이 대략 0.5% 이하로 줄어든다.

보압은 일반적으로 충전 시의 최종 압력으로 1단계 보압을 하고, 1단계 보압의 90% 정도로 2단계 보압을 한다. 1단계 보압은 패킹(packing), 2단계 보압은 홀딩(holding)이라고도 부른다. 그러나 단계별 이런 구분 없이 보압 1단계, 보압 2단계 등으로 표현한다.

보압 단계에서는 캐비티에 가장 높은 압력이 작용되므로 금형이 열리지 않도록 하는 큰 힘(형체력)이 필요하다. 보압 단계는 제품의 품질에 가장 큰 영향을 미친다. 따라서 제품의 요구 특성과 수지의 특성에 맞게 적합한 보압 설정이 중요하다.

일반적으로 플라스틱 수지는 압력에 따라 대략 10% 정도의 압축성을 보인다. 그러나 유리섬유 등과 같은 첨가제를 많이 함유하고 있으면 압축성은 이보다 더 줄어든다. 수

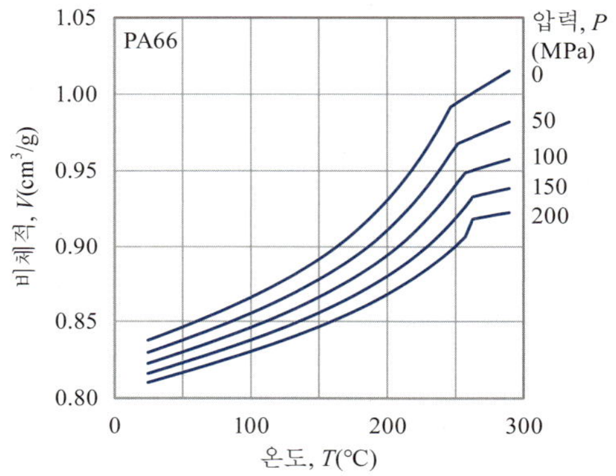

(a) PA66

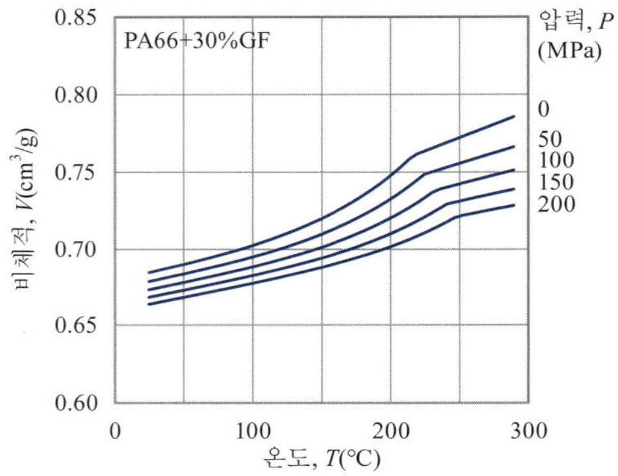

(b) PA66+30% GF

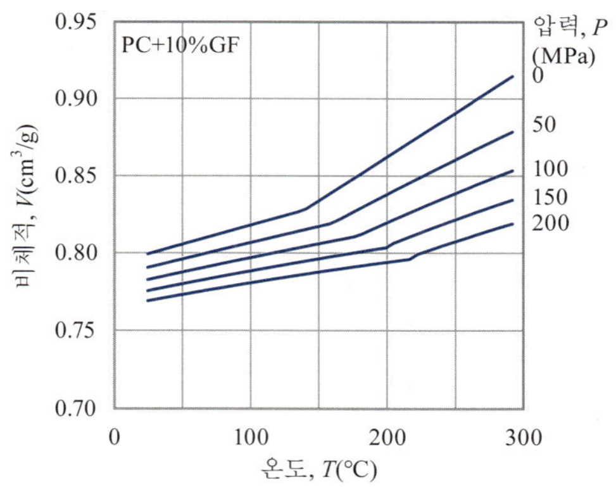

(c) PC+10% GF

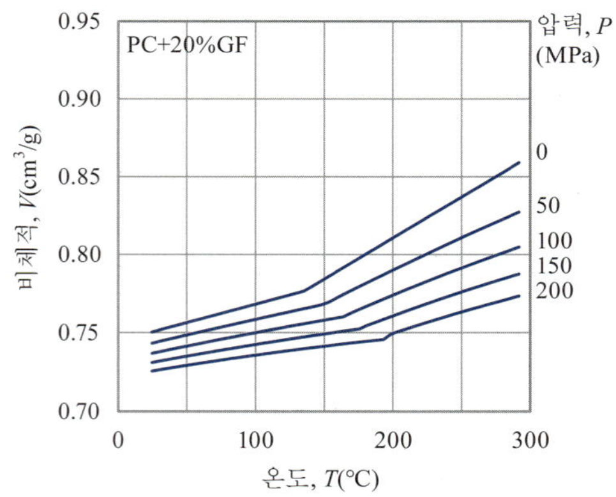

(d) PC+20% GF

그림 **2-10** 다양한 수지의 PvT 선도

지의 압축성 때문에 보압 과정에서 압력이 크면 수지의 냉각에 의한 수축의 보상뿐만 아니라 소재가 압축되어 밀도가 다소 올라가고 치수 안정성이 좋으며 금형의 형상에 가깝게 성형된다.

그림 2-10은 압력에 따른 수지의 체적이 변하고 있음을 보여준다. PA66의 경우 압력에 따라 비체적이 10% 정도 변하고 있음을 볼 수 있다. 그러나 PA66에 GF가 30% 첨가되면 압축성은 크게 줄어든다. PC의 경우도 GF 10%일 때와 GF 20%일 때의 비체적 변화는 차이가 크다.

2.5
수지의 냉각

금형 속에 충전된 수지는 상대적으로 낮은 온도의 금형에 의해 냉각된다. 따라서 수지가 금형 속에 들어오자마자 바로 냉각이 시작된다고 볼 수 있다. 그러나 특별히 보압이 끝난 후부터 제품을 꺼내기까지 시간을 냉각시간이라고 부른다. 이 냉각시간은 사출성형 사이클 시간 중 70~80%를 차지하기 때문에 생산성을 높이기 위해서는 냉각시간을 단축하는 것이 핵심이다. 금형의 온도 조절은 금형에 냉각수나 오일을 순환시켜 조절한다. 특별히 카트리지 히터(cartridge heater)를 이용하는 경우도 있다.

수지가 냉각되는 과정에서는 수지가 용융상태에서 고체상태로 상변화가 일어나면서 큰 체적 변화를 포함하게 된다. 따라서 냉각과정에서 수지의 수축은 수지의 온도 차이에 의한 열수축에서만 발생되는 것이 아니라 상변화에 의한 체적 변화가 포함되어 있다. 결정성 수지와 비결정성 수지는 온도에 따른 상변화가 다르기 때문에 냉각과정에서 수축의 차이가 크다. 그림 2-10에서 보듯이 결정성 수지인 PA66과 비결정성 수지인 PC의 온도에 따른 체적 변화가 다르다. 정밀도 있는 성형을 위해서는 수지의 종류에 따른 세심한 냉각과 수축량의 조절이 필요하다.

냉각시간의 설정은 성형품을 취출했을 때 변형이 일어나지 않는 온도 이하로 냉각 고화되는 데 필요한 시간으로 한다. 소재의 열변형 온도와 기계적 물성, 성형품의 두께와 성형품의 강성, 수지의 열전도도, 사출온도, 금형온도 등에 따라 냉각시간이 좌우된다.

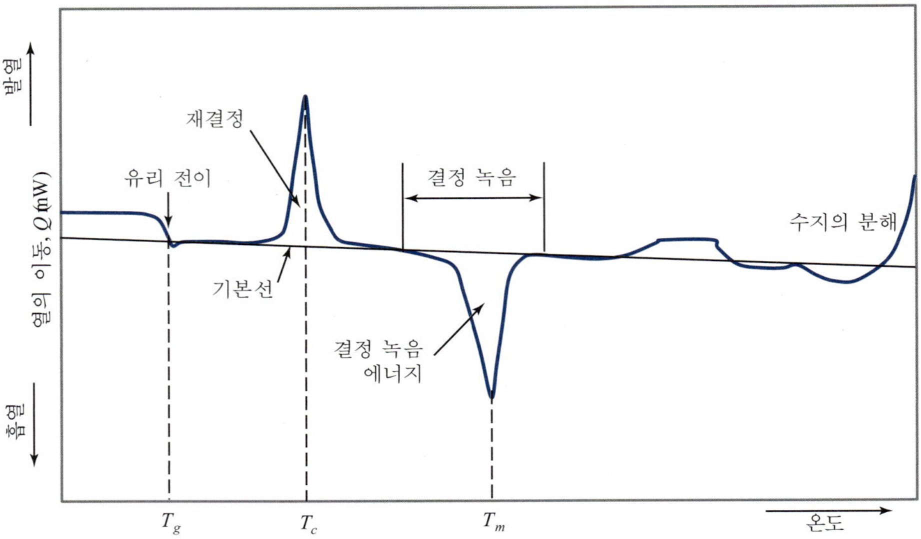

그림 2-11 결정성 수지의 DSC 데이터

냉각시간은 사이클 시간의 비중이 가장 크기 때문에 생산성과 경제적 관점에서 수지의 냉각은 매우 중요하다.

그림 2-11에 결정성 수지의 시차 주사 열량계(DSC, differential scanning calorimetry) 데이터가 나타나 있다. 상온의 수지에서 온도를 올리면 유리전이온도(glass transition temperature, T_g)를 지난다. 유리전이는 딱딱한 고체상태에서 유연한 상태로 변하는 전이이며 이때의 온도를 유리전이온도라 부른다. 온도를 더 올리면 결정성 수지이지만 미처 결정을 이루지 못했던 부분이 재결정을 이루면서 열을 방출한다. 이때의 온도를 재결정온도(re-crystallization temperature, T_c)라고 부른다. 재결정온도 이상으로 온도를 올리면 재료에 있던 모든 결정이 녹는 온도(melting temperature, T_m)에 도달한다. 결정이 녹을 때는 열을 흡수하고 있음을 알 수 있다. 즉 수지가 결정을 이루면서는 발열을 하고 결정이 녹을 때는 흡열함을 알 수 있다. 따라서 수지의 냉각과정에서는 결정을 이루면서 발열이 진행되므로 냉각에 더욱 세심한 주의가 필요하다. 결정성 수지는 냉각속도에 따라 결정화도에 영향을 주고 결정화도는 수지의 수축에 영향을 주기 때문이다.

2.6 제품 꺼내기

제품을 꺼내기에 적절한 온도까지 냉각하고 난 후에 금형을 열고 이젝팅 기구를 이용하여 제품을 금형 밖으로 꺼낸다. 소재의 열변형 온도나 강성에 따라 꺼내기 온도가 다르다. 온도가 너무 높은 상태에서 이젝팅을 하면 이젝팅 기구에 의해 제품 표면에 자국이 생기거나 제품이 휘는 현상이 발생한다. 이젝팅 기구는 제품의 형상과 제품의 요구사항에 따라 다양한 형태를 가지고 있다. 제품생산의 마지막 단계이므로 제품의 외관에 손상이 없도록 하는 꺼내기 방법을 채택해야 한다.

CHAPTER 3

사출금형의 구성

CHAPTER 3

사출금형의 구성

3.1 금형의 역할

사출제품은 사출금형을 통하여 성형이 이루어진다. 사출금형은 제품의 형상이 새겨져 있고 또한 제품의 형상 외에 그 형상으로 수지가 흘러가도록 통로를 만들어주는 딜리버리 시스템(delivery system)인 스프루, 런너, 게이트의 형상도 새겨져 있다. 사출성형기에 장착된 금형에 제품의 형상으로 수지가 들어가는 순서는 사출성형기의 노즐로부터 스프루, 런너, 게이트, 그리고 최종적으로 제품의 형상인 캐비티이다.

제품의 형상을 부여하기 위해 금형은 두 부분으로 분리되어 있다. 두 부분이 결합하여 만들어지는 공간 속에 수지가 채워져 제품을 성형한다. 금형은 제품의 형상을 직접적으로 결정하기 때문에 사출성형에서 가장 기본적이면서 핵심이라고 할 수 있다.

사출성형으로 성형되어 금형으로부터 빠져나온 형상은 금형설계에 따라 2가지 형태로 나뉜다. 하나는 그림 3-1과 같이 제품과 스프루, 런너, 게이트가 같이 붙어서 나오는 경우이다. 다른 하나는 그림 3-2와 같이 게이트가 절단되어 제품과 스프루와 런너가 따로 분리되어 나오는 경우이다.

금형으로부터 그림 3-1과 같이 나오는 경우는 2단 금형을 사용한 경우이고, 그림 3-2와 같이 나오는 경우는 3단 금형을 사용한 경우이다. 금형 속에서 수지는 스프루, 런너를 지나 게이트를 거쳐 캐비티로 흘러 들어간다. 스프루, 런너, 게이트는 수지를 성형하

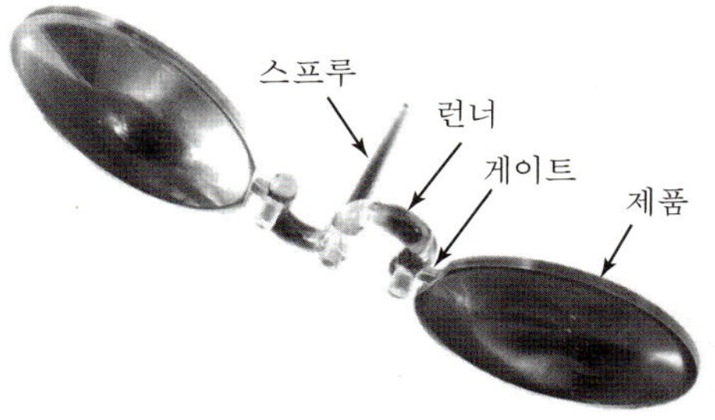

(a) 투명 수지의 2단 금형 제품

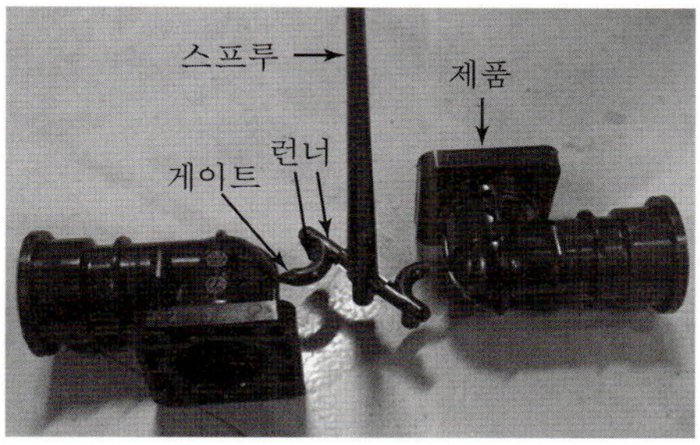

(b) 불투명 수지의 2단 금형 제품

그림 3-1 2단 금형에서 사출성형 후 나오는 성형품과 딜리버리 형상

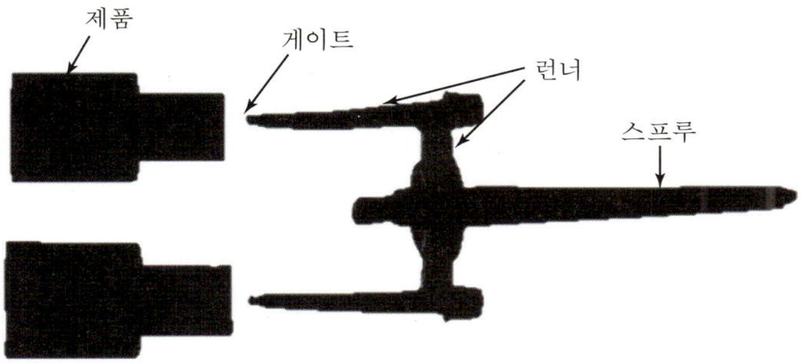

그림 3-2 3단 금형에서 사출성형 후 분리되어 나오는 성형품과 딜리버리 형상

고자 하는 형상을 갖고 있는 캐비티로 전달하는 통로이기 때문에 딜리버리 시스템 또는 피드 시스템(feed system)이라고 부른다. 딜리버리 시스템을 포함하여 캐비티(제품의 형상)를 형성하는 코어와 캐비티 금형, 이젝팅 기구, 그리고 금형의 냉각 시스템 등은 금형설계의 핵심적인 내용이다. 여기서는 2단 금형, 3단 금형, 언더컷 금형의 구성과 각 부품의 역할에 대해서 알아보고 딜리버리 시스템, 코어와 캐비티, 제품의 빼기 방법, 금형의 냉각 방법에 대해 기술하고자 한다.

3.2 2단 금형

3.2.1 2단 금형의 부품

2단 금형의 구성 부품에 대해 그 역할을 알아보기로 하자. 금형은 크게 두 부분으로 구성되어 있는데 두 부분의 금형이 닫히고 성형이 완료된 후 금형이 열리고 제품을 꺼내게 된다.

2단 금형은 금형이 두 부분으로 이루어져 있고 성형 후 금형이 열리는 곳이 한 곳이다. 2단 금형을 2매판 구성 금형이라고도 부른다. 그림 3-3에 2단 금형이 나타나 있다. 금형이 닫혔다가 열릴 때 한 곳이 열리는 것을 보여주는데, 이 열리는 면을 파팅면이라고 부른다. 2차원 도면상에서 볼 때는 파팅 라인이라 부른다. 금형이 닫히고 열릴 때 이동하는 금형을 이동 금형 또는 이동측 금형이라 부르고, 고정되어 있는 금형을 고정 금형 또는 고정측 금형이라 부른다. 금형을 보관할 때 보통 세워서 보관하는데 이동측 금형이 밑에 오게 되고 고정측 금형은 위에 오게 된다. 그래서 이동측 금형을 하금형, 또는 하측 금형이라 부르고, 고정측 금형을 상금형 또는 상측 금형이라 부른다.

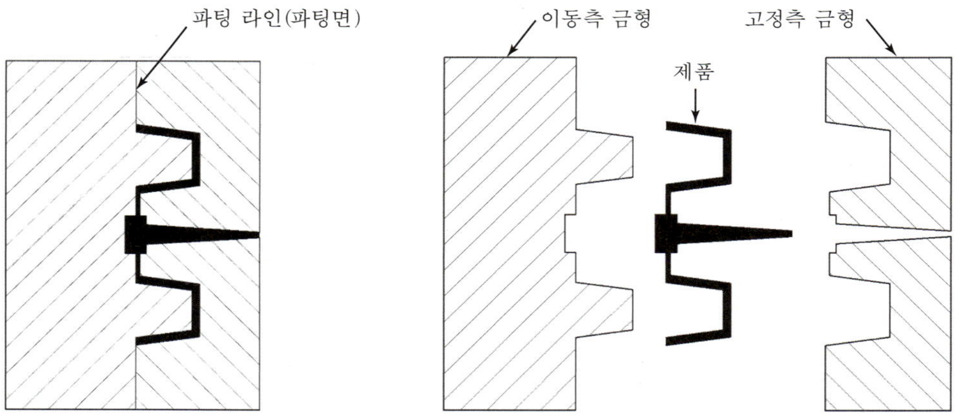

그림 3-3 2단 금형의 닫힘과 열림

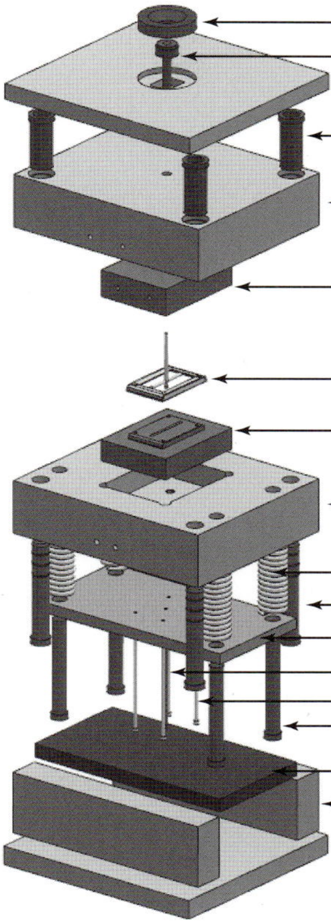

그림 **3-4** 2단 금형의 전체 부품

그림 3-4에 2단 금형 전체 부품의 전개도가 나타나 있다.

2단 금형의 각 부품에 대한 설명은 다음과 같다.

(1) 고정측 설치판

고정측 고정 플레이트라고도 부른다. 금형의 고정측 부분을 사출성형기의 고정측 다이 플레이트(고정반)에 부착하기 위한 플레이트이다.

(2) 로케이트 링

로케이트 링(locate ring)은 스프루 부싱 리테이너 링(sprue bushing retainer ring)이라고도 부른다. 사출성형기의 노즐이 스프루 부시의 중심에 잘 맞도록 해주는 링이다.

(3) 고정측 형판

금형의 고정측 부분으로 제품을 성형하기 위한 캐비티를 구성하며 스프루 부시, 가이드 핀 부시 등이 조립되어 있다.

(4) 이동측 형판

금형의 이동측 부분으로 코어를 구성하고 있고 가이드 핀 등이 설치되어 있으며 고정측 형판과 함께 파팅면 또는 파팅 라인을 형성한다.

(5) 받침판(support plate)

이동측 형판을 받쳐주는 플레이트이다. 이동측 형판이 큰 압력으로 변형이 일어날 우려가 있는데 강성을 보강하기 위해 설치한다.

(6) 이동측 설치판

금형의 이동측 부분을 사출성형기의 이동측 다이 플레이트(이동반)에 부착하는 플레이트이다.

(7) 스페이서 블록(spacer block)

받침판과 이동측 설치판 사이에 위치하며 이젝팅 핀이 움직일 수 있는 공간을 제공해 준다. 스페이서 블록의 높이가 이젝팅 플레이트(상판 및 하판)가 이동하는 최대 거리가 된다.

(8) 이젝팅 플레이트 상판(ejecting plate-upper)

이젝팅 핀, 리턴 핀, 스프루 록 핀 등을 끼울 수 있게 카운터 보어가 만들어져 있는 플레이트이다.

(9) 이젝팅 플레이트 하판(ejecting plate-lower)

이젝팅 핀, 리턴 핀, 스프루 록 핀 등을 받치며 고정시키는 받침판으로 이젝팅 플레이트 상판과 볼트로 체결되어 있다.

(10) 스프루 부시(sprue bush)

고정측 형판에 고정되어 있으며 여기에 사출성형기의 노즐이 밀착되어 용융수지를 주입한다. 수지가 금형에 들어오는 첫 번째 통로이다.

(11) 가이드 핀(guide pin)

주로 이동측 형판에 고정되어 있으며 고정측 형판과의 정확한 결합이 되도록 가이드해 주며 상대 금형(고정측 형판)의 가이드 핀 부시에 결합된다.

(12) 가이드 핀 부시(guide pin bush)

주로 고정측 형판에 고정되어 있으며 이동측 형판과의 정확한 조립이 되도록 가이드 핀이 들어오는 홀을 제공해준다.

(13) 이젝팅 핀(ejecting pin)

금형이 열리고 나서 제품이 코어 금형에서 빠지도록 밀어주는 핀으로 이젝팅 플레이트들에 부착되며 이들과 함께 움직인다.

(14) 스프루 록 핀(sprue lock pin)

성형 후 금형이 열릴 때 스프루를 스프루 부시에서 잘 빠지도록 스프루를 밑에서 잡고 있는 핀이다. 즉 스프루를 당겨주는 역할을 한다.

(15) 리턴 핀(return pin)

이젝팅 핀이 제품을 밀어낸 다음 제자리로 돌아가도록(후퇴하도록) 하는 핀으로 이젝팅 플레이트들에 부착되어 있다. 금형이 닫힐 때 리턴 핀이 고정측 형판의 파팅면에 닿아서 뒤로 후퇴한다. 이때 리턴 핀이 고정된 이젝팅 플레이트들이 같이 후퇴하게 되므로 이젝팅 플레이트들에 부착된 이젝팅 핀들이 같이 뒤로 후퇴한다.

(16) 캐비티(cavity)

용융수지가 들어가도록 고정측 형판 측에 오목하게 만들어진 빈 공간으로 캐비티를 갖는 금형을 캐비티 금형이라 한다. 캐비티 금형을 고정측 형판이라고도 부른다.

(17) 코어(core)

이동측 형판에 볼록하게 만들어진 형상의 코어를 갖는 금형을 코어 금형이라 하며, 이동측 형판 또는 가동측 형판이라고도 부른다. 금형이 닫히면서 캐비티와 코어가 결합되어 제품의 형상을 만들 수 있는 공간을 제공해준다. 이렇게 만들어진 공간을 역시 캐비티라고 부른다. 즉 제품의 형상을 갖고 있는 공간을 캐비티라고 부른다.

2단 금형의 특징은, 구조가 간단하고 제품은 이젝팅 시에 자유 낙하하게 되며 내구성이 뛰어나고 성형 사이클이 빠르다. 또 금형 제작비가 싸고 게이트의 형상 및 위치를 비교적 임의로 결정할 수 있다. 다이렉트 게이트 이외는 특별한 공작을 하지 않는 한 게이트 위치는 성형품의 가장자리로 한정되며 성형 후 게이트의 절단작업이 필요하다. 단, 터널 게이트(tunnel gate)나 서브마린 게이트(submarine gate)로 설계하면 별도의 절단 작업이 필요 없이 금형이 열리거나 제품이 이젝팅될 때 게이트가 자동으로 절단된다.

3.2.2 2단 금형 부품의 구성

제품을 성형하는 금형을 이해하기 쉽도록 금형 부품의 연결을 순차적으로 설명하고자 한다. 그림 3-5에 성형하고자 하는 제품이 있고 이 제품의 사출에 필요한 최종 금형의 외형이 그림 3-6에 나타나 있다. 금형은 전체적으로 보면 두 부분으로 이루어져 있고 그 중 한 부분이 움직이면서 금형을 열고 닫는 역할을 한다. 이때 움직이는 부분을 이동 금형이라 하고, 고정되어 있는 부분을 고정 금형이라고 한다. 이동측 금형과 고정측 금형의 구성에 대해서 차례로 알아보자.

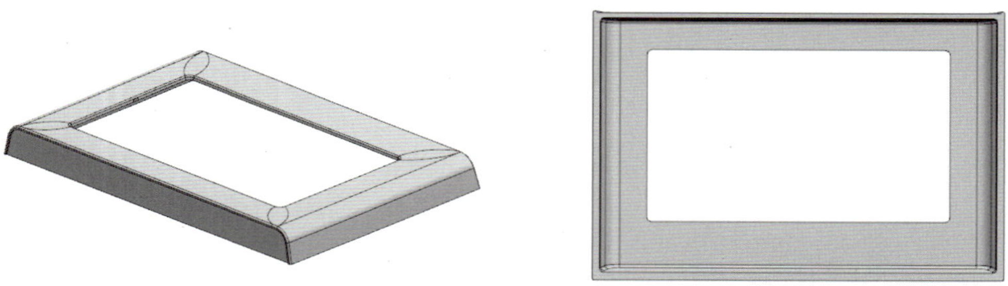

그림 3-5 사출성형으로 성형하고자 하는 제품

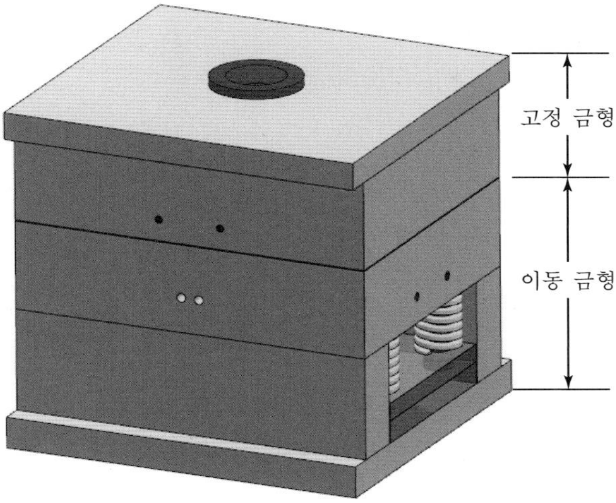

그림 **3-6** 2단 금형의 최종 형상

(1) 이동측 금형

제품을 성형하기 위해서는 먼저 제품의 형상을 구현하기 위한 코어가 필요하다. 그림 3-7에 제품형상과 이를 성형하기 위한 이동측 코어가 나타나 있다.

크기가 큰 형판(철판)에서 통째로 제품의 모양으로 금형을 가공하는 것이 아니라 작은 금속 조각에서 제품의 모양으로 가공하여 삽입하는 형식을 사용한다. 이 삽입하는 부품을 이동측 코어라고 하는데 이동측에 들어가는 코어이기 때문이다. 이러한 금형 제작 방식을 입자형 금형이라고 한다.

그림 3-8은 이동측 형판에 이동측 코어가 조립된 모습을 보여준다. 이 이동측 형판에는 고정측 형판과 접촉할 때, 즉 금형이 닫힐 때 위치를 가이드할 수 있도록 하는 가이

(a) 제품형상

(b) 이동측 코어

그림 **3-7** 제품형상과 제품 성형을 위한 이동측 코어

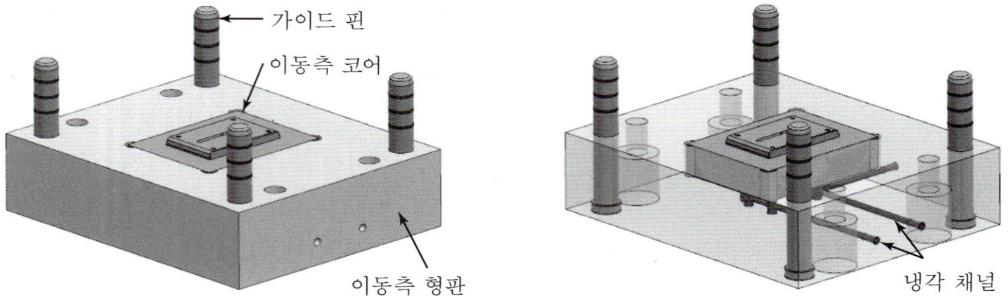

(a) 이동측 코어와 이동측 형판의 조립

(b) 냉각 채널 설계

그림 **3-8** 이동측 형판에 조립된 이동측 코어, 가이드 핀, 냉각 채널

드 핀이 장착되어 있다. 또한 금형의 온도 조절을 위한 냉각 채널(냉각 관)이 설계되어 있다. 냉각 채널을 통해 원하는 온도로 조절된 냉각수나 다른 유동체(기름 등)를 흘려 보내 금형의 온도를 제어한다. 그리고 이젝팅 플레이트의 가이드 핀이 들어올 수 있도록 해주는 홀도 설계되어 있다.

그림 3-9에는 이동측 형판에 조립되어지는 이젝팅 부품들이 나타나 있다. 이 부품들은 금형이 열린 후 이동측 금형의 코어에 끼워져 있는 성형품을 밀어내는 역할을 한다. 이젝팅에 필요한 부품은 이젝팅 핀, 이젝팅 플레이트의 상판 및 하판, 이젝팅 플레이트 가이드 핀, 스프링 등이다. 여기에 스프루 아랫부분을 잡아서 스프루가 고정측 금형에서 잘 빠지도록 하는 스프루 록 핀도 결합된다.

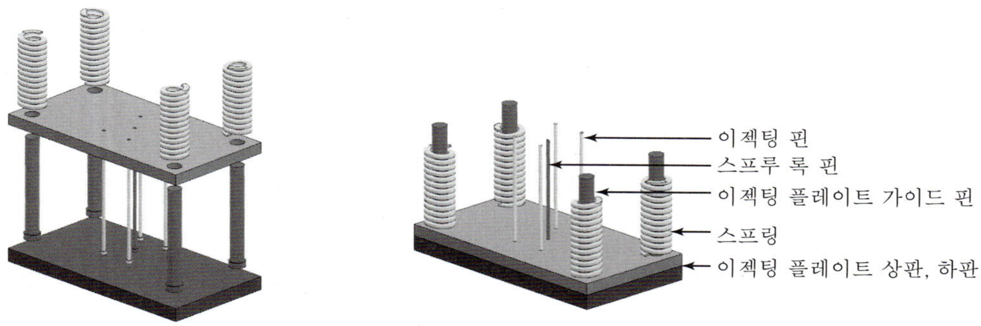

(a) 이젝팅 기구의 구성

(b) 이젝팅 기구의 조립

그림 **3-9** 이젝팅 부품 및 이젝팅 기구의 모습

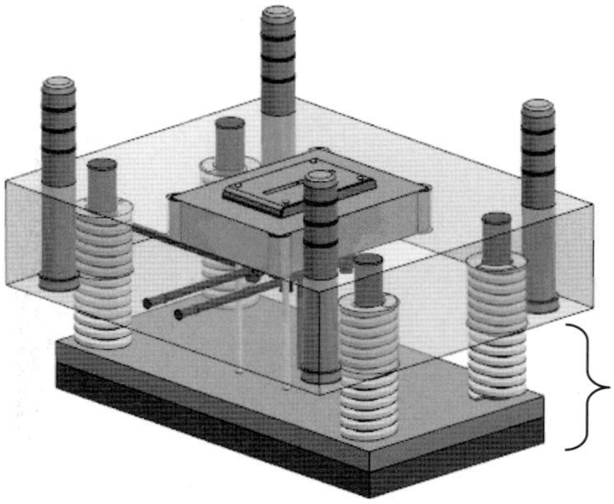

그림 **3-10** 이동측 형판에 이젝팅 부품들이 조립된 모습

그림 3-10은 이동측 형판에 이젝팅 부품들이 조립된 형상을 보여준다.

이러한 이젝팅 부품들에 의해 제품이 이젝팅되는 모습이 그림 3-11에 나타나 있다. 성형이 끝나고 금형이 열리면 제품은 이동측 금형에 고정되어 있게 된다. 이동측 금형 측에 이젝팅 기구들이 있기 때문에 제품은 꼭 이동측 금형에 끼워져 있도록 금형설계를 해야 한다. 이동측 금형에 제품이 끼워져 있도록 하기 위해서는 제품의 코어 측과 캐비티 측의 결정, 금형의 열리는 면(파팅 라인)의 결정, 빼기 구배 설계, 스프루 록 핀의 설계 등이 중요하다. 금형이 열린 후[그림 3-11(a)] 이젝팅 플레이트가 상승하면 이 플레이트에 조립되어 있는 이젝팅 핀이 상승하며[그림 3-11(b)] 제품을 밀어낸다[그림 3-11(c)]. 제품을 밀어낸 후 이젝팅 로드의 후퇴 운동으로 이젝팅 플레이트가 원래 자리로 뒤로 후퇴한다[그림 3-11(d)]. 이젝팅 플레이트가 후퇴하면 여기에 조립된 모든 핀들이 같이 뒤로 후퇴한다. 여기에 소개된 부품 그림들에는 나타나 있지 않지만 리턴 핀에 의해서도 이젝팅 플레이트가 뒤로 후퇴하기는 방법을 택하기도 한다.

그림 3-12는 이젝팅 부품들과 스페이서 블록이 이동측 형판에 결합된 모습이다. 스페이서 블록의 높이는 이젝팅 플레이트가 이젝팅 운동을 하는 거리를 제공해준다. 스페이서 블록의 또 다른 역할은 이동측 형판을 고정하기 위해 지지해주는 것이다. 그림 3-13은 이동측 설치판이 조립된 이동측 금형을 보여준다. 이 이동측 설치판에 조우(jaw)를 이용해 이동측 금형을 사출성형기의 이동측 다이 플레이트에 고정시킨다. 그리고 그림 3-14는 완성된 이동측 금형의 전체 전개도를 보여준다.

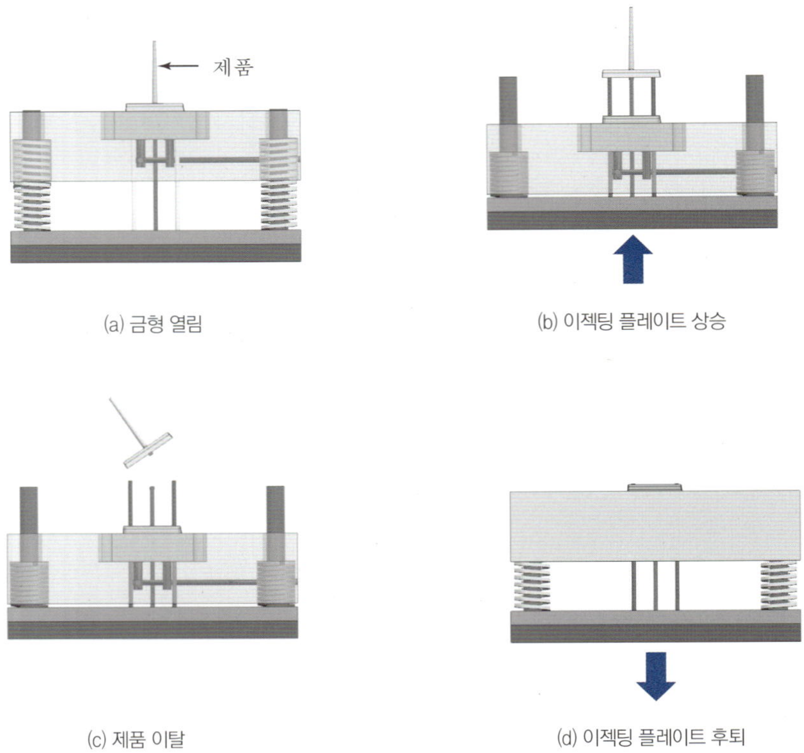

그림 **3-11** 이젝팅 기구의 상승에 의한 제품의 취출 및 이젝팅 기구의 후퇴

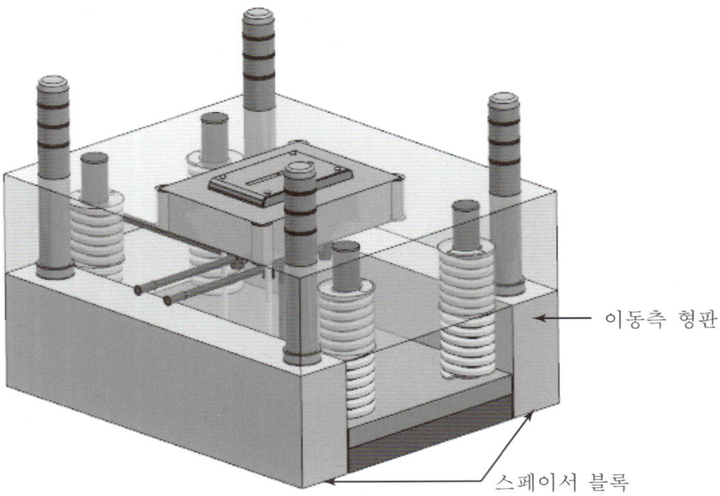

그림 **3-12** 이동측 형판에 스페이서 블록이 조립된 모습

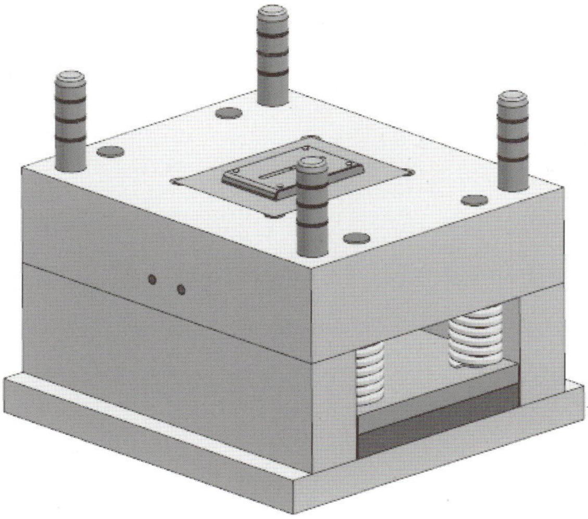

그림 **3-13** 이동측 설치판 조립 및 완성된 이동측 금형

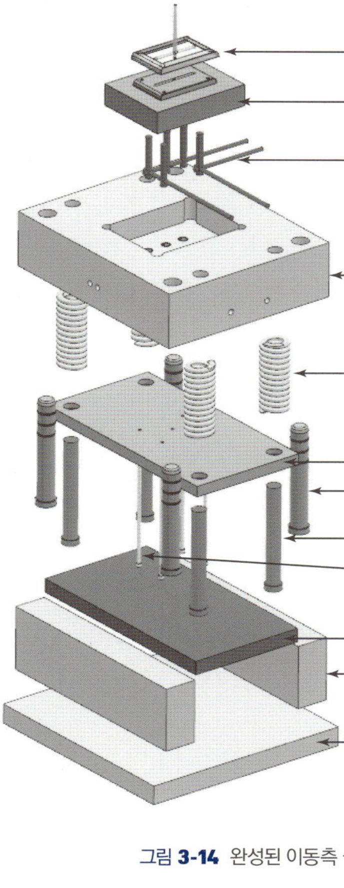

그림 **3-14** 완성된 이동측 금형의 전개도

(2) 고정측 금형

그림 3-15는 제품의 형상과 이를 성형하기 위한 고정측 금형의 코어를 보여준다. 이 고정측 코어는 움푹 들어간 부분(캐비티)을 제공해주는 부품이다. 그래서 캐비티 코어라고도 부른다. 사출성형기의 노즐은 고정측 금형의 로케이트 링에 접촉하고 노즐을 통과한 수지는 스프루, 런너, 게이트를 통해 캐비티로 주입된다. 그래서 고정측 금형에는 이렇게 수지가 흘러 들어오는 통로인 딜리버리 시스템을 포함하고 있다. 그림 3-15(a)의 제품형상에는 스프루, 런너, 게이트가 붙어 있는 상태를 보여주고 있다. 2단 금형에서는 이렇게 제품에 딜리버리 시스템이 부착된 채로 금형에서 취출된다.

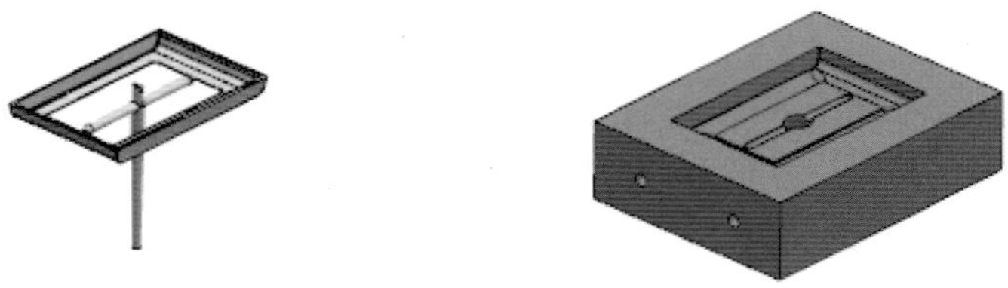

(a) 딜리버리 시스템이 부착된 제품　　(b) 고정측 코어

그림 **3-15** 딜리버리 시스템이 부착된 제품 및 고정측 코어

그림 3-16은 고정측 코어가 고정측 형판에 조립된 모습을 보여준다. 고정측 형판과 고정측 코어에 냉각 채널이 설계되어 있는 것을 볼 수 있다. 또한 금형이 닫힐 때 이동측 금형에 있는 가이드 핀이 들어오도록 가이드를 하는 가이드 핀 부시도 조립되어 있다.

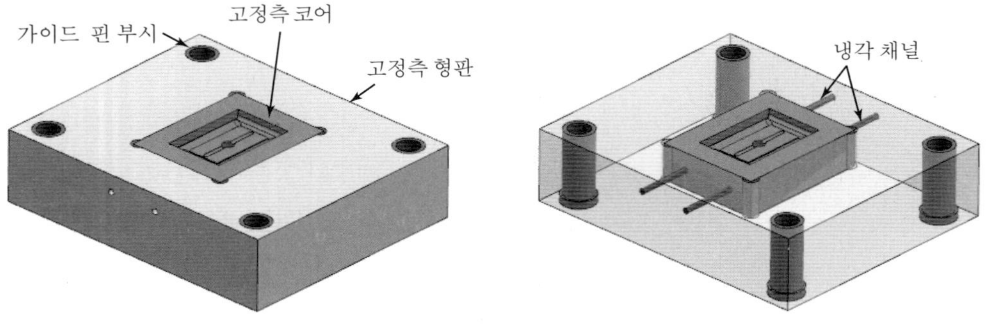

(a) 고정측 코어와 고정측 형판의 조립　　(b) 냉각 채널 설계

그림 **3-16** 고정측 형판에 조립된 고정측 코어, 가이드 핀 부시, 냉각 채널

그림 3-17은 고정측 형판에 고정측 설치판과 스프루를 형성하도록 해주는 스프루 부시, 사출성형기의 노즐의 접촉을 도와주는 로케이트 링이 조립되는 모습을 보여준다.

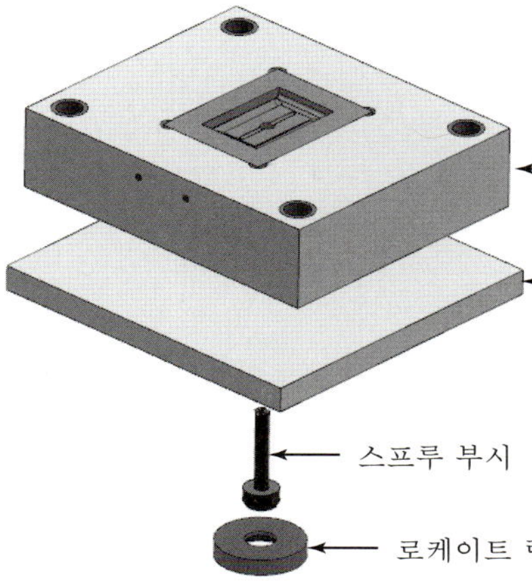

그림 3-17 고정측 형판에 조립되는 고정측 설치판, 스프루 부시, 로케이트 링

그림 3-18은 모든 부품이 조립된 고정측 금형의 외부 형상이다. 로케이트 링이 고정측 형판 위로 튀어나와 있다. 이 로케이트 링 때문에 고정측 금형과 이동측 금형이 조립된 후 금형을 바닥에 내려놓을 때 이동측 금형이 바닥면에 닿도록 하고 고정측 금형이 위쪽으로 오게 한다. 그래서 앞에서 설명한 것처럼 이동측 금형을 하금형, 고정측 금형을 상금형이라고 부른다.

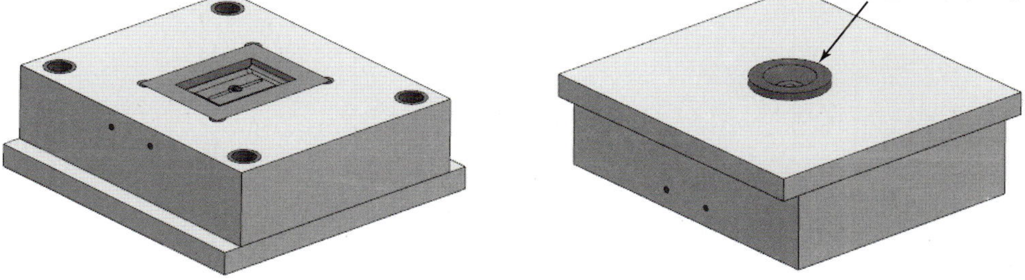

(a) 고정측 금형의 안쪽

(b) 고정측 금형의 바깥쪽

그림 3-18 완성된 고정측 금형

그림 3-19는 완성된 고정측 금형의 전개도를 보여준다. 이동측 금형에 비해 부품 수가 적어서 단순하다.

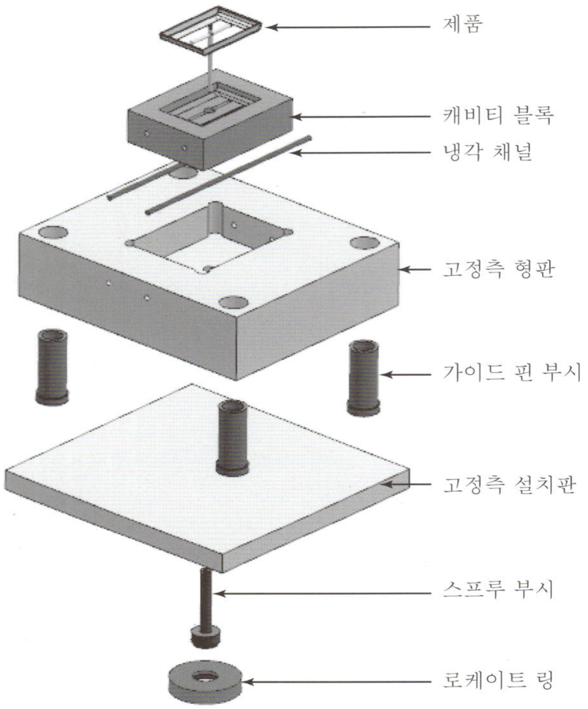

그림 **3-19** 완성된 고정측 금형의 전개도

그림 3-20은 완성된 이동측 및 고정측 금형의 전체 조립도를 보여준다.

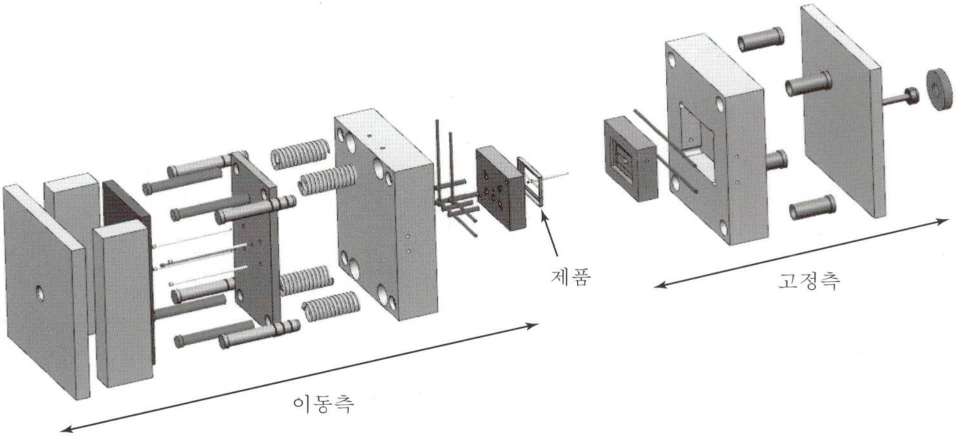

그림 3-20 완성된 전체 금형의 전개도

3.3
3단 금형

3.3.1 3단 금형의 부품

캐비티를 만드는 이동측 금형(코어 금형)과 고정측 금형(캐비티 금형)의 기본 구조에서 고정측 형판과 고정측 설치판 사이에 1개 금형이 더 추가된 금형 구조이다. 그림 3-21에 3단 금형에서 제품의 성형 및 금형의 열림이 나타나 있다. 추가된 금형을 런너 플레이트 또는 런너 스트리퍼 플레이트라고 하며 이곳에 런너를 만든다. 따라서 3단 금형에서는 고정측 형판과 고정측 설치판 금형 사이에 런너가 형성되어 있다.

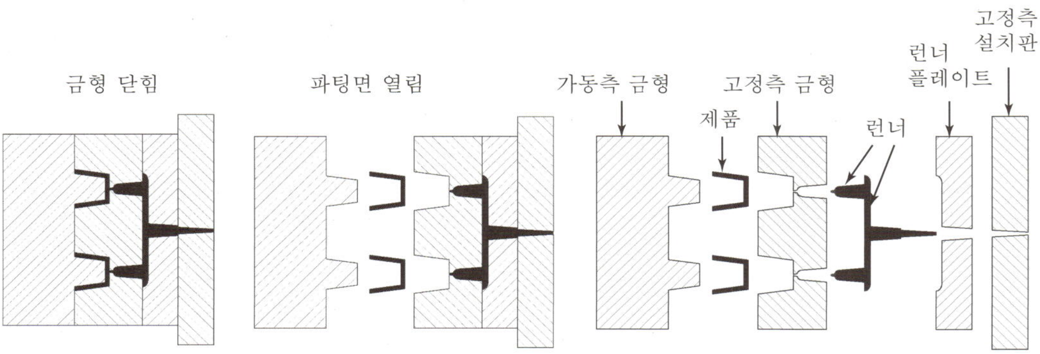

그림 3-21 3단 금형의 닫힘과 열림

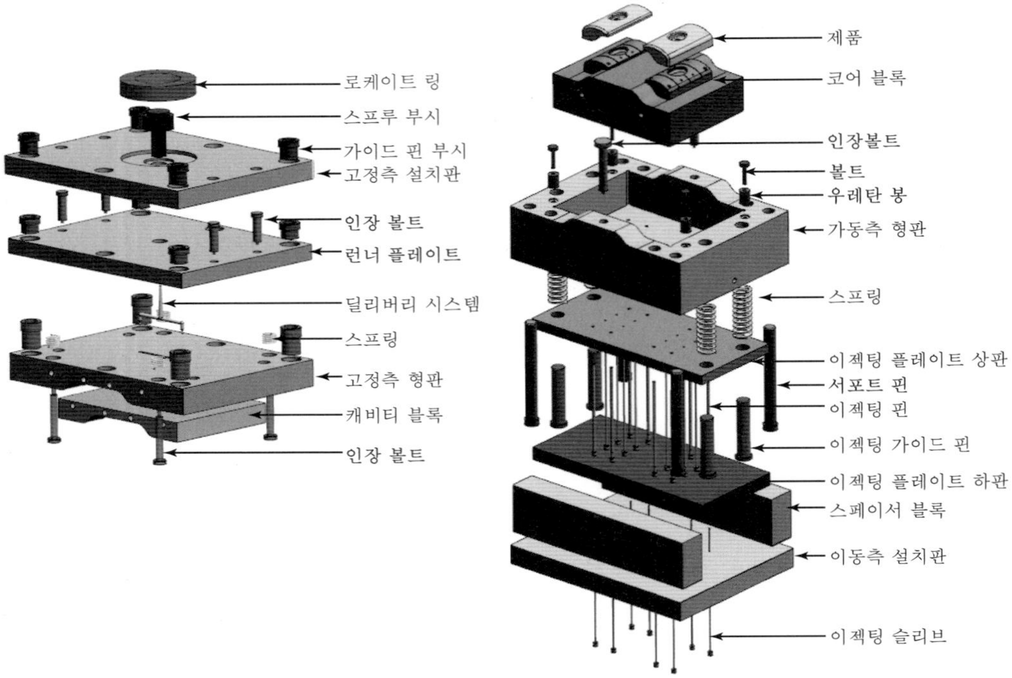

그림 **3-22** 3단 금형의 부품

3단 금형의 전체 부품이 그림 3-22에 나타나 있다.

3단 금형은 2단 금형에서 몇 가지 부품이 추가된다. 3단 금형의 설계에 따라 추가되는 부품은 다를 수 있는데 일반적으로 추가되는 부품은 다음과 같다.

(1) 서포트 핀

런너 플레이트, 고정측 형판, 이동측 형판의 위치를 잡아주는 역할을 한다. 3단 금형에서는 열리는 곳이 세 곳이므로 이때 사이에 위치한 금형(고정측 형판, 런너 플레이트)을 받쳐주는 핀이 서포트 핀(support pin)이다.

(2) 런너 플레이트

3단 금형에서 고정측 설치판과 고정측 형판 사이에 설치하는 플레이트이다. 런너 플레이트(runner plate, runner stripper plate)는 런너를 형성하는 역할을 하고 런너 플레이트가 열릴 때는 스프루 부시에 있는 스프루를 뽑아내는 기능을 한다.

(3) 인장 볼트

3단 금형에서는 그림 3-21에서 보듯 열리는 곳이 세 곳이다. 이렇게 여러 곳이 열리도록 금형의 부품을 당겨주는 역할을 하는 볼트를 인장 볼트(puller bolt)라고 한다. 금형이 열릴 때 런너 플레이트를 당겨주는 기능과 고정측 형판과 이동측 형판 사이를 열어주는 기능을 한다. 금형설계에 따라 인장 볼트가 부품을 당겨주는 상황은 다르다.

(4) 런너 록 핀

런너 플레이트에 런너가 고정되도록 런너를 잡고 있는 핀이다. 런너 록 핀(runner lock pin)은 고정측 설치판에 고정된다. 3단 금형설계에 따라 필요하지 않을 수 있다. 이동측 형판이 열릴 때 성형품에서 게이트가 절단되도록 런너를 잡고 있는 역할을 하는 핀이다.

(5) 스트리퍼 볼트

스트리퍼 볼트(stripper bolt)는 고정측 설치판에 고정되어 있으면서 런너 플레이트가 고정측 설치판에서 분리되는 거리를 제공해주는 기능을 한다. 인장 볼트의 한 종류이기 때문에 인장 볼트라고도 부른다.

3단 금형의 특징은 게이트의 위치 선정이 자유로워 이상적인 위치에 게이트를 선택할 수 있다. 또한 핀 포인트 게이트를 사용하면서 게이트가 자동으로 절단되어 게이트 후가공이 필요 없으며 성형품과 딜리버리 시스템을 각각 취할 수 있다. 3단 금형에서는 열리는 곳이 여러 곳이므로 형개 스트로크가 큰 성형기가 필요하며 금형의 구조가 복잡하여 내구성이 떨어진다. 또 금형 제작비용이 비싸다. 금형의 개폐 시간이 길기 때문에 사출성형 시 성형 사이클이 길다는 단점도 있다. 3단 금형을 채용하는 이유는 게이트 처리의 공정을 생략하기 위해, 그리고 성형품의 윗면에서 자유로운 위치에 게이트를 사용하고자 할 때 사용된다.

3.3.2 3단 금형 부품의 구성

3단 금형은 2단 금형에 비해 장점이 많다. 가장 중요한 장점은 게이트가 자동으로 절단되어 게이트를 절단하는 추가적인 후가공이 필요 없다는 것이다. 3단 금형을 이해하기 쉽도록 부품들의 구성 및 금형의 동작을 설명하고자 한다. 성형하고자 하는 제품이 그

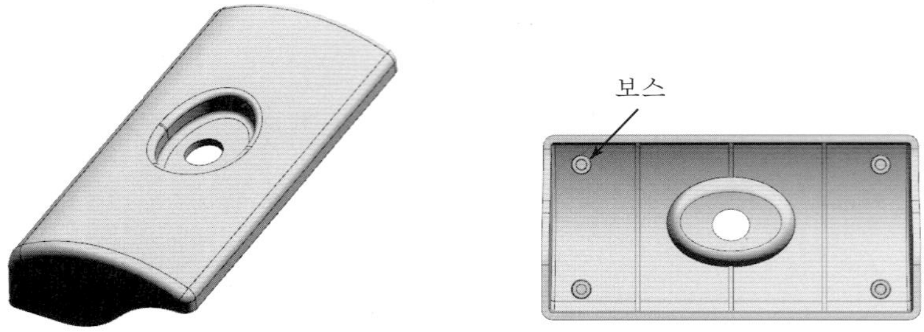

그림 **3-23** 보스가 있는 제품

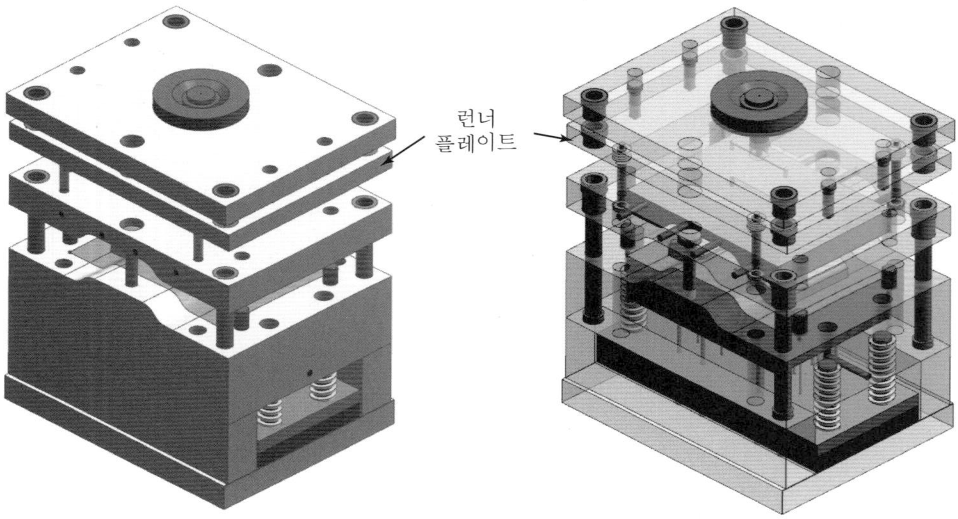

그림 **3-24** 보스가 있는 제품 성형을 위한 3단 금형

림 3-23에 나타나 있고, 이 제품을 성형하기 위한 최종 3단 금형의 모습이 그림 3-24에 나타나 있다. 금형은 크게 이동 금형과 고정 금형으로 구성되어 있는데 고정 금형 측에 런너 플레이트가 하나 더 추가되어 3단 금형을 이룬다.

(1) 이동측 금형

3단 금형은 2단 금형에서 런너 플레이트가 추가된 금형이다. 2단 금형에서 금형이 열리는 곳이 한 군데이다. 즉, 파팅면 또는 파팅 라인이라 불리는 곳에서 열린다. 그러나 3단 금형에서는 파팅면 외에 두 곳이 더 추가적으로 열린다. 이러한 추가적인 열림으로 제품

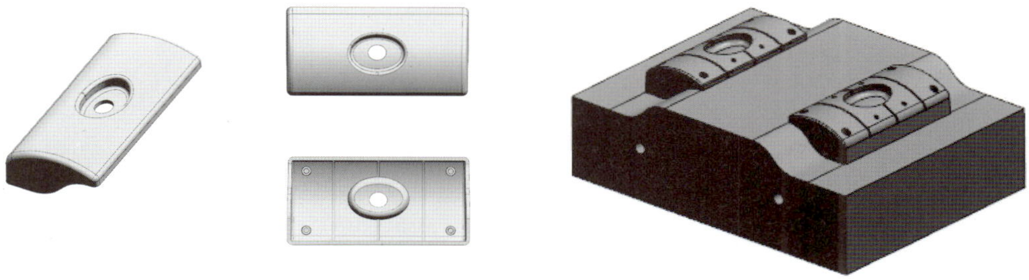

(a) 제품형상 (b) 이동측 코어

그림 **3-25** 제품형상과 2-캐비티 제품 성형을 위한 3단 금형의 이동측 코어

에서 게이트가 자동으로 절단되어 제품과 딜리버리 시스템이 따로 분리된다. 따라서 성형 후에 게이트 절단 작업이 필요 없다.

여기서는 3단 금형의 구체적인 금형설계보다는 3단 금형의 구성에 대해서 설명하도록 하겠다. 그림 3-25에 3단 금형으로 성형하는 제품과 이동측 코어가 나타나 있다. 3단 금형에서는 게이트가 제품의 윗면에 존재하기 때문에 런너의 균형을 위해 하나의 캐비티보다는 2개 이상의 캐비티 설계가 일반적이다. 여기서 보여주는 예는 2-캐비티를 갖고 있는 3단 금형이다.

그림 3-26(a)는 이동측 형판에 조립된 이동측 코어와 가이드 핀을 보여준다. 그림 3-26(b)는 3단 금형에서 특별히 필요한 인장 볼트와 우레탄 봉이 조립된 모습이다. 금형

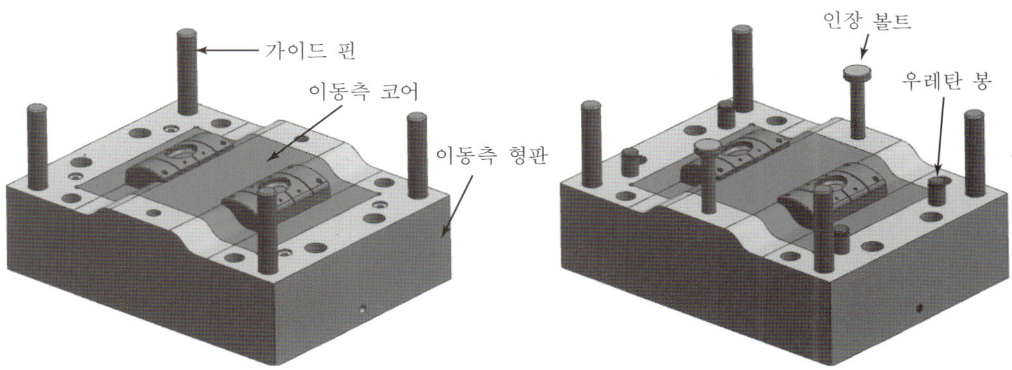

(a) 이동측 형판에 이동측 코어와 가이드 핀의 조립 (b) 인장 볼트, 우레탄 봉의 조립

그림 **3-26** 3단 금형의 이동측 형판에 조립된 부품들

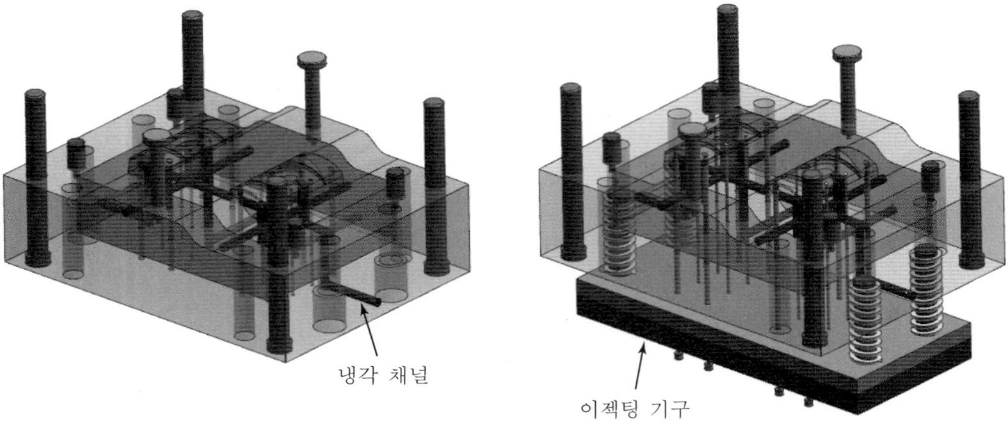

(a) 냉각 채널의 설계 (b) 이젝팅 기구의 조립

그림 **3-27** 3단 금형의 이동측 형판에 냉각 채널, 이젝팅 기구가 조립된 모습

의 열림에 필요한 인장 볼트와 우레탄 봉에 대해서는 뒤의 3단 금형의 열림과 제품의 이젝팅에서 자세히 설명하였다.

그림 3-27은 이동측 형판에 금형의 냉각을 위한 냉각 채널과 제품의 빼기를 위한 이젝팅 기구가 조립된 모습을 보여준다.

이젝팅에 사용되는 이젝팅 핀과 이젝팅 슬리브가 그림 3-28(a)에 나타나 있다. 이젝팅을 위한 모든 부품들이 그림 3-28(b)에 나타나 있고 이러한 부품들이 조립된 모습이 그

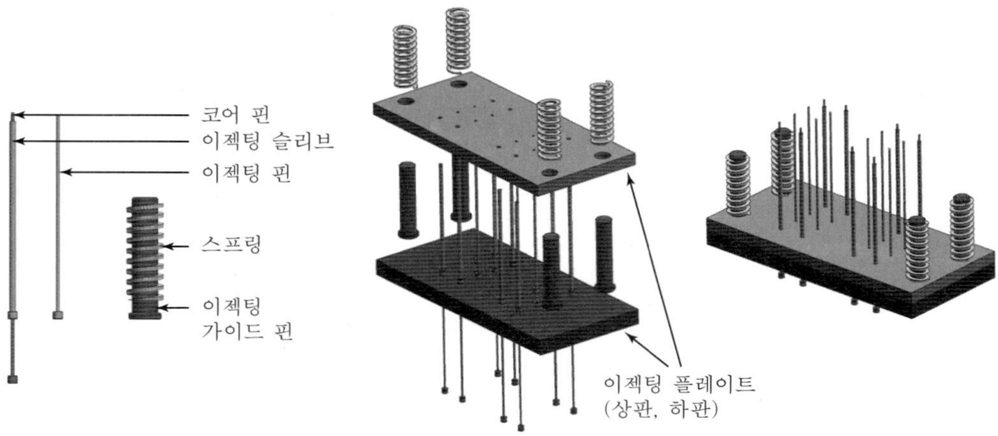

(a) 이젝팅 부품 (b) 이젝팅 기구의 구성 (c) 결합된 이젝팅 기구

그림 **3-28** 이젝팅 부품 및 부품들이 조립된 이젝팅 기구

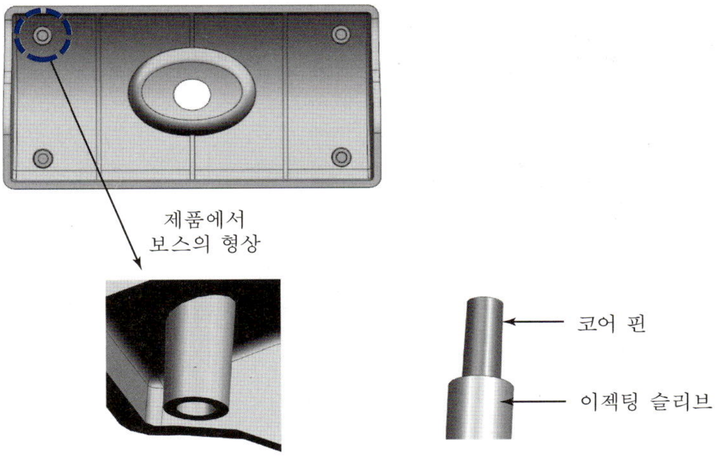

그림 3-29 보스부의 이젝팅을 위한 이젝팅 슬리브의 형상

림 3-28(c)에 나타나 있다.

그림 3-29는 제품에 있는 보스 부분을 밀어서 빼기 위한 이젝팅 슬리브를 보여준다. 보스의 홀을 형성하기 위한 핀이 있고 그 핀 위로 이젝팅 슬리브가 움직이면서 보스부의 윗면을 밀어 제품을 빼내는 형식이다.

그림 3-30은 이젝팅 슬리브가 보스부의 윗면을 밀어내는 동작을 보여준다. 이젝팅 플레이트가 상승하면 코어 핀은 고정되어 있고 그 위를 이젝팅 슬리브가 상승하여 제품

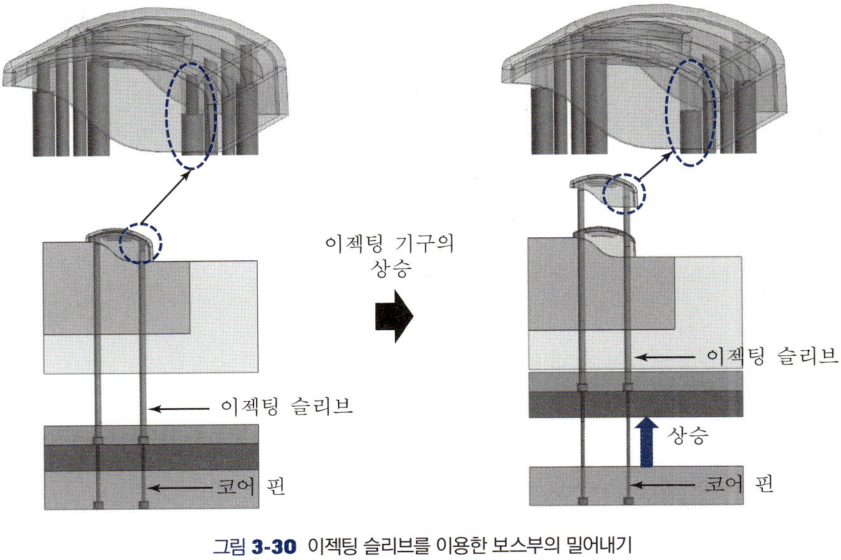

그림 3-30 이젝팅 슬리브를 이용한 보스부의 밀어내기

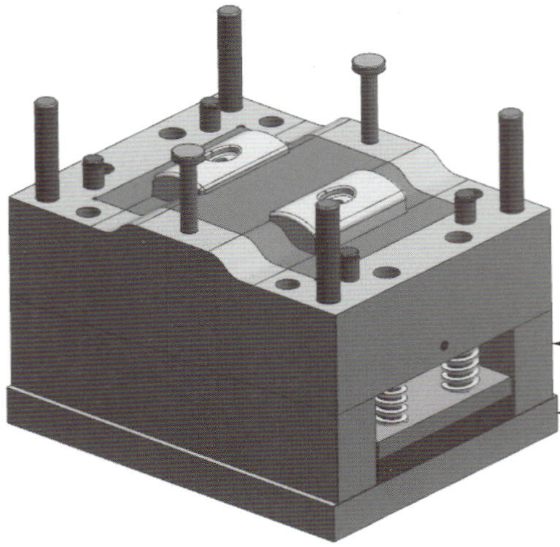

그림 **3-31** 스페이서 블록, 이동측 설치판 조립 및 완성된 3단 금형의 이동측 금형

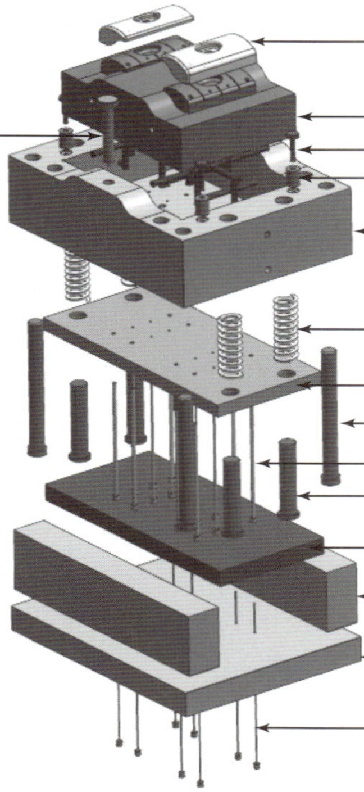

그림 **3-32** 3단 금형의 이동측 금형 전개도

의 보스부 윗면을 밀고 있다.

그림 3-31은 이동측 형판에 스페이서 블록과 이동측 설치판이 조립된 모습을 보여준다. 완성된 3단 금형의 이동측 금형이다. 그리고 그림 3-32는 3단 금형의 이동측 금형의 전개도를 보여준다.

(2) 고정측 금형

그림 3-33은 3단 금형에서 성형되는 2-캐비티 제품을 보여준다. 3단 금형에서는 게이트의 위치가 제품의 윗면에 위치하게 된다. 금형이 열리면서 제품에서 게이트가 절단되어 딜리버리 시스템이 따로 분리되지만 여기서 보여주는 그림은 제품에 딜리버리 시스템도 같이 연결된 모습을 보여준다.

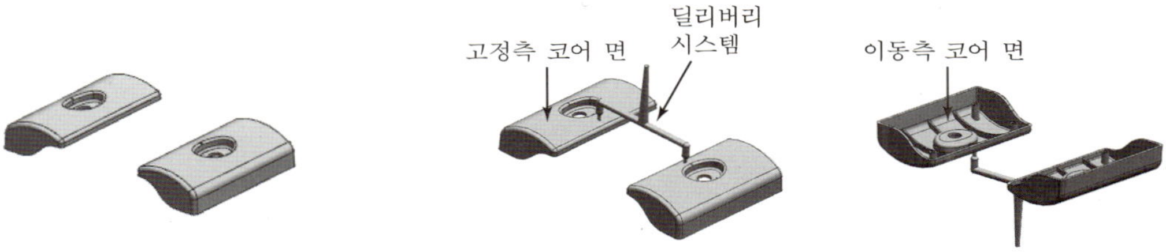

(a) 2-캐비티 제품형상 (b) 딜리버리 시스템이 연결된 제품

그림 **3-33** 2-캐비티 3단 금형으로 성형되는 제품 및 딜리버리 시스템

그림 3-34(a)는 고정측 코어를, 3-34(b)는 코어가 고정측 형판에 조립된 모습을 보여준다.

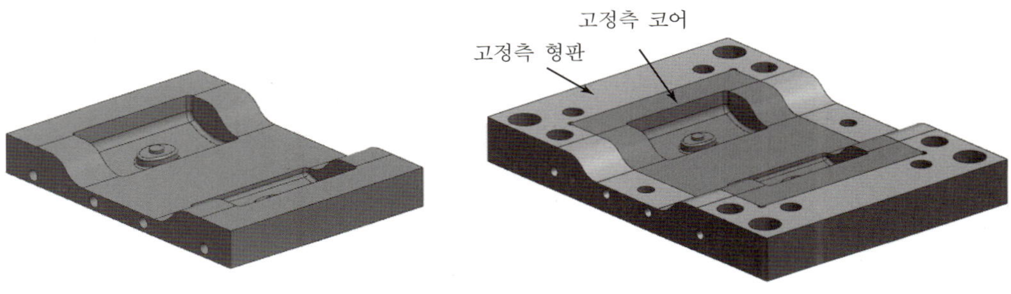

(a) 2-캐비티 제품을 위한 고정측 코어 (b) 고정측 형판에 조립된 고정측 코어

그림 **3-34** 2-캐비티 고정측 코어와 고정측 코어가 조립된 고정측 형판

그림 3-35는 고정측 형판에 가이드 핀 부시와 냉각 채널이 설계된 모습을 보여준다.

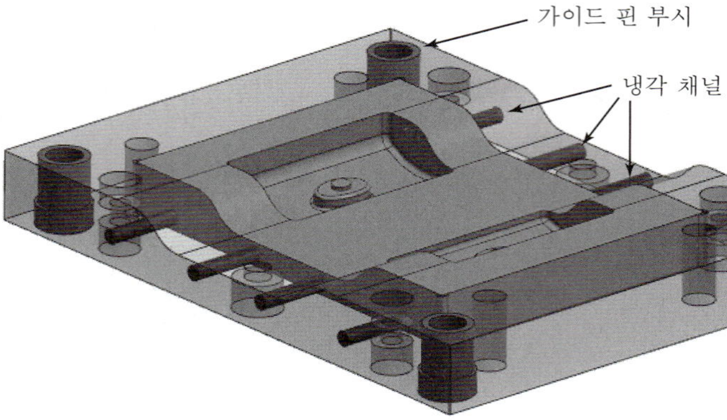

그림 **3-35** 3단 금형의 고정측 형판에 조립된 가이드 핀 부시 및 냉각 채널

그림 3-36은 고정측 형판에 런너 플레이트의 조립, 그리고 런너 플레이트와 고정측 형판이 열리는 동작을 전달해주는 2종의 인장 볼트가 조립되어 있는 것을 보여준다. 인장 볼트 1과 2는 런너 플레이트에 고정되어 고정측 형판과 런너 플레이트의 열림에 관여하고 있는데 열림 동작은 뒤의 3단 금형의 열림과 제품의 이젝팅에 설명되어 있다.

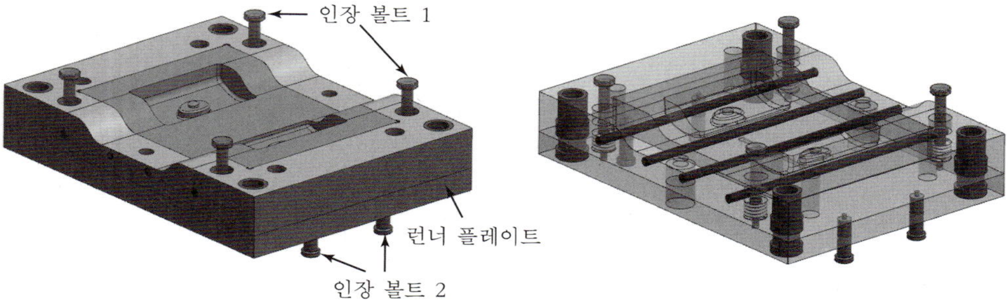

그림 **3-36** 3단 금형의 고정측 형판에 조립된 런너 플레이트와 인장 볼트

그림 3-37은 런너 플레이트 위에 조립된 고정측 설치판과 스프루 부시, 로케이트 링이 조립된 모습을 보여준다.

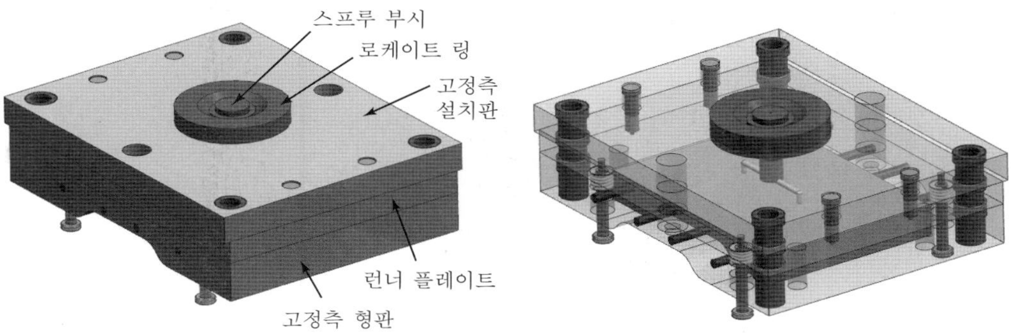

그림 **3-37** 3단 금형의 고정측 형판과 런너 플레이트 위에 조립된 고정측 설치판, 스프루 부시, 로케이트 링

그림 3-38은 3단 금형의 고정측 금형의 전개도를 보여준다.

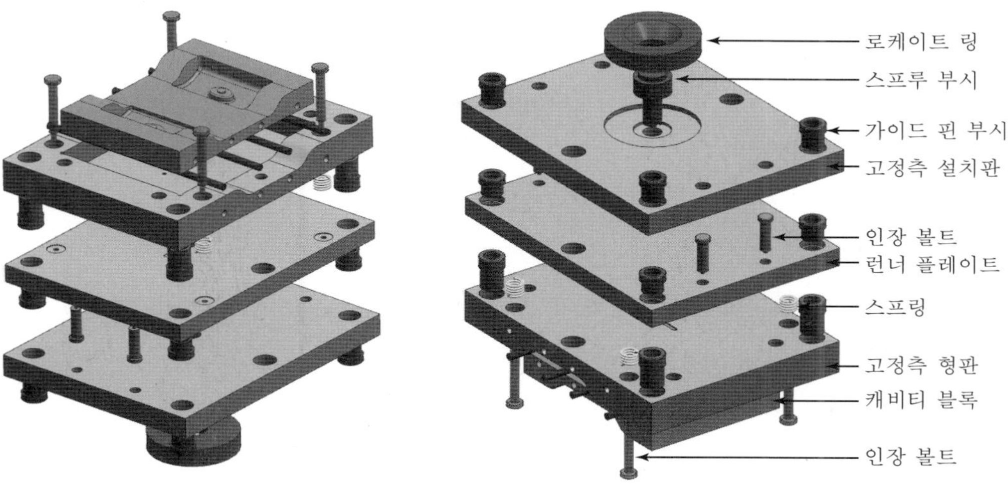

그림 **3-38** 3단 금형에서 고정측 금형의 전개도

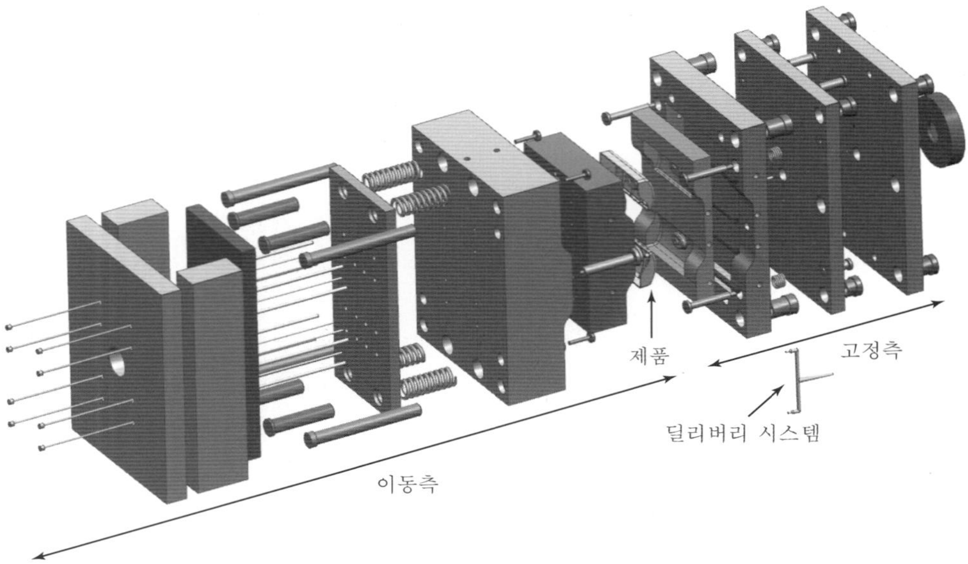

그림 3-39 3단 금형의 전체 전개도

그림 3-39는 3단 금형의 전체 전개도로, 제품과 딜리버리 시스템이 분리되어 나오는 모습을 보여준다.

(3) 3단 금형의 열림과 제품의 이젝팅

3단 금형에서 금형의 열림은 일반적으로 세 곳이다. 성형이 끝나고 금형에서 제품을 빼내기 위해 사출성형기의 이동측 다이 플레이트가 뒤로 후퇴하는 동작으로 금형의 세 곳이 열려야 하므로 금형을 당겨서 열리게 하는 부품이 필요하다. 여기서 소개하는 3단 금형에서는 인장 볼트를 세 곳에 설치하여 금형의 열림을 실현하고 있다. 또한 우레탄 봉을 삽입하여 금형의 열리는 순서를 조절하고 있다.

그림 3-40은 금형이 열리는 세 곳을 보여준다. 첫 번째 열림(①)으로 게이트가 절단된다. 두 번째 열림(②)으로 스프루가 노출된다. 이때 딜리버리 시스템이 금형에서 빠진다. 그리고 세 번째 열림(③)으로 고정측 형판과 이동측 형판 사이가 열린다. 그리고 이젝팅 기구에 의해 제품이 이동측 금형의 코어서 빠져나온다.

그림 3-41은 금형을 열기 위한 인장 볼트의 연결을 보여준다. 첫 번째 열림은 사출성형기의 이동측 다이 플레이트가 후퇴하면서 이루어진다. 이동측 형판과 고정측 형판 사이에 우레탄 봉이 단단히 끼워져 있어서 이동측 다이 플레이트가 후퇴할 때 이동측 형

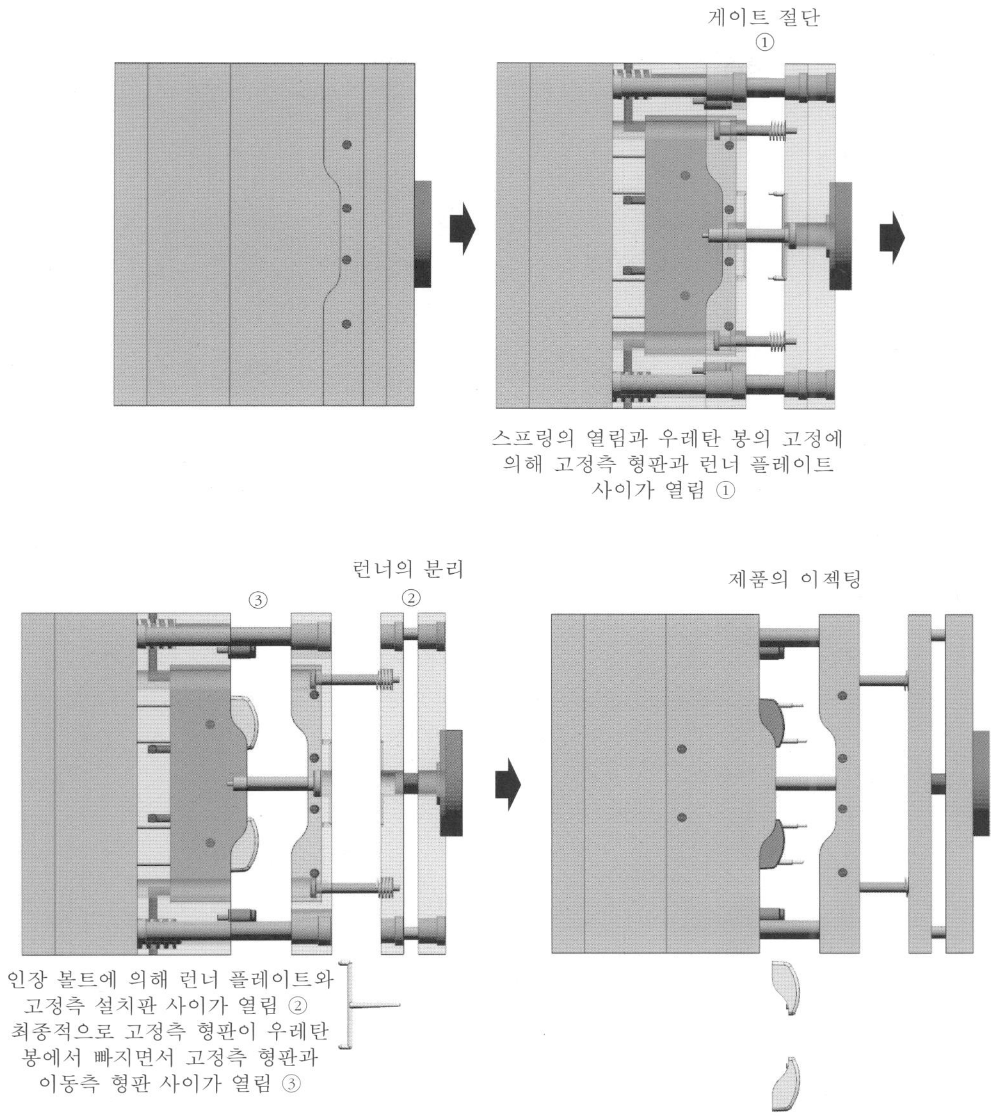

그림 3-40 3단 금형의 열림

판과 고정측 형판이 열리지 않는다. 즉 파팅면이 열리지 않고 고정측 형판과 런너 플레이트 사이가 먼저 열리면서 게이트가 절단된다. 이동측 다이 플레이트가 계속 후퇴하면서 1번의 인장 볼트의 길이까지 고정측 형판과 런너 플레이트 사이가 열리면 1번의 인장 볼트가 런너 플레이트를 당기게 된다. 1번의 인장 볼트에 의해 런너 플레이트가 열리면서 2번의 인장 볼트 길이까지 열리게 된다. 그리고 고정측 형판이 이동측 형판에 고정

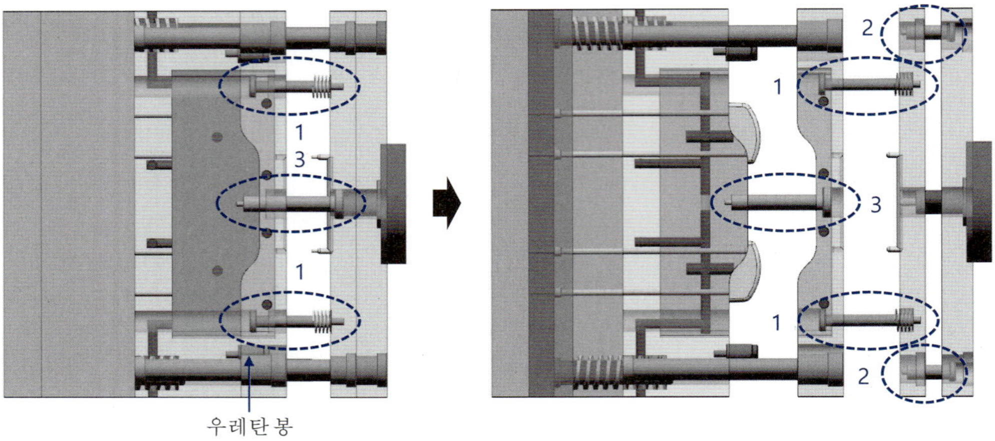

그림 3-41 3단 금형의 열림에서 인장 볼트의 역할

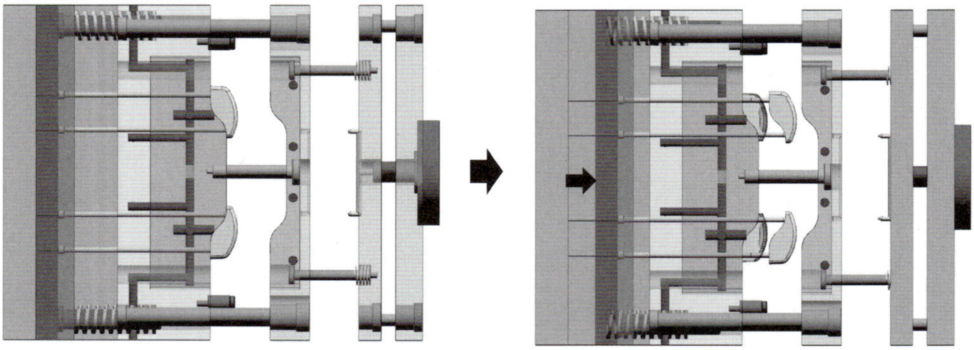

그림 3-42 3단 금형에서 이젝팅 핀과 이젝팅 슬리브에 의한 제품의 취출

된 우레탄 봉에서 빠지면서 고정측 형판과 이동측 형판 사이가 열린다. 즉 파팅면이 열리게 된다. 파팅면은 3번의 인장 볼트의 길이까지 열리게 된다. 그 후에 그림 3-42에서 보는 바와 같이 이젝팅 플레이트의 상승으로 이젝팅 핀과 이젝팅 슬리브가 돌출되면서 제품을 밀게 된다. 이러한 일련의 과정을 통해 금형이 열리고 게이트가 절단된 제품을 얻을 수 있다.

3.4 언더컷 금형

3.4.1 언더컷 금형의 부품

이동측과 고정측 금형이 단순히 한 방향 열림 운동으로 제품을 빼낼 수 없는 형상을 가진 제품이 있다. 이러한 제품을 언더컷(undercut)을 가진 제품이라고 부른다. 그림 3-43은 다양한 언더컷 제품을 보여준다. 제품의 옆면에 구멍이 있거나 안쪽이나 바깥쪽으로 돌출부가 있는 형상이 대표적인 언더컷 제품이다. 언더컷이 있는 제품은 이동측과 고정측 금형의 열림 동작 동안에 금형 열림의 직각 방향으로 일부 금형 부품이 움직여

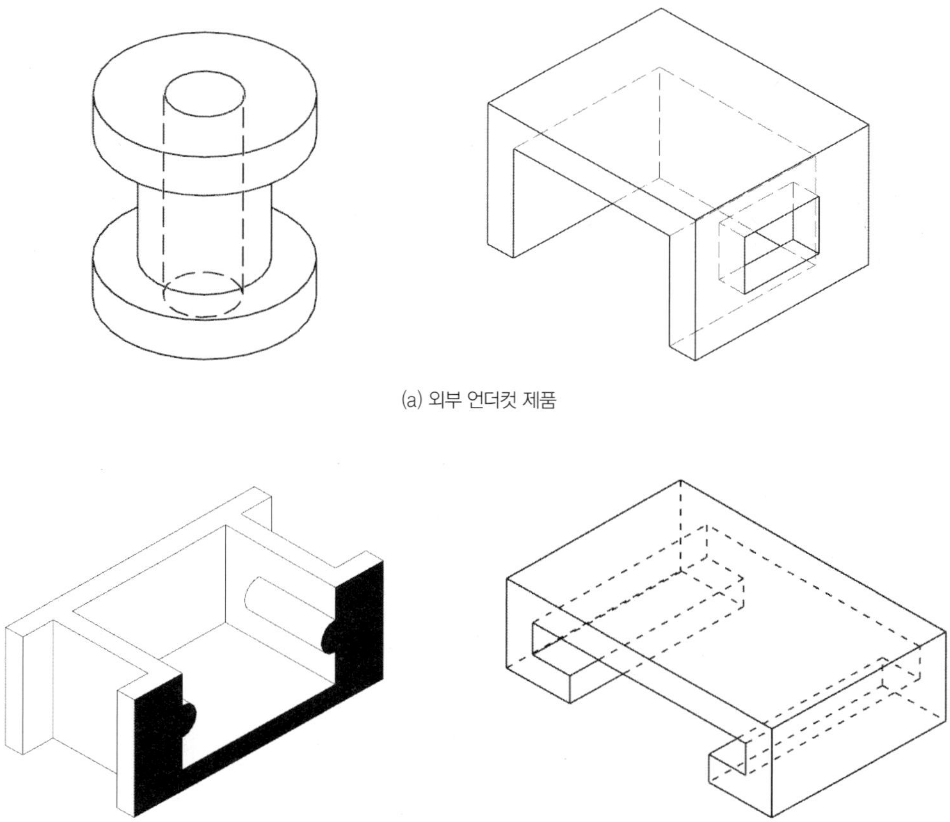

(a) 외부 언더컷 제품

(b) 내부 언더컷 제품

그림 **3-43** 언더컷을 갖는 제품들

주어야 제품을 금형에서 빼낼 수 있다.

그림 3-43에 나타난 것처럼 언더컷은 그 위치에 따라 외부 언더컷과 내부 언더컷으로 나뉜다. 그리고 언더컷 위치에 따라 옆으로 빠지는 금형 부품이 다르다. 외부 언더컷 제품 성형을 위한 방법은 분할 캐비티 방식, 슬라이드 블록(슬라이드 코어, 사이드 코어) 방식, 그리고 외측 나사의 경우에 사용하는 회전 방식 등이 있다. 내부 언더컷을 처리하는 방법은 분할 코어 방식, 슬라이드 블록 방식, 핀 슬라이드 방식(변형 밀핀), 그리고 내측 나사의 경우에 사용되는 회전 방식과 컬랩서블 코어(collapsible core) 등이 있다.

이러한 여러 가지 방식에서는 공통적으로 부품을 구동시키는 기구가 필요하다. 언더컷 기구의 구동은 경사핀(angular pin), 도그 레그 캠(dog leg cam), 판 캠(plate cam, angular cam, finger cam), 스프링(spring), 래크와 피니언(rack and pinion), 전동기(motor), 유압 및 공압 실린더(hydraulic and pneumatic cylinder) 등을 이용한다. 그림 3-44~3-47은 각각 분할형 금형(그림 3-44), 사이드 코어(그림 3-45), 변형 밀핀(그림 3-46), 도그 레그 캠(그림 3-47)에 의한 언더컷 처리를 보여준다. 그림 3-48은 변형 밀핀과 경사핀을 이용한 언더컷 금형을 보여준다.

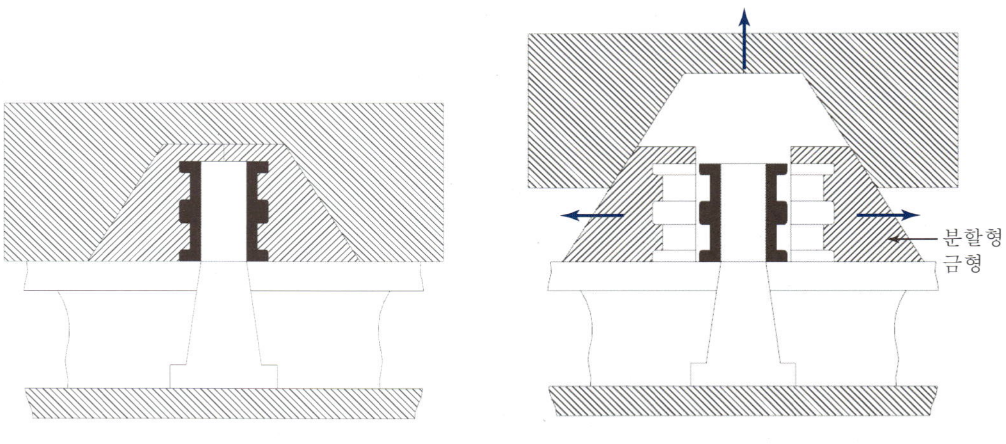

(a) 금형 닫힘　　(b) 금형 열림

그림 3-44 분할형 금형을 이용한 언더컷 성형

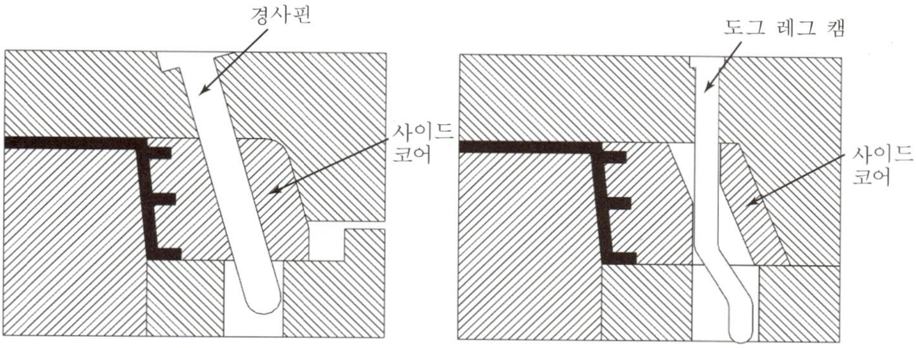

(a) 경사판에 의한 코어의 구동

(b) 도그 레그 캠에 의한 코어의 구동

그림 **3-45** 사이드 코어를 이용한 언더컷 성형

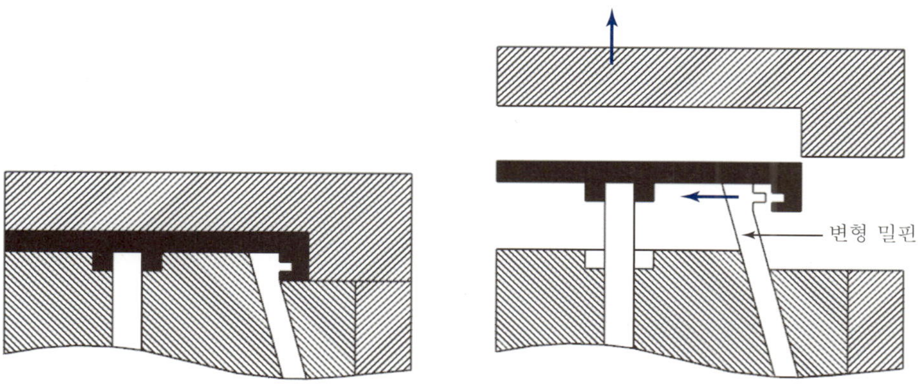

(a) 금형 닫힘

(b) 금형 열림 및 핀의 상승

그림 **3-46** 변형 밀핀을 이용한 언더컷 성형

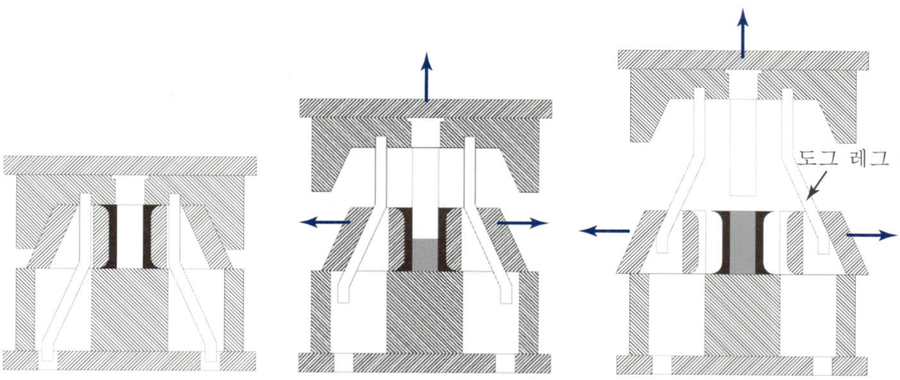

(a) 금형 닫힘

(b) 금형 열림 중

(c) 최종 금형 열림

그림 **3-47** 도그 레그 캠을 이용한 언더컷 성형

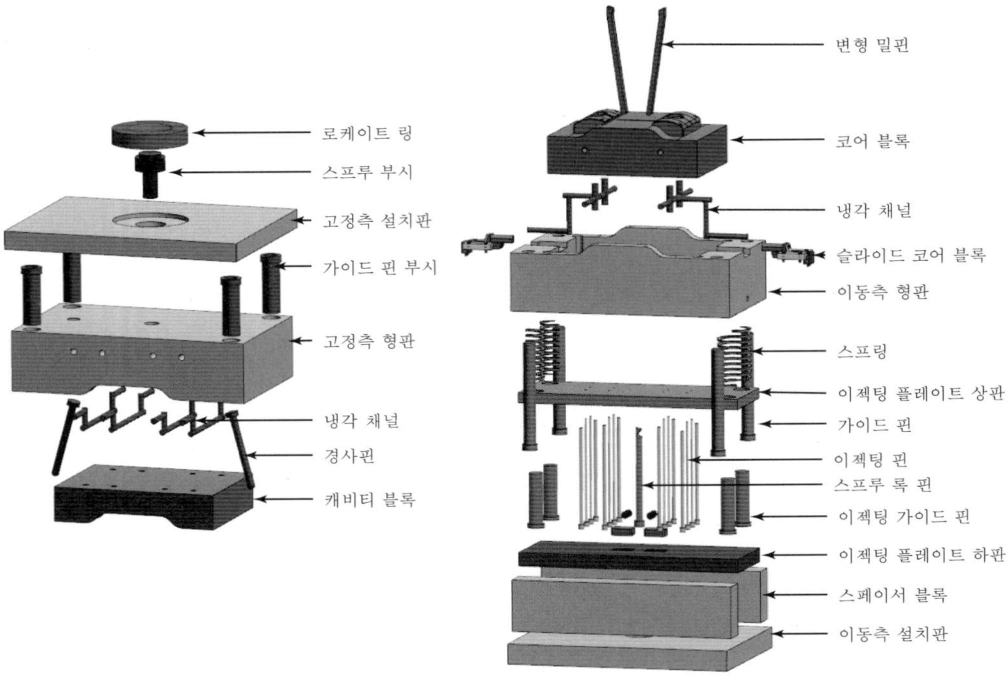

그림 **3-48** 내부 및 외부 언더컷을 갖는 제품 성형을 위한 금형 부품

3.4.2 언더컷 금형 부품의 구성

언더컷 금형의 구성을 이해하기 쉽게 언더컷 제품을 선정하고 이를 성형하기 위한 금형의 부품을 하나씩 알아보자. 그림 3-49에 언더컷을 갖고 있는 제품이 있다. 외부 언더컷으로 옆면에 보스가 있고, 내부 언더컷으로 후크(hook)가 있는 제품이다. 그림 3-50은 내부 및 외부 언더컷이 있는 제품을 성형하기 위한 최종 금형을 보여준다.

제품의 우측에 있는 외부 언더컷 부분인 보스는 경사핀을 이용하여 슬라이드 코어를 작동하여 성형한다. 그림 3-51은 슬라이드 코어가 삽입되어 보스를 성형하는 과정을 보여준다. 그림 3-52는 슬라이드 코어를 작동하는 경사핀이 조립된 모양과 성형 후 제품을 빼내기 위해 슬라이드 코어가 경사핀에 의해 밖으로 빠져나가는 모습을 보여준다. 일정한 각도로 벌려져 있는 경사핀은 고정측 금형에 고정되어 있어 금형이 열리면 이동측 금형에 조립된 슬라이드 코어는 경사핀에 의해 밖으로 슬라이딩 하며 이동한다. 그림 3-53은 경사핀에 의한 슬라이드 코어의 작동을 단면으로 보여준다.

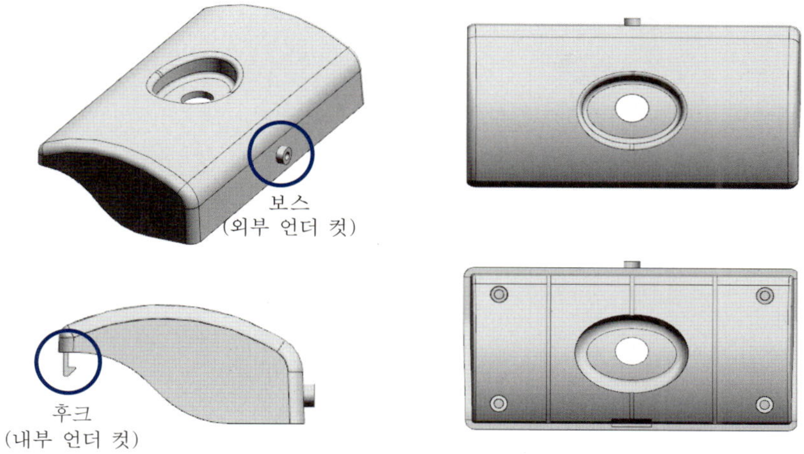

그림 3-49 내부 언더컷 및 외부 언더컷을 갖는 제품

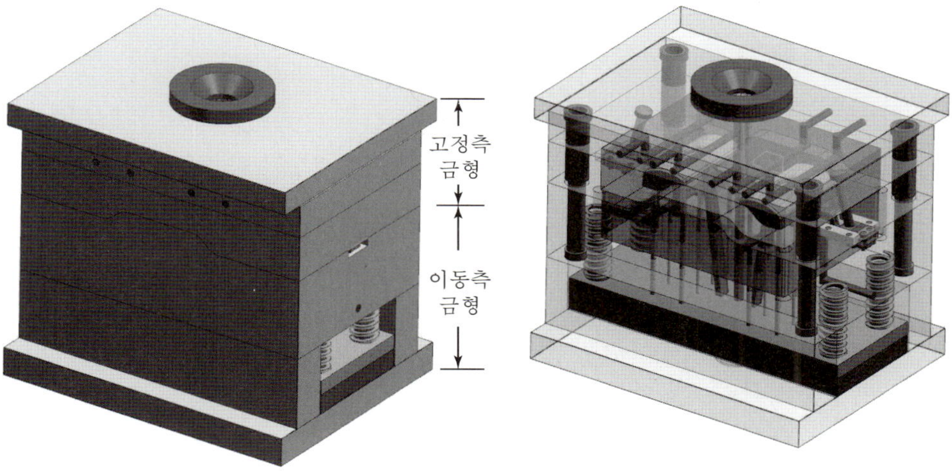

그림 3-50 내부 언더컷 및 외부 언더컷 제품 성형을 위한 최종 금형

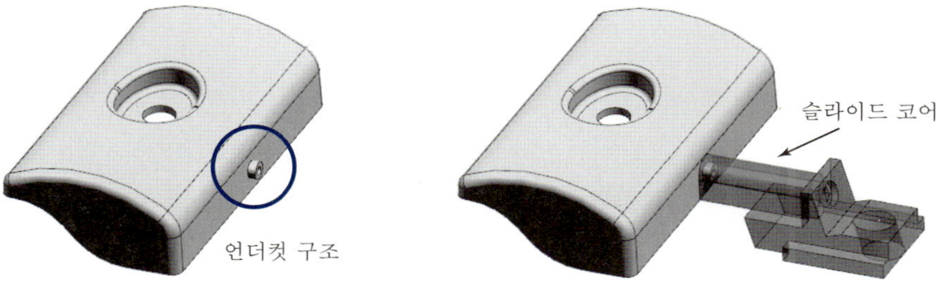

그림 3-51 외부 언더컷과 이의 성형을 위한 슬라이드 코어

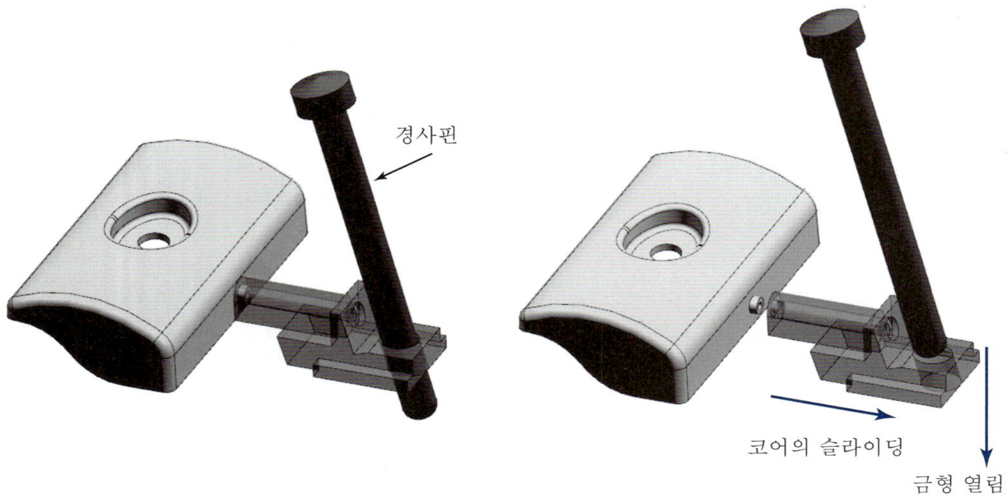

그림 3-52 경사핀과 금형의 열림에 의한 슬라이드 코어의 움직임

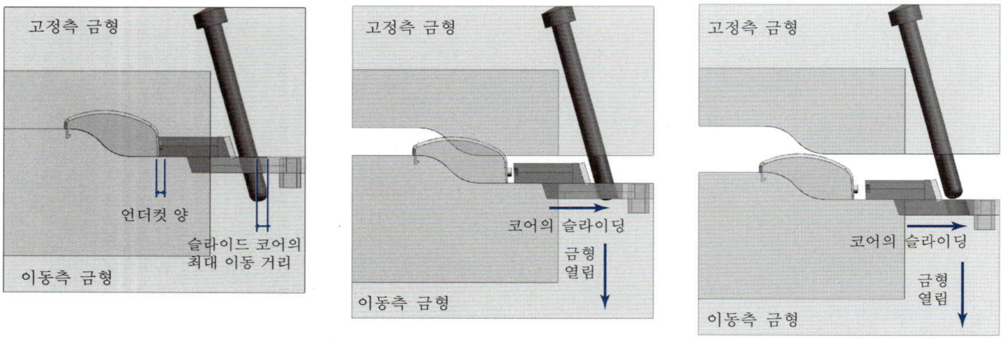

그림 3-53 경사핀과 슬라이드 코어의 작동

그림 3-54는 내부 언더컷인 후크의 모양을 보여준다. 제품의 안쪽으로 언더컷이 있어 제품 안쪽에 언더컷 처리를 위한 부품이 움직이어야 한다. 그림 3-55는 변형 밀핀에 의한 내부 언더컷을 성형하는 모습을 보여준다. 변형 밀핀은 일정 각도로 기울어져 이젝팅 플레이트에 연결되어 있으며 금형이 열리고 이젝팅 플레이트가 이젝팅 동작을 위해 상승하면 변형 밀핀이 제품을 밀면서 옆쪽으로 이동하여 언더컷 부분이 금형에서 빠지도록 한다. 그림 3-56은 후크 부분이 금형에서 빠지는 과정을 자세히 보여준다.

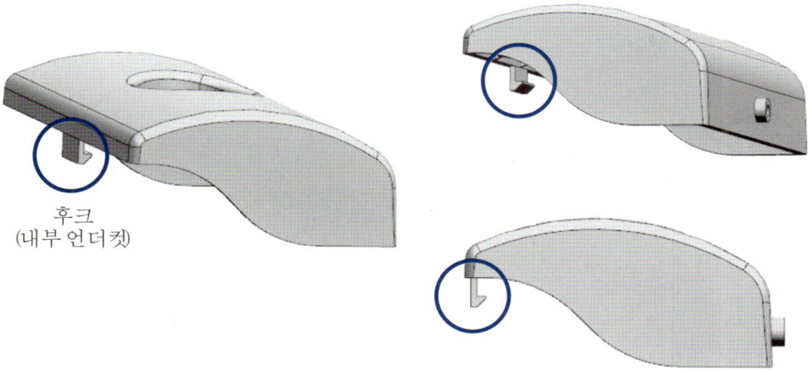

그림 **3-54** 내부 언더컷

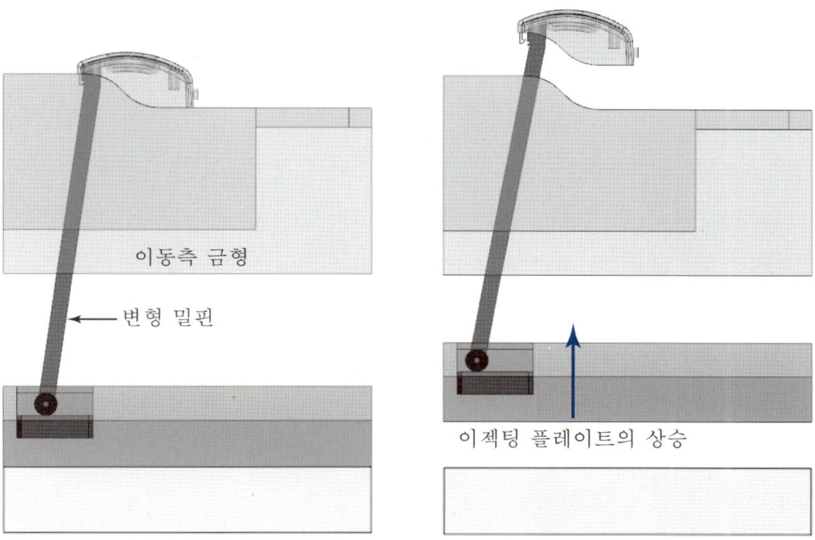

그림 **3-55** 변형 밀핀을 이용한 내부 언더컷 성형

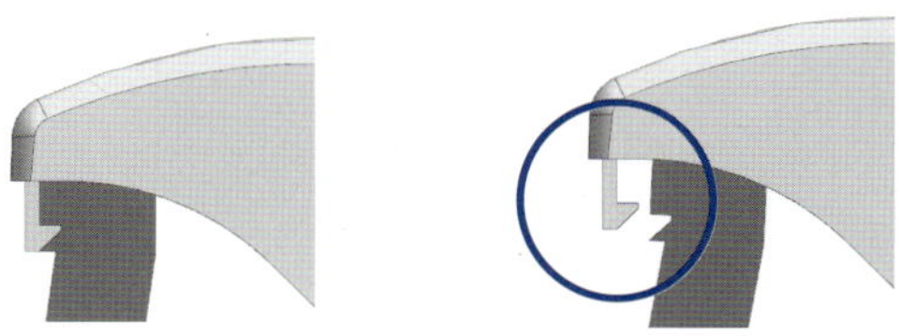

그림 **3-56** 변형 밀핀에 의해 후크 부분이 금형에서 빠져나가는 모습

(1) 이동측 금형

그림 3-49에 나타난 언더컷 제품을 2단 금형을 이용하여 2-캐비티로 성형하기 위한 이동측 금형의 코어가 그림 3-57에 나타나 있다. 2단 금형이기 때문에 제품과 딜리버리 시스템이 함께 성형이 되어 나온다.

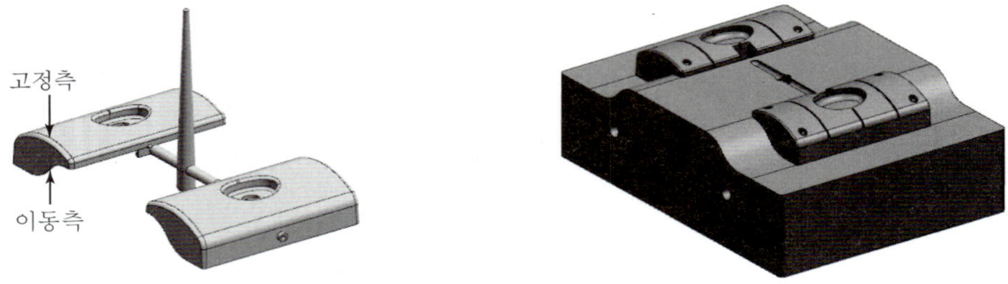

(a) 언더컷 제품과 딜리버리 시스템　　(b) 이동측 코어

그림 **3-57** 언더컷 제품과 이동측의 코어 형상

그림 3-58은 이동측 형판에 이동측 코어와 가이드 핀이 결합된 모습을 보여준다. 이동측 형판 양쪽에 홈이 새겨져 있는데 이는 슬라이드 코어의 부품을 부착하기 위한 공간의 일부이다. 그림 3-59는 변형 밀핀과 슬라이드 코어가 조립된 형상을 보여준다. 변형 밀핀은 내부 언더컷인 후크를 성형하고, 슬라이드 코어는 외부 언더컷인 보스를 성형하기 위한 부품이다. 그림 3-60은 이젝팅 기구들과 이 기구들이 조립된 이동측 금형을

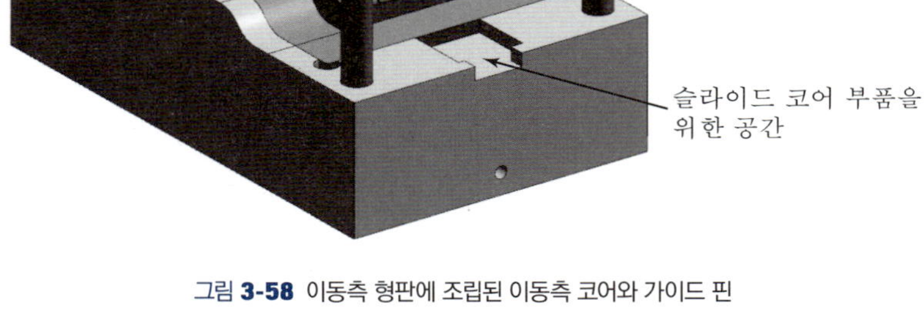

그림 **3-58** 이동측 형판에 조립된 이동측 코어와 가이드 핀

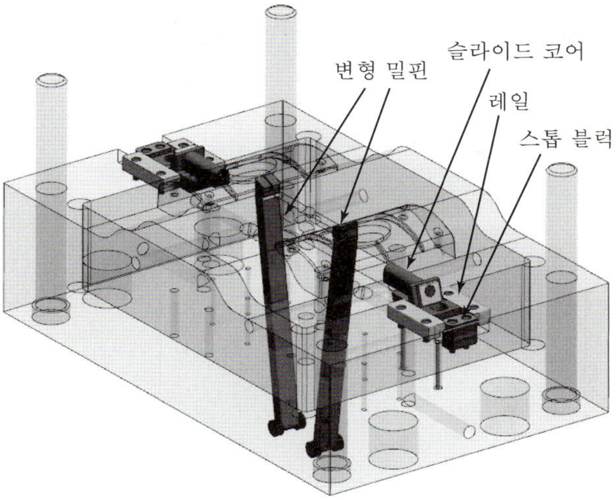

그림 3-59 변형 밀핀과 슬라이드 코어가 조립된 형상

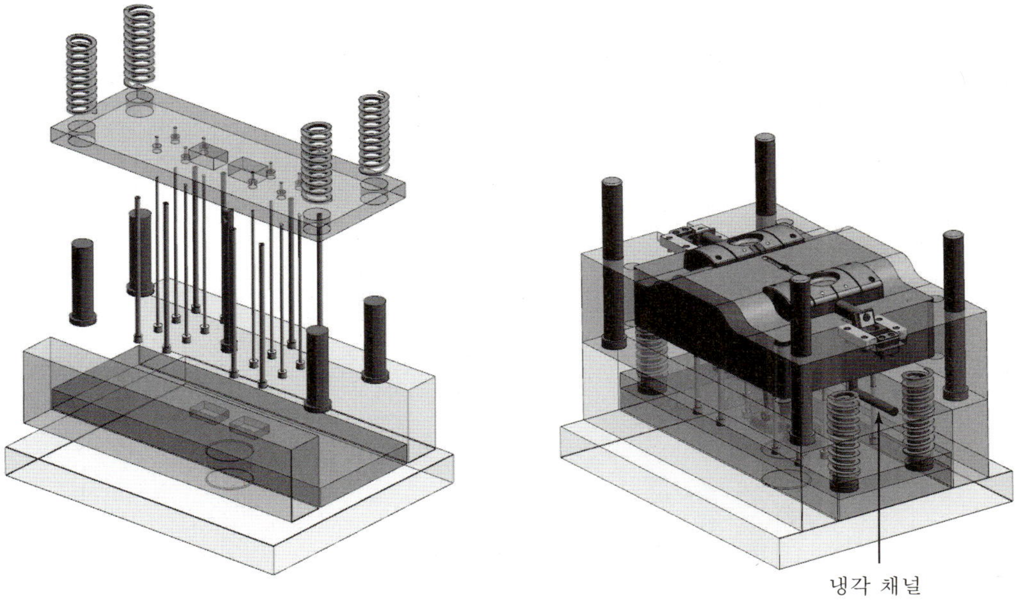

(a) 이젝팅 기구들

(b) 냉각관이 조립된 이동측 금형

그림 3-60 이젝팅 기구들과 냉각 채널이 조립된 이동측 금형

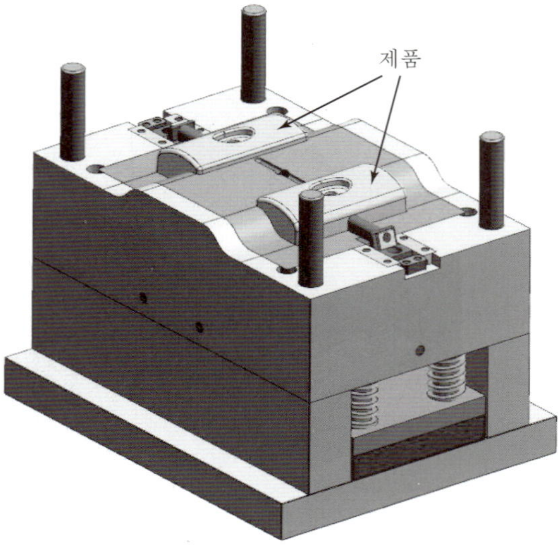

그림 **3-61** 완성된 언더컷 금형의 이동측 금형

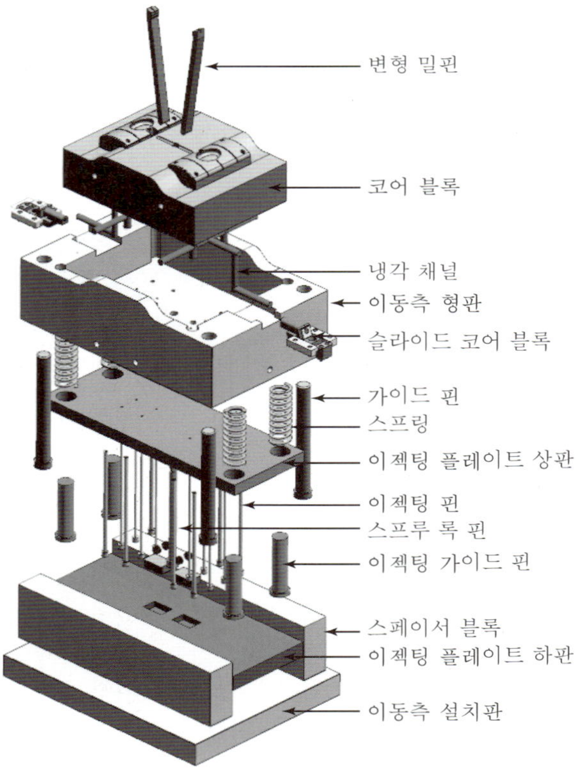

그림 **3-62** 언더컷 제품 성형을 위한 이동측 금형 전개도

보여준다. 냉각 채널도 조립되어 있다. 그림 3-61은 이동측 금형의 최종 형상이다. 이동측 금형에 제품이 성형된 모습이다. 그림 3-62는 완성된 언더컷 제품 성형을 위한 이동측 금형의 전개도를 보여준다.

(2) 고정측 금형

2단 금형으로 성형된 언더컷 제품이 고정측 금형에 올려 있는 모습과 고정측 코어가 그림 3-63에 나타나 있다. 그림 3-64는 고정측 코어가 고정측 형판에 조립된 모습과 형판에 설계된 냉각 채널을 보여준다. 언더컷 부분을 성형하기 위한 경사핀도 고정측 형판에 고정되어 있다.

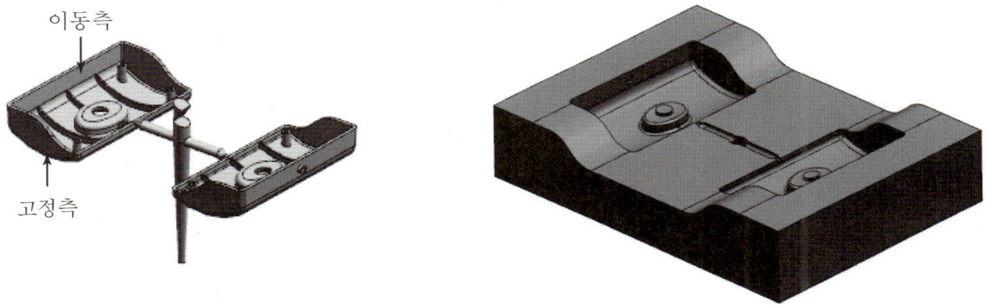

(a) 언더컷 제품과 딜리버리 시스템 (b) 고정측 코어

그림 3-63 언더컷 제품과 고정측의 코어 형상

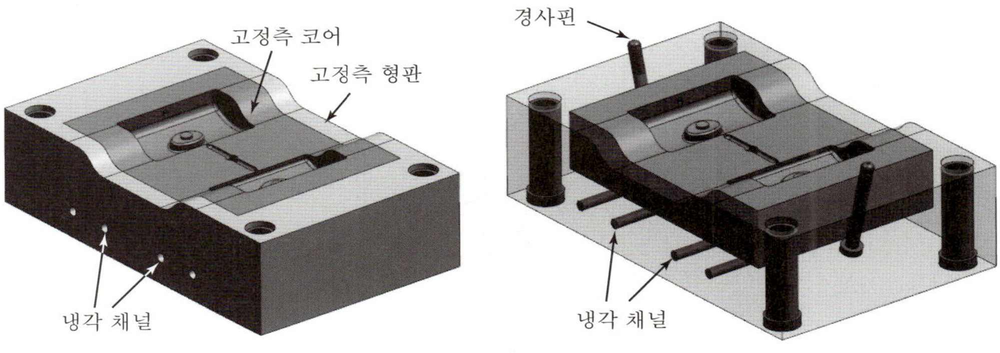

(a) 고정측 형판에 조립된 고정측 코어 (b) 경사핀과 냉각 채널

그림 3-64 고정측 형판에 설계된 냉각 채널과 경사핀

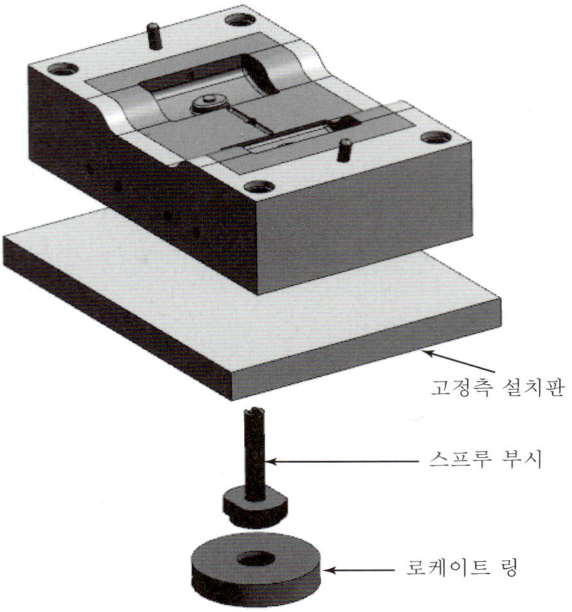

그림 3-65 고정측 형판에 조립되는 부품들

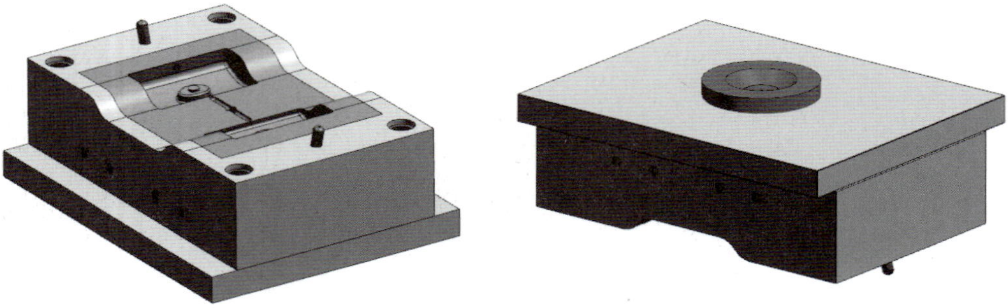

(a) 언더컷 금형의 고정측 안쪽면

(b) 언더컷 금형의 고정측 윗면

그림 3-66 언더컷 금형의 고정측

그림 3-65는 고정측 형판에 부착되는 고정측 설치판, 스프루 부시, 로케이트 링을 보여준다. 그림 3-66은 완성된 고정측 금형을 보여준다. 그림 3-67은 고정측 금형의 전개도를 보여준다. 그리고 그림 3-68은 언더컷 금형의 전체 전개도를 보여준다.

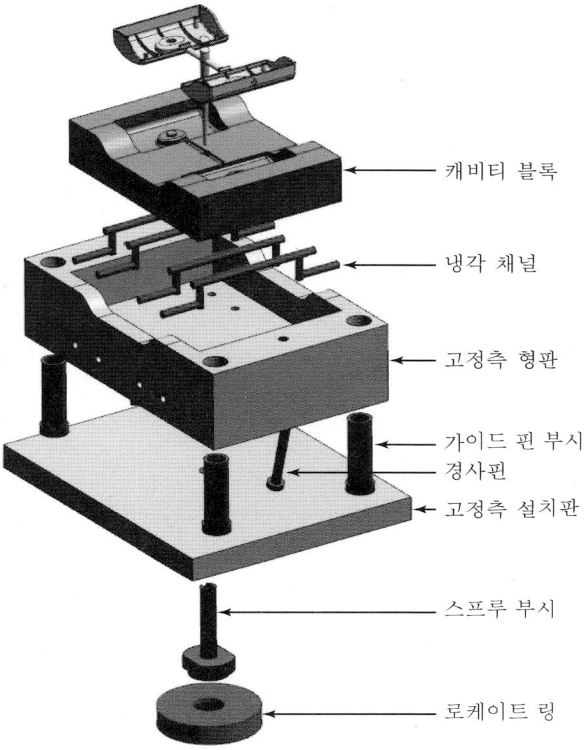

그림 **3-67** 언더컷 금형의 고정측 전개도

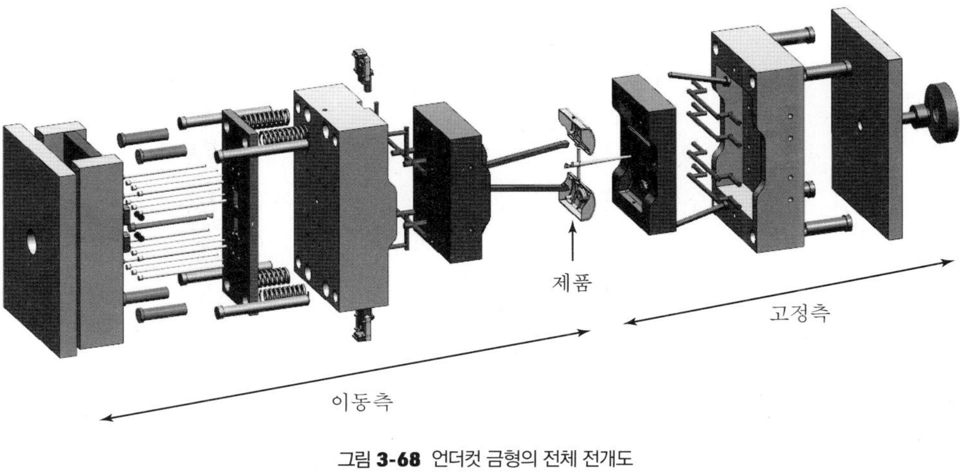

그림 **3-68** 언더컷 금형의 전체 전개도

3.5 딜리버리 시스템

3.5.1 스프루

사출성형은 금형에 제품의 모양으로 캐비티를 만들고 여기에 수지를 주입하여 제품을 제조하는 방법이다. 이때 제품의 모양인 캐비티에 수지를 흘려보내는 통로가 딜리버리 시스템(delivery system), 또는 피드 시스템(feed system)이다. 딜리버리 시스템은 수지가 흘러가는 순서로 스프루(sprue), 런너(runner), 게이트(gate)를 말한다. 그림 3-69는 제품을 성형하기 위한 딜리버리 시스템과 제품이 함께 나타나 있다. 2단 금형에서는 이렇게 딜리버리 시스템과 제품이 함께 붙어서 금형에서 취출된다.

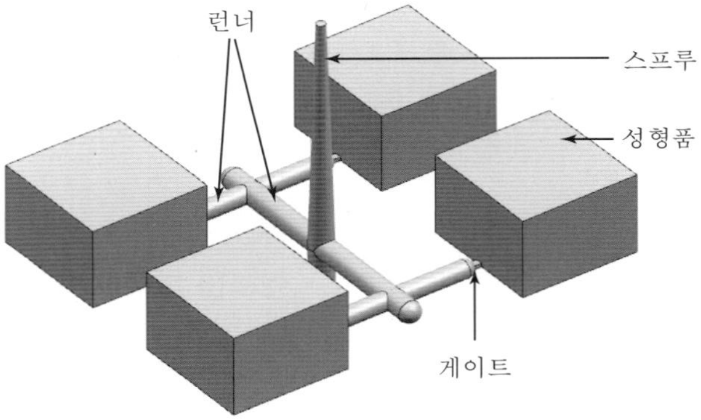

그림 **3-69** 딜리버리 시스템과 제품

스프루는 스프루 부시(sprue bush)에 의해 성형된다. 스프루 부시는 금형 부품 회사에서 규격품으로 제작하여 제공한다. 따라서 금형을 제작할 때 매번 가공하는 것이 아니라 규격을 보고 원하는 크기의 스프루 부시를 주문하여 조립한다. 그림 3-70에 스프루 부시의 규격이 나타나 있다. 금형 부품을 제공하는 회사에서 제공하는 규격이다. 설계자는 그림에 나타난 P, A, L, SR, D의 치수를 결정하여 선정하면 된다. 스프루 부시는 사출성형기 노즐과 접촉하는 부분이므로 노즐의 형상에 부합되도록 선택한다. 즉 스프루 부시의 입구 지름(P)은 사출성형기 노즐의 출구 지름보다 크게 선정한다. 그리고 스프루 부시 입구의 라운드(SR)는 노즐 선단의 라운드보다 크게 선정한다.

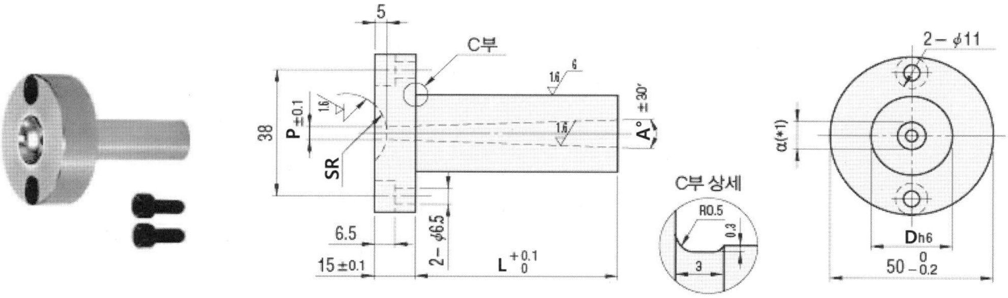

(a) 범용 볼트형

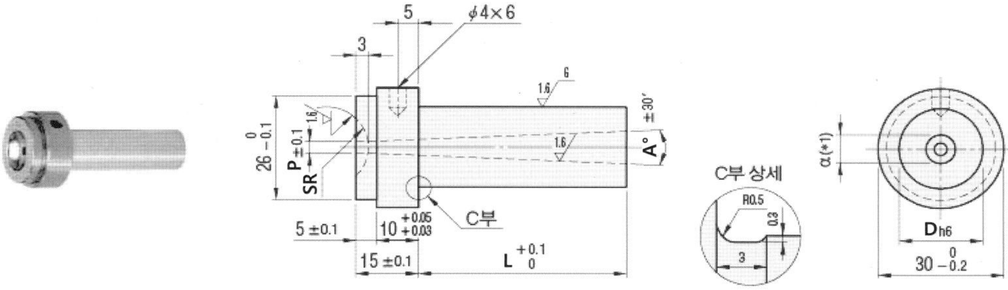

(b) 숄더형

그림 **3-70** 스프루 부시의 규격

성형이 끝나고 금형이 열릴 때 제품은 이동측 금형에 붙어 있어야 한다. 제품을 빼내기 위한 이젝팅 기구들이 이동측 금형 쪽에 설치되어 있기 때문이다. 제품이 이동측 금형에 붙어 있기 위해서는 금형이 열릴 때 스프루가 스프루 부시에서 잘 빠져나와야 한다. 이를 위해서 스프루의 끝부분에서 핀이 스프루를 잡아당길 수 있도록 스프루 록 핀(sprue lock pin)을 설계하는 경우가 많다. 스프루를 당기는 역할을 하므로 스프루 풀러(sprue puller)라고도 한다. 스프루 형상 역시 스프루 부시에서 잘 빠지도록 테이퍼 형상으로 설계한다. 그림 3-71에 스프루 록 핀의 다양한 설계가 나타나 있다.

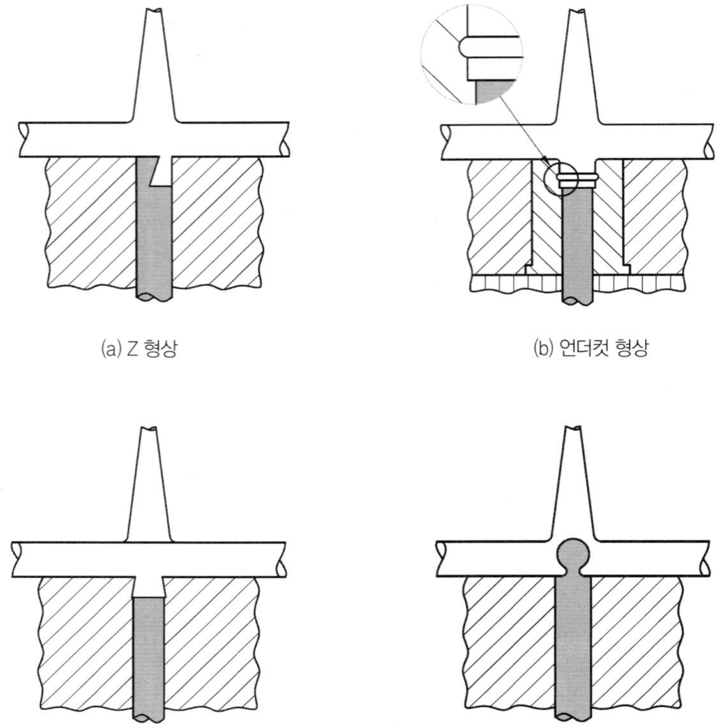

(a) Z 형상　(b) 언더컷 형상　(c) 역테이퍼 형상　(d) 볼 형상

그림 **3-71** 스프루 록 핀의 형상

3.5.2 런너

수지는 스프루를 지나 런너를 통하여 게이트로 흘러간다. 런너의 역할은 스프루를 거친 수지가 냉각과 압력손실이 적게 게이트까지 잘 흘러가도록 하는 것이다. 즉 수지가 흘러가는데 유동 저항이 적고 용융 수지가 식지 않게 흘러가도록 하는 것이다. 이런 측면에서 런너는 가능하면 굵고 짧게 하는 것이 유리하다.

런너에서 유량 Q의 수지가 원형 런너를 흘러갈 때 런너에서의 입력손실 $\Delta P(\mathrm{kg_f/cm^2})$는 Hagen Poiseuille 수식으로 식 (3-1)과 같이 계산된다.

$$\Delta P = \frac{8\eta LQ}{\pi R^4} \tag{3-1}$$

여기서 $\eta(\mathrm{kg_f\ s/cm^2})$는 수지의 점도이고, $L(\mathrm{cm})$과 $R(\mathrm{cm})$은 런너의 길이와 반지름이다.

따라서 압력손실을 작게 하기 위해서는 런너 길이가 짧고 지름이 큰 것이 유리하다. 그러나 런너의 고화 시간과 재료의 손실을 고려하면 런너를 굵게 하는 것에는 한계가 있다.

수지의 유동 저항성을 줄여 압력손실을 줄이기 위해서는 동일한 바깥 둘레에서 단면적이 최대가 되도록 런너를 설계한다. 그리고 열전도 측면에서는 접촉 면적을 줄이기 위해서 런너의 바깥 둘레가 최소가 되도록 하는 것이 유리하다. 그래서 런너 단면의 효율을 '면적/둘레'로 정하고 효율이 높은 단면 형상으로 설계한다. 효율이 높은 런너의 단면은 원형과 정사각형 형상이다.

사출성형은 한 번의 성형 사이클로 여러 개의 제품을 동시에 성형하는 장점이 있는데 이는 다수 개 캐비티 금형(multi-cavity mold)으로 실행한다. 이러한 금형에서는 런너와 캐비티의 배열(cavity layout)이 중요하다. 한 사이클에서 성형되는 모든 제품이 균일해야 하는데 이를 위해서는 여러 개의 캐비티가 동시에 충전이 되고 동시에 냉각이 되도록 해야 한다. 즉 캐비티 배열에 있어 기하학적 균형과 열적 균형이 동시에 이루어져야 한다.

다수 개 캐비티 중 8개의 캐비티가 H형상으로 연결된 경우를 고려해보자. 그림 3-72에 캐비티와 런너의 배열이 나타나 있다. 이런 배열의 경우에는 사출속도에 따라 캐비티의 충전 순서가 다르다. 사출속도가 빠른 경우에 안쪽의 4개의 캐비티(2, 3, 6, 7)가 먼저 충전이 이루어지고 사출속도가 느린 경우에는 바깥쪽 4개의 캐비티(1, 4, 5, 8)가 먼저 충전이 이루어진다. 이러한 H형상의 8-캐비티 금형은 흐름의 기하학적 균형은 이루

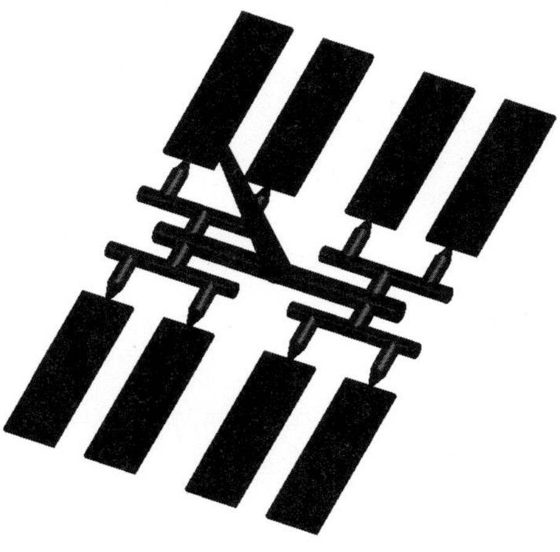

그림 **3-72** 8-캐비티 성형의 H형상의 런너 배열

어졌다. 즉 스프루에서 각각의 캐비티까지의 유동 거리는 동일하다. 그러나 열적 균형이 이루이지 않았다. 즉 스프루에서 각 캐비티까지 흘러가는데 온도가 균일하지 않은 것이다. 이러한 열적 불균형은 근본적으로 런너 단면에서 수지의 온도가 일정하지 않기 때문이다. 런너 단면에서의 온도분포는 수지의 온도, 금형의 온도, 그리고 런너 단면에서 수지 유동의 전단변형률에 의한 열 발생과 관련되어 있다.

런너에서 흐르는 수지의 속도분포(v)는 식 (3-2)와 같다.

$$v(x) = \frac{\Delta P\pi(R^2 - x^2)}{\eta 4L} \tag{3-2}$$

여기서 x(cm)는 런너 중앙에서 벽면 방향으로의 거리이다. ΔP(kg_f/cm^2)는 런너에서의 압력손실, R(cm)은 런너의 반지름, L(cm)은 런너의 길이, η($kg_f\ s/cm^2$)는 수지의 점도이다. 런너 단면에서의 속도는 중앙($x=0$)에서 최대이고 벽면($x=R$)에서 0이다. 이 속도분포에 의한 단면에서의 전단변형률은 속도를 미분하여 구할 수 있다. 5.1절에서 캐비티 내에서 속도와 전단변형률을 살펴보겠지만, 원형 단면의 런너에서 벽면에서 속도는 0이고 전단변형률은 최대를 보인다. 식 (3-3)은 런너의 단면에서 전단변형률 분포를 보여주는데, 중앙($x=0$)에서 벽면($x=R$)으로 갈수록 선형으로 증가한다.

$$\left|\frac{dv}{dx}\right| = \frac{\Delta P\pi(-2x)}{\eta 4L} \tag{3-3}$$

런너 벽면에서의 전단변형률을 구하기 위해 식 (3-3)에 식 (3-1)의 Hagen Poiseuille 수식을 대입하면 식 (3-4)와 같다. 이것이 런너에서 나타나는 최대 전단변형률이다.

$$\left|\frac{dv}{dx}\right| = \frac{4Q}{\pi R^3} \tag{3-4}$$

여기서 Q(cm^3/s)는 런너를 지나는 수지의 유량이다. 수지가 흐를 때 유동에 의한 열 발생은 전단변형률의 제곱에 비례한다. 따라서 수지가 런너에서 흐를 때 벽면에서 전단변형률이 가장 크기 때문에 같은 런너의 다른 곳에 비해 열 발생이 커 온도 상승이 크다. 온도 상승은 전단변형률이 클수록 크기 때문에 유량이 크면, 즉 속도가 크면 클수록 온도 상승이 크다. 따라서 사출속도가 클수록 런너의 벽면에서의 온도 상승은 매우 크다. 이러한 열 발생이 런너에서 열적 균형에 큰 영향을 미친다.

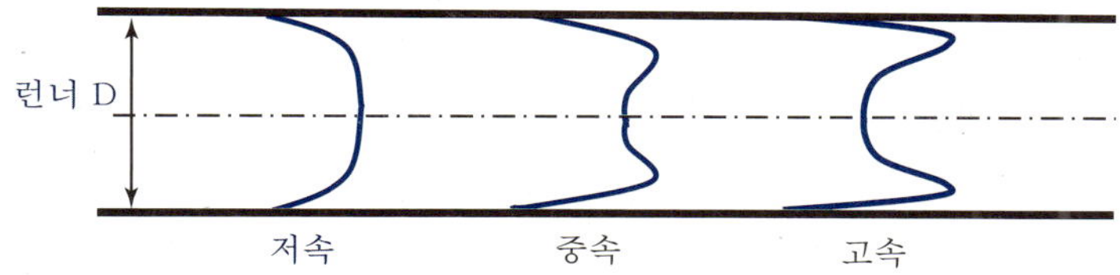

(a) 런너에서 사출속도에 따른 온도 프로파일

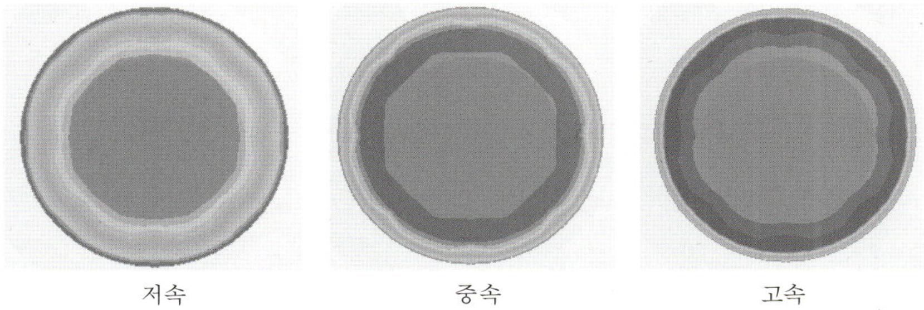

(b) 런너 단면에서 사출속도에 따른 온도분포

그림 3-73 런너의 단면에서 사출속도에 따른 온도 프로파일과 온도분포

그림 3-73은 런너 단면에서 사출속도에 따른 온도 프로파일과 온도분포를 보여준다. 저속인 경우에는 낮은 금형 온도와 높은 수지의 온도 때문에 런너의 중앙에서 온도가 가장 높다. 그러나 속도가 증가하면 런너 벽면에서 큰 전단변형률에 의한 열 발생으로 벽면에서의 온도가 중앙의 수지의 온도보다 높아진다. 런너에서 수지의 유동속도에 따라 온도분포가 반전된다. 그림 3-74~3-76은 사출속도에 따른 캐비티의 충전 순서를 보여준다. 저속의 경우(그림 3-74)는 위쪽과 아래쪽의 좌우 바깥쪽 4개 캐비티가 먼저 충전이 되고 안쪽(중앙)의 4개 캐비티가 나중에 충전된다. 그러나 사출속도가 다소 증가하여 중간 속도의 경우(그림 3-75)는 안쪽의 캐비티쪽으로 흐름이 더 빠르게 일어나고 바깥쪽 캐비티는 흐름이 늦어진다. 이 속도에서는 캐비티 충전의 균형이 잘 잡힌다. 그러나 큰 사출속도에서는(그림 3-76) 안쪽의 캐비티가 바깥쪽 캐비티보다 먼저 충전이 일어난다. 사출속도가 작을 때와 반대의 충전 순서를 보인다. 이는 그림 3-73에 보인 런너 단면에서의 온도분포가 사출속도에 따라 다르기 때문이다. 컴퓨터 해석을 통해 사출속도에 따른 런너와 캐비티의 온도분포가 그림 3-77에 나타나 있다. 사출속도가 증가할수록 안쪽 4개 캐비티에서의 온도분포가 높아짐을 알 수 있다. 이러한 캐비티의 온도 불균형은 런너에서부터 시작됨을 알 수 있다. 그림 3-78은 다른 8개 캐비티 배열에서

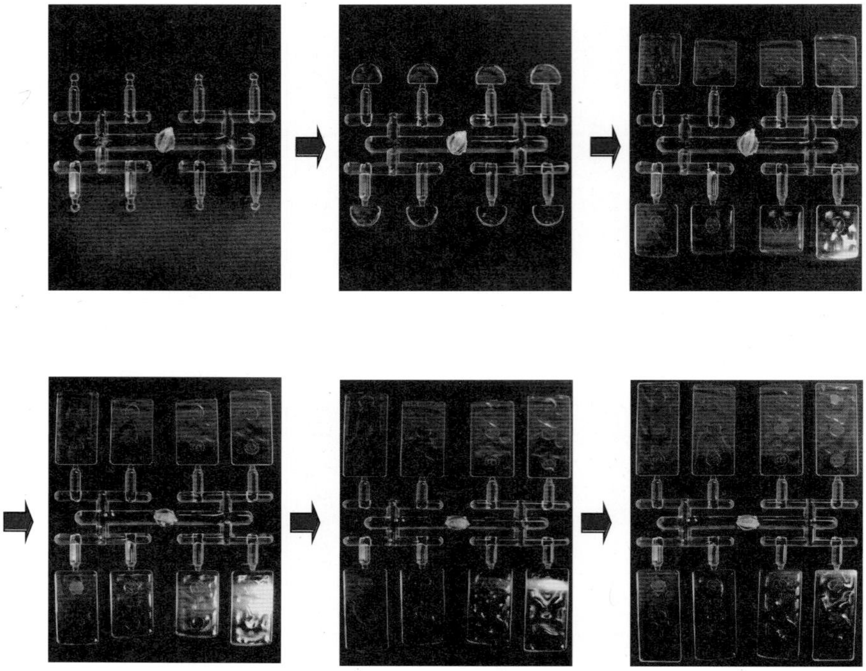

그림 **3-74** 저속에서 캐비티의 충전 현상

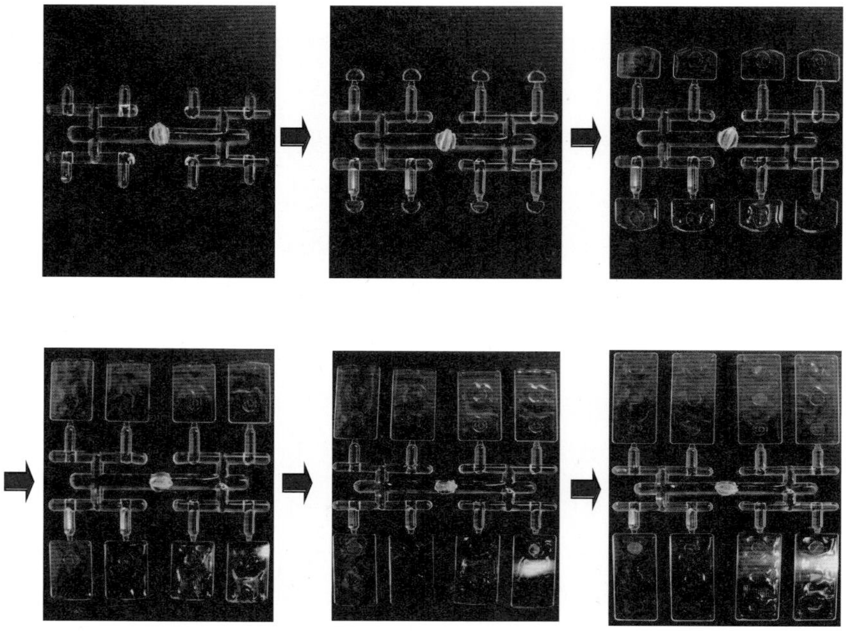

그림 **3-75** 중속에서 캐비티의 충전 현상

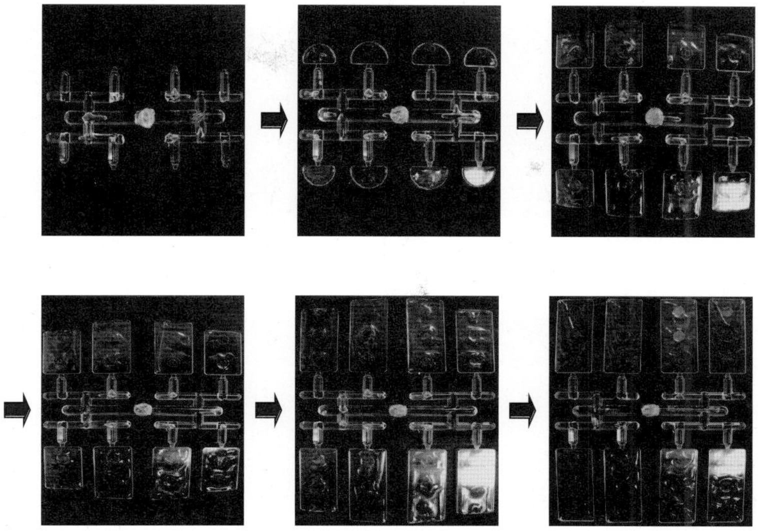

그림 **3-76** 고속에서 캐비티의 충전 현상

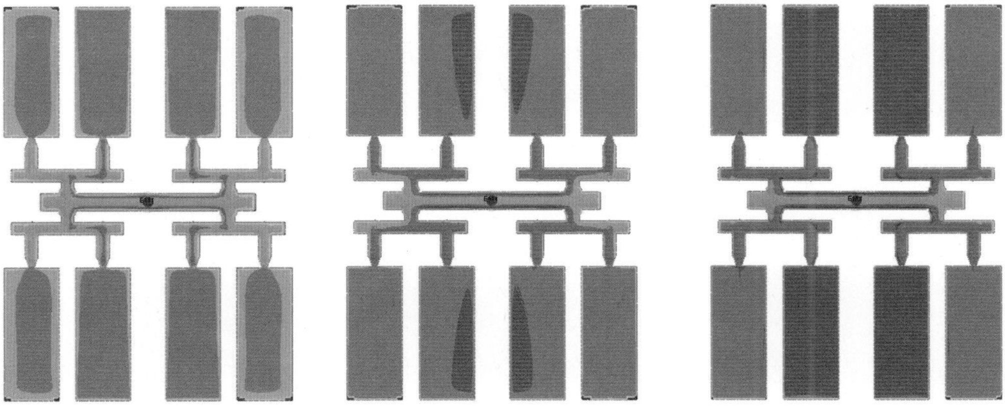

(a) 저속 (b) 중속 (c) 고속

그림 **3-77** 사출속도에 따른 런너와 캐비티의 온도분포 변화

나타나는 캐비티 충전의 불균형을 보여준다. 안쪽의 캐비티가 먼저 충전되고 바깥쪽의 캐비티가 나중에 충전된다. 사출속도가 적절하지 않음을 알 수 있다.

캐비티의 균형 있는 충전을 위해서는 주어진 런너에서 최적의 성형조건(사출속도)을 찾아 성형해야 한다. 그러나 캐비티 균형 충전의 최적 조건을 찾는 것은 많은 노고가 따르고 성형 조건은 제품의 다른 품질들과도 관련되어 있어서 실제로 지켜지기가 어렵다.

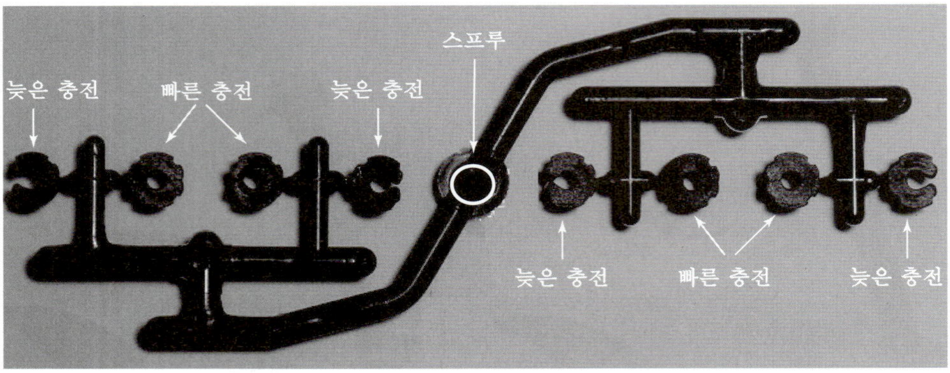

그림 3-78 부적절한 충전 속도에 의한 캐비티 불균형의 예

따라서 성형 조건과 관계없이 균형 있는 충전이 되도록 캐비티 배열의 기하학적 및 열적 균형을 위한 런너의 설계가 중요하다.

그림 3-79는 캐비티 충전 불균형을 보여주는데 충전 균형을 위한 성형조건의 변경이 필요하다. 그러나 그림 3-80은 특별한 런너의 설계로 같은 성형조건에서 캐비티의 충전 균형이 이루어진 경우를 보여준다. 좋은 금형의 설계는 양품을 사출하기 위한 성형 윈도우(process window)가 넓은 것이다.

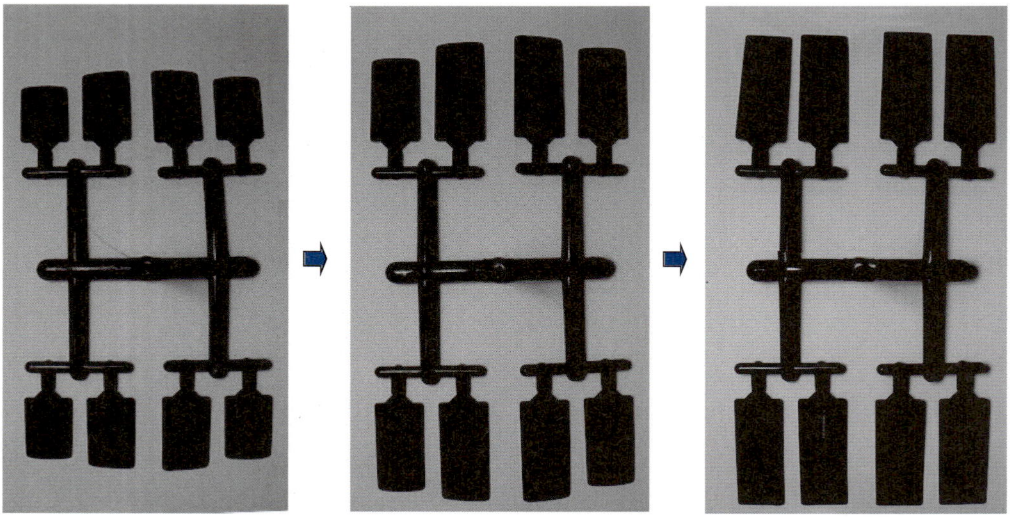

그림 3-79 성형조건이 맞지 않은 경우의 캐비티 충전 불균형

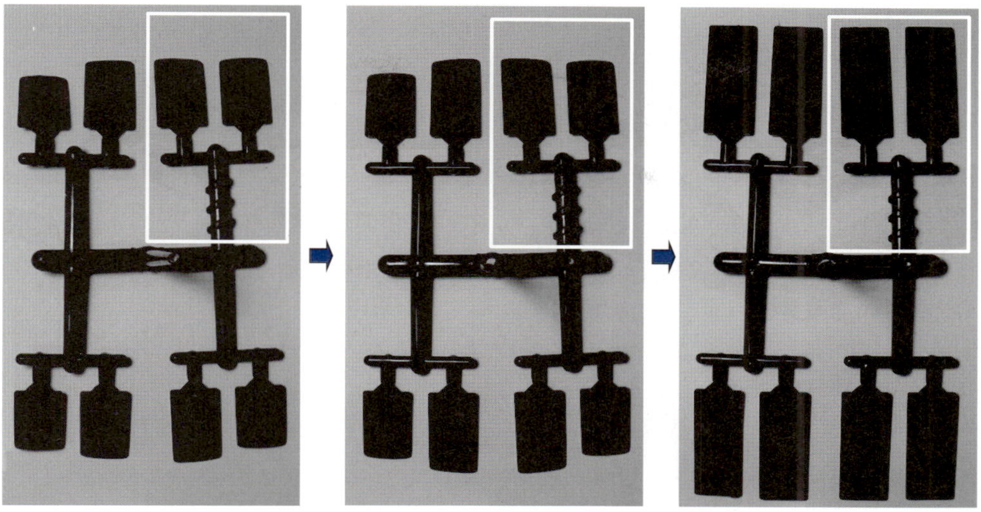

그림 3-80 특별한 런너의 설계로 이루어진 캐비티 충전 균형

3.5.3 게이트

(1) 게이트 역할 및 위치

게이트는 수지가 캐비티로 흘러 들어가는 입구이다. 게이트의 역할은 수지의 유동 방향과 유량을 제어하고 수지가 캐비티에 완전히 충전된 후에는 캐비티를 봉입하여 수지의 역류가 없도록 하는 것이다.

게이트의 위치는 충전 균형, 수축 보상, 압력분포의 균일성, 온도분포의 균일성, 그리고 캐비티 내 공기 빼기 등에 영향을 미치기 때문에 위치 선정이 중요하다. 게이트 위치는 일차적으로 수지가 균형 있게 캐비티 내에 충전이 되는 곳을 선정한다. 게이트 위치에 따라서 흐름이 나뉘어져 웰드라인이 생성될 우려가 있는데, 이를 고려하여 위치를 선정한다. 또한 캐비티 내 온도, 압력, 수축이 균형을 이루는 위치에 게이트를 설치한다. 게이트 부분은 단면이 작아 속도가 크므로 젯팅이 생성되지 않을 위치에 선정한다. 그리고 게이트는 제품의 가장 두꺼운 부분에 설치하는 것이 좋다. 그 이유는 제품의 두꺼운 부분은 가장 늦게 고화되면서 성형 수축이 가장 늦게까지 일어나며 큰 수축을 보이기 때문에 보압을 오랫동안 받을 수 있는 위치가 유리하기 때문이다.

게이트는 보압의 영향을 가장 늦게까지 받는다. 게이트 위치가 정해지면 캐비티의 충전 말단 위치가 정해지는 것과 다름없다. 충전 말단 부분은 캐비티 내 공기가 몰리는 부분이기 때문에 이 부분은 벤팅이 필요하다. 따라서 충전 말단이 공기 빼기가 수월한 곳이 되도록 게이트의 위치를 선정한다. 2단 금형에서는 자동으로 게이트 절단이 이루어지지 않으므로 게이트 절단작업이 용이한 위치에 게이트를 설치한다. 게이트 마크는 외관상의 불량이므로 제품에서 눈에 잘 보이지 않는 위치에 게이트를 설치한다. 게이트 부분은 수지가 높은 온도에서 큰 압력을 오랫동안 받기 때문에 큰 잔류응력을 갖게 된다. 따라서 제품이 사용될 때 큰 하중이 작용하지 않는 위치에 게이트를 설치한다.

(2) 게이트 종류

게이트는 제한 게이트와 비제한 게이트로 나뉘는데, 제한 게이트는 단면을 작게 제한하여 설계한 게이트를 의미한다. 비제한 게이트는 게이트 단면을 작게 제한하지 않아서 단면 크기가 큰 게이트로 다이렉트 게이트(direct gate)라고 부르는 스프루 게이트(sprue gate)가 여기에 속한다. 그림 3-81에 스프루 게이트가 나타나 있다. 스프루 게이트는 스프루 끝부분이 바로 게이트가 되어 캐비티와 직접 연결된다. 따라서 스프루 게이트는 게이트 단면이 매우 크다. 스프루 게이트 외에는 모두 제한 게이트이다.

제한 게이트의 종류는 크게 사이드 게이트계(side gate), 필름 게이트계(film gate), 핀 게이트계(pin gate), 기타 게이트로 나눌 수 있다. 사이드 게이트계에는 표준 게이트(standard gate), 또는 에지 게이트(edge gate), 오버 랩 게이트(overlap gate)가 있다. 필름 게이트계에는 필름 게이트, 팬 게이트(fan gate), 디스크 게이트(disc gate), 또는 다이아프램 게이트(diaphragm gate), 링 게이트(ring gate)가 있다. 핀 게이트계에는 핀 게이트, 또는 핀 포인트 게이트(pin point gate), 터널 게이트(tunnel gate) 또는 잠수함 게이트(submarine gate), 커브 게이트(curve gate), 또는 코끼리 게이트

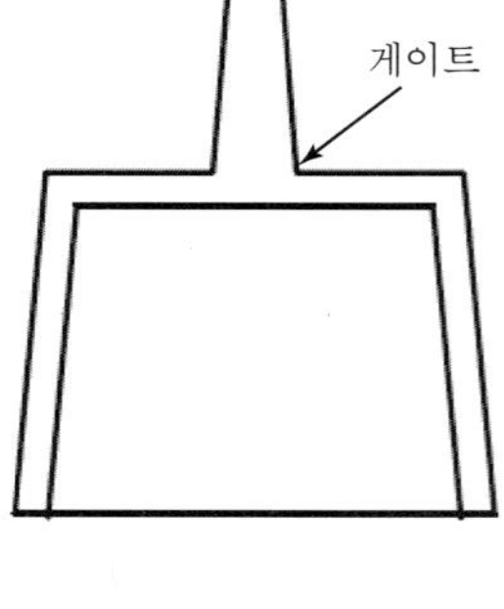

그림 **3-81** 스프루 게이트

(elephant gate)가 있다. 기타 게이트로는 스포크 게이트(spoke gate), 또는 스파이더 게이트(spider gate), 리스트릭티드 게이트(restricted gate), 점프 게이트(jump gate) 등이 있다. 그림 3-82~3-85에 제한 게이트가 나타나 있다. 그리고 게이트 설계의 핵심적인 치수가 나타나 있다. 제한 게이트에서 게이트의 두께는 제품의 두께보다 얇고 폭은 런너의 지름보다 작은 것이 일반적이다. 제한 게이트에서 게이트 크기는 충전 시간 단축, 수축량 보충, 제품의 치수 정밀도 향상, 그리고 싱크마크 방지 관점에서는 게이트를 크게 하는 것이 유리하다. 그러나 게이트 실시간(seal time) 단축, 즉 게이트의 빠른 냉각, 잔류응력과 변형의 감소, 그리고 게이트의 용이한 절단 측면에서는 게이트를 작게 하는 것이 유리하다.

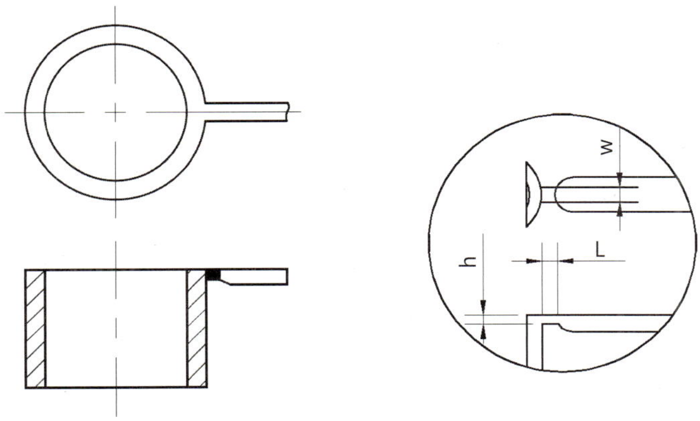

(a) 사이드 게이트

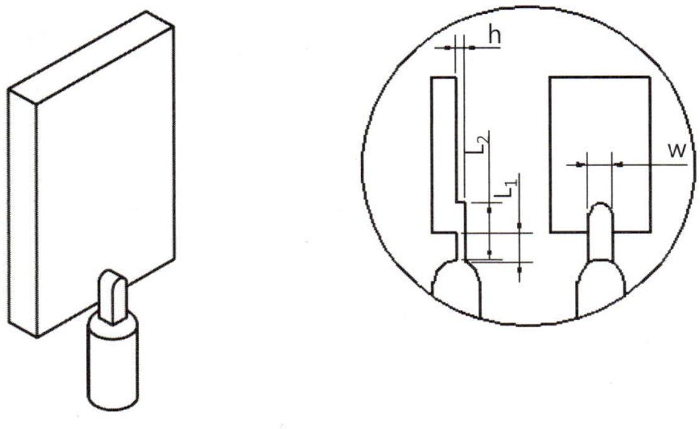

(b) 오버 랩 게이트

그림 3-82 사이드 게이트계 게이트

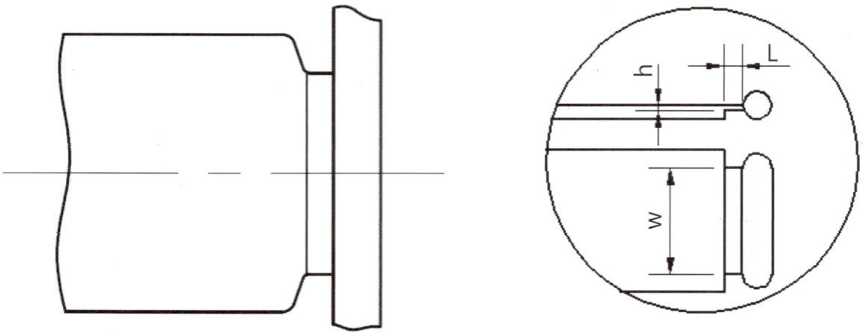

(a) 필름 게이트

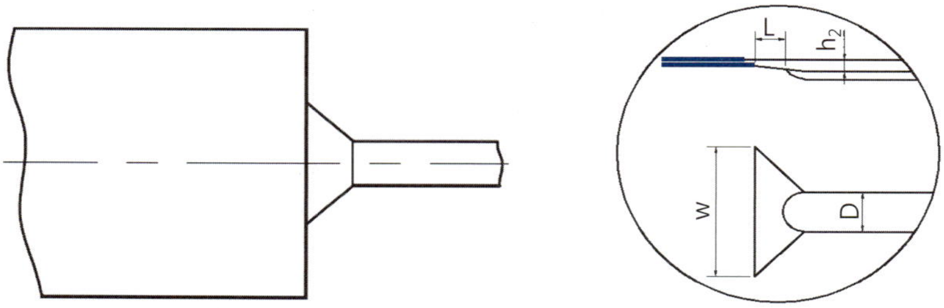

(b) 팬 게이트

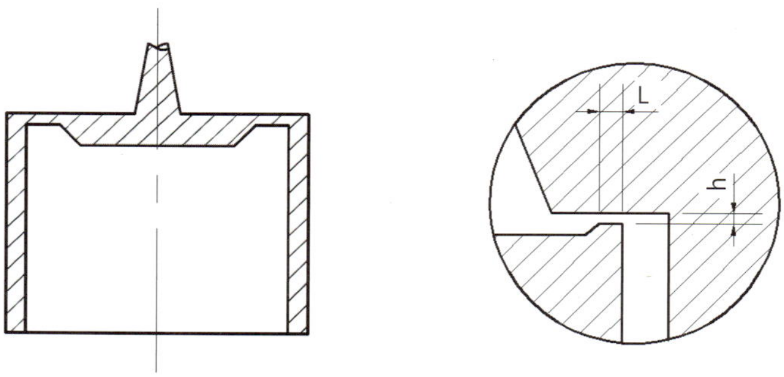

(c) 디스크 게이트

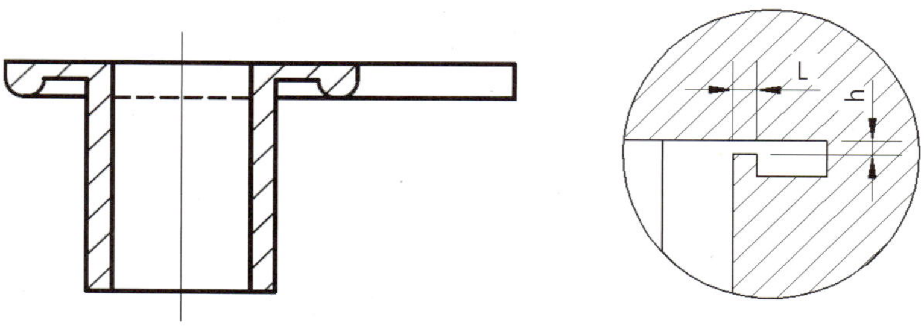

(d) 링 게이트

그림 3-83 필름 게이트계 게이트

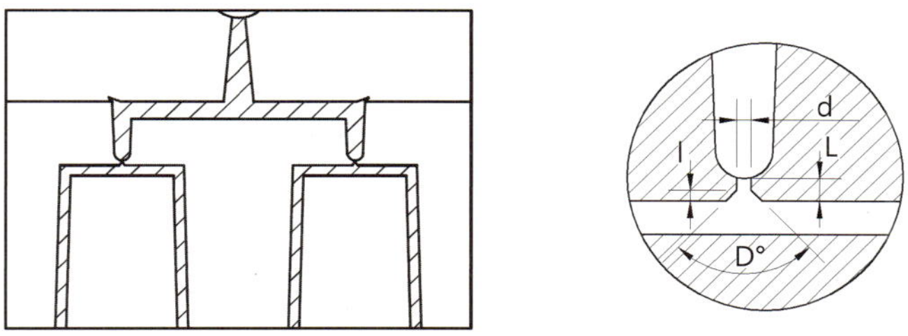

(a) 핀 포인트 게이트

(b) 터널 게이트

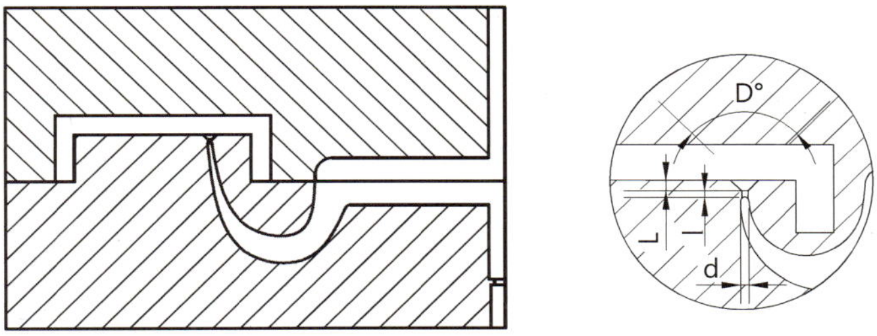

(c) 커브 게이트

그림 **3-84** 핀 게이트계 게이트

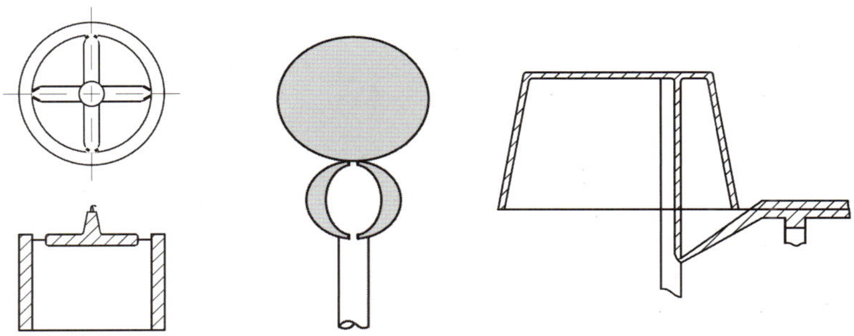

(a) 스포크 게이트 (b) 리스트릭티드 게이트 (c) 점프 게이트

그림 **3-85** 기타 게이트

3.6 코어와 캐비티 구성

금형의 코어와 캐비티는 제품의 형상을 제공하는 부품이다. 따라서 형상 및 치수 정밀도가 가장 높게 요구되는 금형부품이다. 코어와 캐비티를 설계하는 방법은 일체식, 입자식, 분할식이 있다.

그림 3-86은 일체식 코어와 캐비티를 보여준다. 각각 하나의 형판에 코어와 캐비티를 제작한다. 따라서 취급이 간단하고 구조적 강성이 높으며 대부분의 경우 금형의 크기가 작다. 캐비티는 주로 방전가공으로 가공하므로 코너부를 예리하게 가공하기 어렵다. 그리고 금형에 분할 부분이 없어 제품 표면에 선이 보이지 않으나 공기 빼기가 잘 되지 않는 단점이 있다. 그림 3-87은 입자식 금형을 보여준다. 입자식은 코어와 캐비티를 별도로 가공하여 형판에 끼워서 금형을 제작하는 방식이다. 입자식의 장점은 부분적으로 적절한 재질을 사용할 수 있고 가공이 편리하여 치수 정밀도를 높일 수 있고 가공속도가 빠른 것이다. 그리고 입자의 분할면은 공기 빼기로 활용할 수 있고 부품의 보수와 교환이 쉽다. 단점으로는 일체형에 비해 강도가 약하고 분할면 때문에 냉각 채널과 이젝팅 핀 설치에 제약을 받을 수 있다는 것이다. 그림 3-88은 분할식 금형을 보여준다. 분할식은 코어나 캐비티를 2개 이상의 블록으로 제작한 후 조립하여 하나의 캐비티와 코어를 제작하는 방식이다. 언더컷이 있는 제품의 금형에서는 코어나 캐비티를 분할식으로

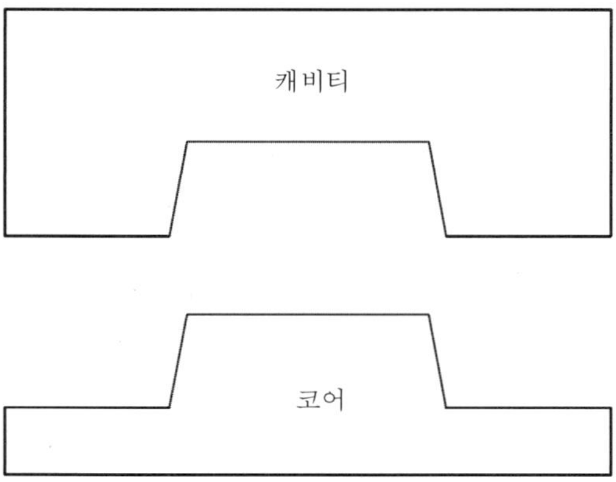

그림 **3-86** 일체식 코어와 캐비티

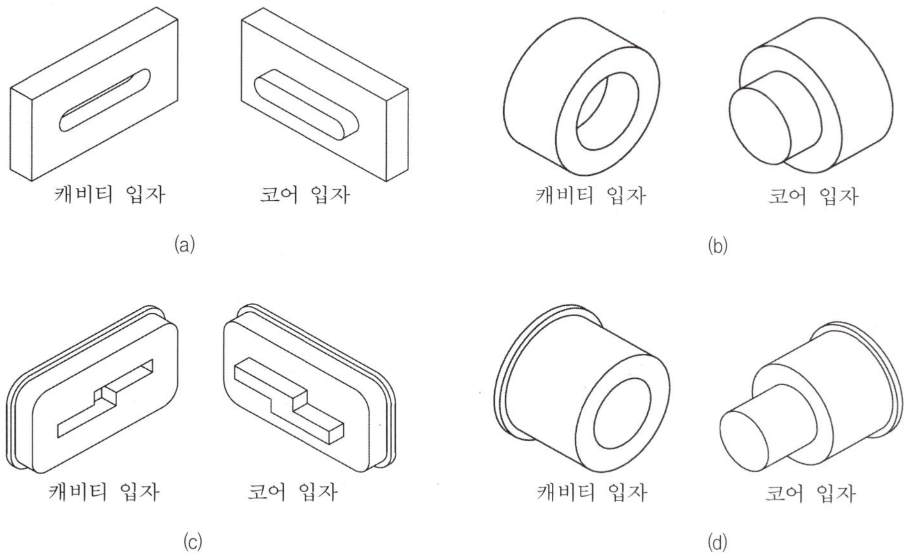

그림 3-87 입자식 코어와 캐비티

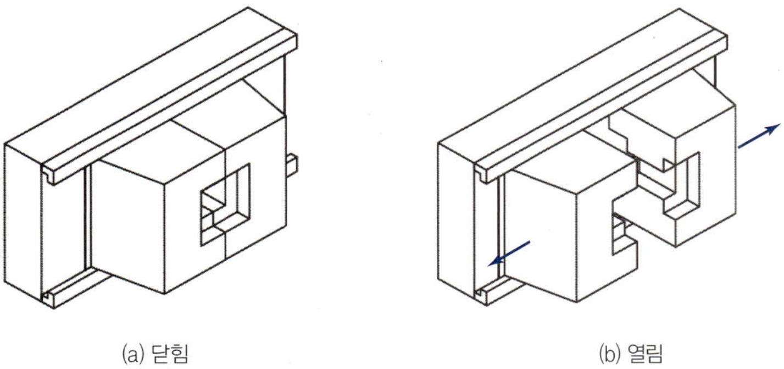

그림 3-88 분할식 금형

제작하여 제품이 빠질 수 있도록 하고 있다. 금형 가공상 어려움이 있거나 부분적으로 높은 강도나 높은 정밀도가 요구될 때에도 분할형을 사용한다. 이러한 분할식의 장점은 부품마다 소재를 다르게 사용할 수 있고 가공 및 연삭이 용이하여 정밀도를 높일 수 있다는 것이다. 또한 부품의 분할선을 이용하여 공기 빼기를 할 수 있고 부분적으로 보수 및 수정이 용이하다. 단점으로는 부품수가 많아 분해 조립이 어려울 수 있고 금형의 제조 원가가 높아질 수 있다는 것이다. 그리고 성형품에 라운드가 있는 것은 적용이 어렵고 냉각 채널 가공에 제한이 있다.

3.7 제품의 빼기 방법

사출성형에서 성형 후 코어에 끼워져 있는 제품을 빼내는 방법은 이젝팅 핀(ejecting pin)과 이젝팅 슬리브(ejecting sleeve), 스트리퍼 플레이트(stripper plate), 그리고 공기(air)를 이용한 방법들이 있다. 그림 3-89는 이젝팅 핀을 이용하여 제품을 빼내는 모습을 보여준다. 그림 3-90은 이젝팅 슬리브를 이용하여 제품을 빼내는 모습을 보여준다. 이젝팅 슬리브를 이용하는 경우는 보스가 있는 제품이다. 이젝팅 슬리브 단독으로 쓰이는 경우보다는 이젝팅 핀이나 스트리퍼 플레이트 등 다른 이젝팅 방법과 같이 사용된다. 그림 3-91은 스트리퍼 플레이트를 이용한 제품 빼기를 보여준다. 제품의 두께 부분을 밀어내어 제품을 빼내는 것이다. 제품 표면에 이젝팅 자국이 남지 않는 장점이 있다. 그림 3-92는 공기를 이용한 제품 빼기를 보여준다. 깊이가 깊은 제품은 제품이 코어에서 빠지면서 진공이 되기 때문에 제품 빼기가 어렵다. 이러한 경우에 공기를 이용하면 진공 문제를 해결하면서 제품을 빼낼 수 있다. 그러나 제품이 코어에서 빠지면서 공기가 새어나가기 때문에 이젝팅 스트로크(ejecting stroke)를 크게 할 수 없다. 따라서 공기를 이용한 빼기 방식을 다른 빼기 방식과 함께 사용한다. 공기를 이용한 제품 빼기 방법은 공기에 의해 제품이 냉각되는 장점도 있다. 제품을 빼낼 때 한 번의 이젝팅 동작으로 제품을 빼내지 못하는 경우도 있다. 이러한 경우는 2가지 빼기 방법을 사용한다. 즉 2단으로 제품 빼기를 한다. 그림 3-93은 스트리퍼 플레이트와 이젝팅 핀을 이용한 2단 제품 빼기 방법을 보여준다.

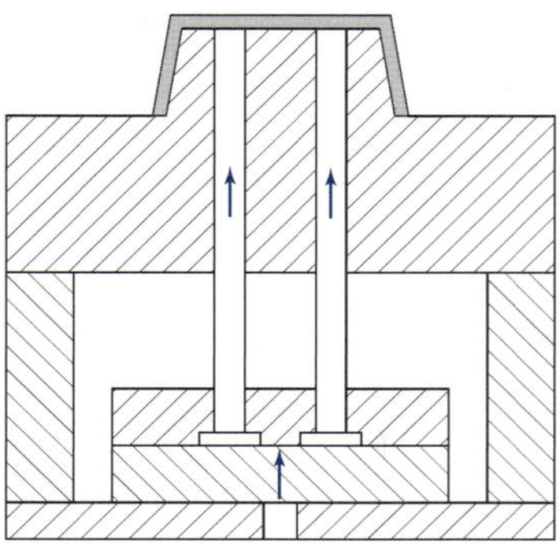

그림 3-89 이젝팅 핀을 이용한 제품 빼기

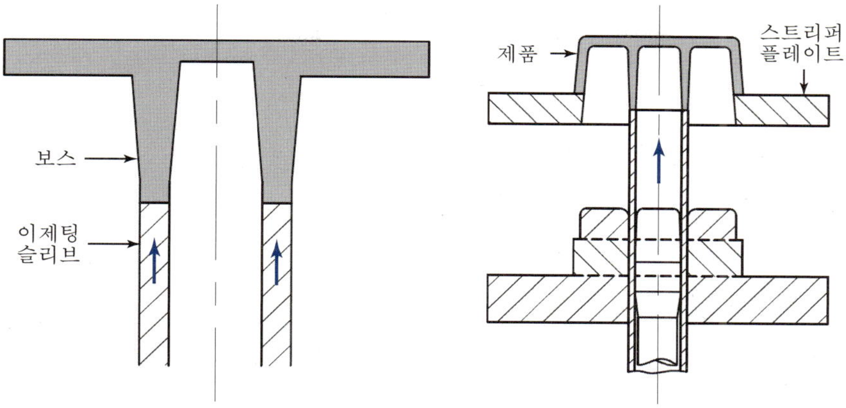

그림 **3-90** 이젝팅 슬리브를 이용한 제품 빼기

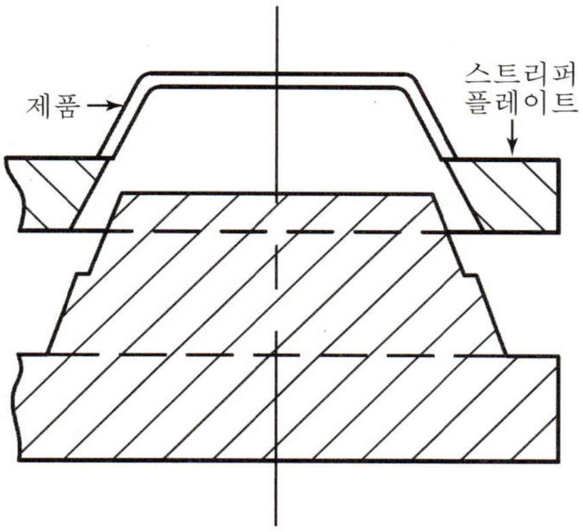

그림 **3-91** 스트리퍼 플레이트를 이용한 제품 빼기

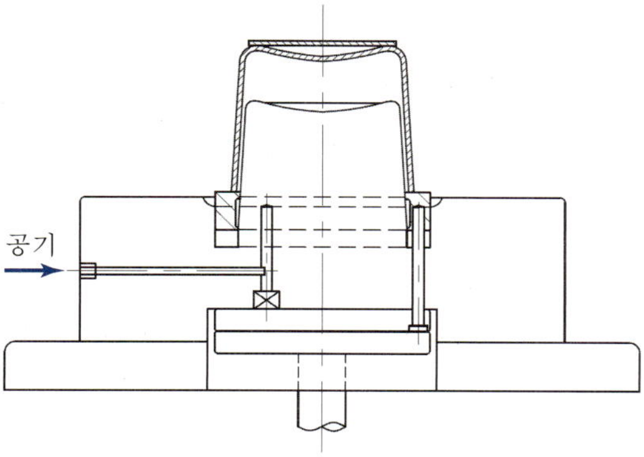

그림 **3-92** 공기를 이용한 제품 빼기

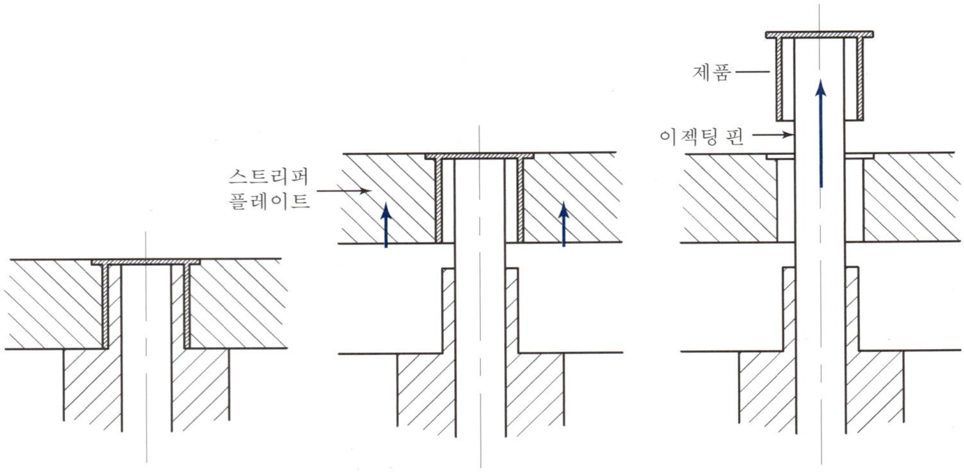

그림 3-93 스트리퍼 플레이트와 이젝팅 핀에 의한 2단 제품 빼기

3.8 금형의 온도제어

3.8.1 열의 이동현상

사출성형은 수지의 온도를 용융온도 이상의 높은 온도로 가열하여 금형의 캐비티에 주입하여 제품을 성형한다. 그리고 제품을 냉각시키는 방법은 금형을 냉각하여 수지를 냉각시키는 간접적인 냉각 방식이다. 이러한 과정에서 일어나는 열전달 과정은 크게 3가지 현상으로 정리할 수 있다. 금형 재료 내에서, 그리고 수지 내에서는 열의 전도(conduction)가 일어난다. 냉각수가 흐르는 냉각 채널과 금형과는 열의 대류(convection)가 일어난다. 금형의 외면과 대기와는 열의 복사(radiation)가 일어난다.

전도에 의한 열의 이동은 푸리에 법칙(Fourier's law)에 의해 지배되면 고체나 정지된 유체에서 열의 유동(heat flux)은 식 (3-5)와 같이 표현된다.

$$q'' = -K\frac{dT}{dx} \tag{3-5}$$

여기서 q''은 열의 이동(heat flux, W/m^2)을 나타내고, K는 열전도도(thermal con-

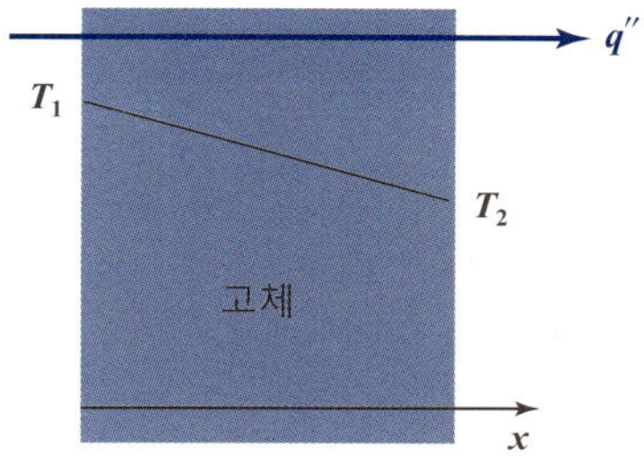

그림 **3-94** 전도에 의한 열의 이동

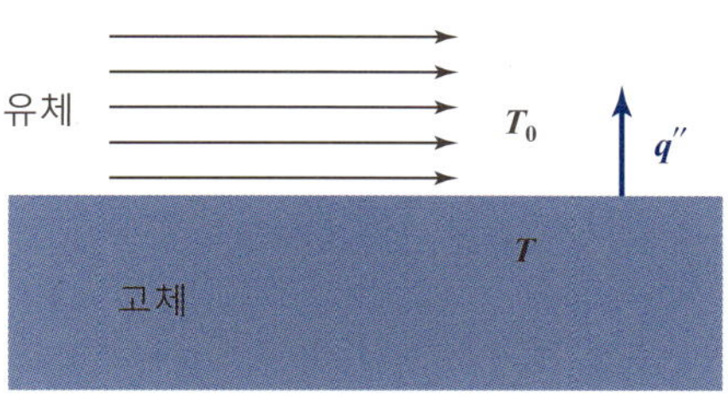

그림 **3-95** 대류에 의한 열의 이동

ductivity, W/m℃), T는 온도(temperature, ℃), x(m)는 거리를 나타낸다. 그림 3-94는 온도가 높은 T_1에서 온도가 낮은 T_2로 열의 이동이 일어나는 것을 보여준다.

그림 3-95는 대류에 의한 열의 이동을 보여준다. 고체의 온도, 즉 금형의 온도가 T이고 흐르는 유체(냉각수)의 온도가 T_0인 경우에 유체와 금형 사이에 일어나는 열의 이동(q'')은 뉴턴 법칙(Newton's law)에 따라 식 (3-6)과 같이 나타낼 수 있다.

$$q'' = h(T - T_0) \tag{3-6}$$

여기서 h는 열전달계수(heat transfer coefficient, W/m²℃)이다.

모든 표면에서는 복사에 의해 열이 이동한다. 따라서 금형의 외곽 면들에서는 복사가 일어난다. 복사에 의한 열의 이동은 스테판-볼츠만 법칙(Stefan-Boltzmann law)에 의해 식 (3-7)과 같이 나타난다.

$$q'' = \varepsilon\sigma(T_s{}^4 - T_{sur}{}^4) \tag{3-7}$$

여기서 ε은 복사율(emissivity), σ는 스테판-볼츠만 상수(5.67×10^{-8} W/m²℃⁴), 그리고 T_s, T_{sur}는 각각 금형 표면의 온도와 금형 주변의 온도이다. 복사에 의한 열의 이동은 열

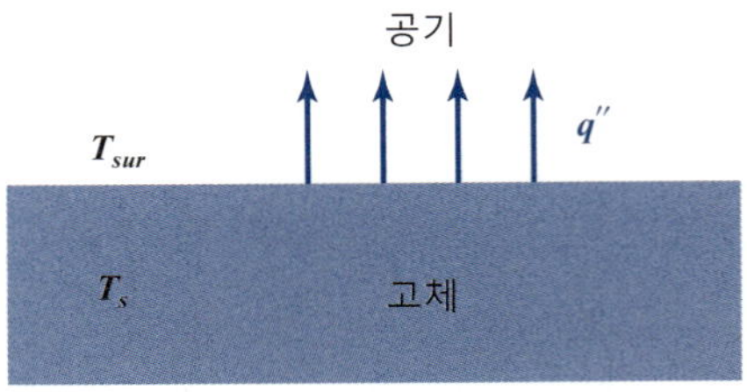

그림 3-96 복사에 대한 열의 이동

의 전도와 대류에 비해 매우 작아서 금형의 온도 제어에서는 일반적으로 무시한다. 그림 3-96은 복사에 의한 열의 이동을 보여준다.

3.8.2 금형의 냉각방법

금형의 온도제어는 금형에 홀(냉각 채널)을 만들고 물이나 기름을 흘려보내는 방법이 가장 일반적인 방법이다. 물은 100℃ 이하의 온도에서 사용하고 그 이상의 온도로 제어하기 위해서는 스팀(steam)을 사용하거나 기름(oil)을 사용한다. 그림 3-97은 금형에 있는 냉각 채널을 보여준다. 냉각 채널의 크기와 냉각수의 속도는 냉각수가 금형의 온도를 효과적으로 흡수하도록 설계해야 하는데 난류 유동(turbulent flow)이 되도록 한다. 확실한 난류 유동이 일어나도록 레이놀즈 수(Reynolds number)가 3500 이상이 되도록 한다. 식 (3-8)은 레이놀즈 수(Re)를 나타낸다.

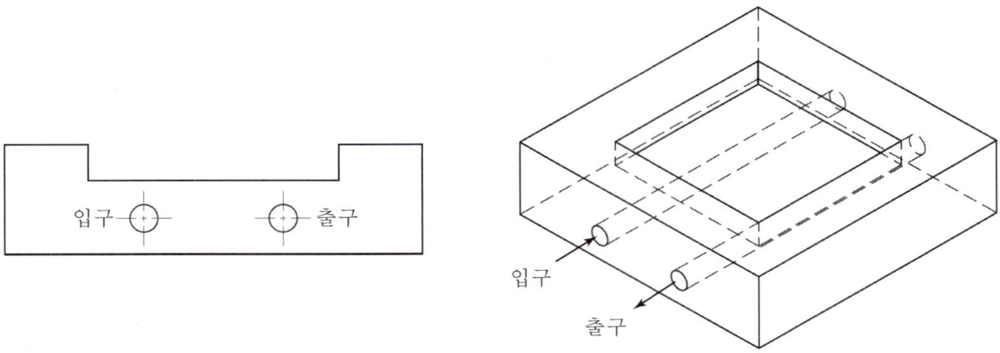

그림 3-97 냉각 채널을 이용한 금형의 온도제어

$$Re = \frac{\rho D v}{\eta} \tag{3-8}$$

여기서 $\rho(\mathrm{kg_f/m^3})$는 냉각수의 밀도, $D(\mathrm{m})$는 냉각 채널의 지름, $v(\mathrm{m/s})$는 냉각수의 속도(유속), $\eta(\mathrm{kg_f\ s/m^2})$는 냉각수의 점도이다. 레이놀즈 수를 올리기 위해서는 냉각 채널의 지름을 크게 하거나, 정해진 냉각관 지름에서 냉각수의 흐르는 속도(유속)를 크게 한다.

일정 온도의 물이 냉각 채널 입구로 들어가서 금형의 열을 흡수하고 냉각 채널 출구로 나온다. 출구의 물의 온도는 입구의 온도보다 상승하게 되는데 균일한 냉각을 위해서는 입구와 출구의 온도 차이가 2~5℃ 정도가 되도록 냉각수의 유량을 조절한다.

냉각시켜야 할 코어의 높이가 높은 경우 또는 냉각 채널 외에 코어와 캐비티를 효과적으로 냉각하기 위해서 분류식 냉각 방식을 사용한다. 그림 3-98은 분류식 냉각 방법인 버블러(bubbler)와 배플(baffle)을 보여준다. 버블러는 2개의 원형관이 결합된 모양으로 안쪽으로 흘러간 냉각수가 바깥쪽으로 흘러나온다. 배플은 칸막이가 있어 한쪽으로 흘러간 냉각수가 칸막이 끝을 넘어서 다른 쪽으로 흘러나간다. 분류식 냉각 방식은 코어나 캐비티의 안쪽으로 냉각 홀을 효과적으로 만들 수 있다. 그림 3-99는 깊이가 깊은 코어의 냉각을 버블러를 이용하는 경우를 보여준다.

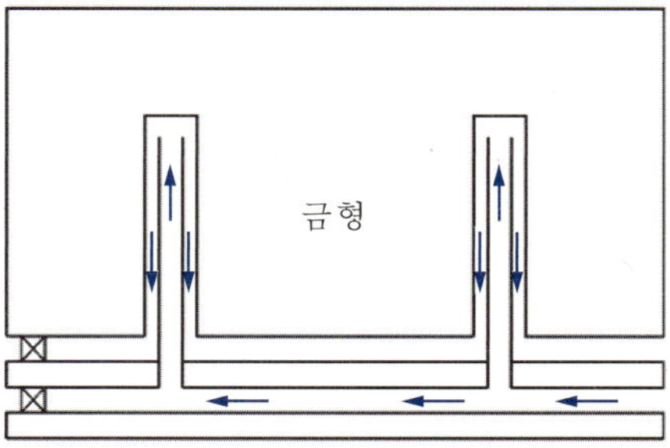

(a) 버블러

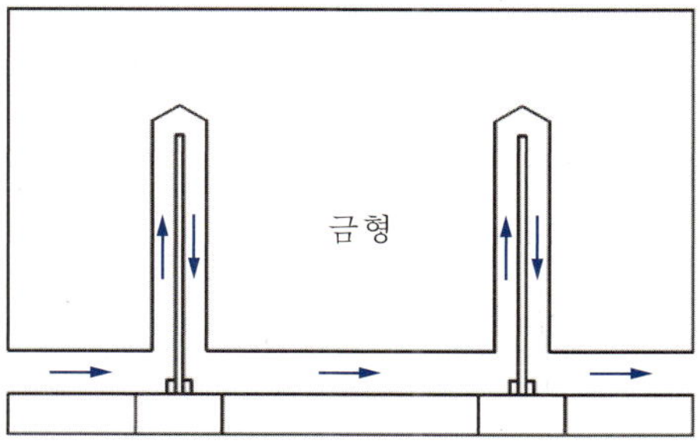

(b) 배플

그림 **3-98** 분류 유동을 이용한 금형의 온도제어

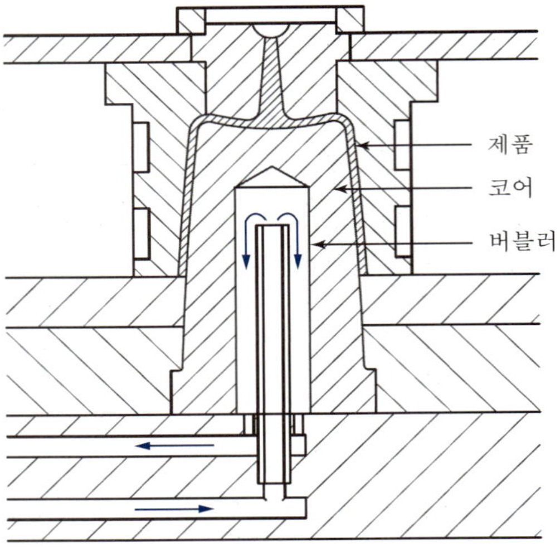

그림 3-99 버블러를 이용한 코어의 냉각

냉각 채널을 설치하기 어려운 경우에는 열전도성이 좋은 금속을 이용하여 간접적으로 금형을 냉각한다. 그림 3-100은 열전도성이 매우 높고 강성이 좋은 베릴륨 동(beryllium copper)을 이용하여 가는 코어를 냉각하는 방법을 보여준다. 베릴륨 동을 코어에 인서트하고 냉각수로 베릴륨 동을 냉각하면 이 베릴륨 동에 접촉된 코어가 냉각된다.

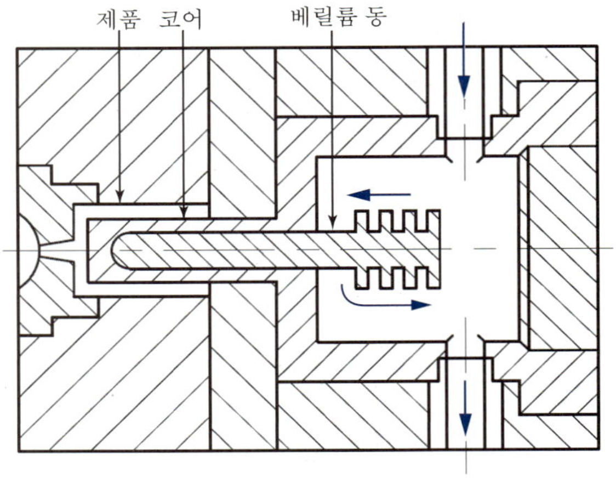

그림 3-100 특수 금속을 이용한 간접 냉각

CHAPTER 4

사출성형조건의 설정

CHAPTER 4

사출성형조건의 설정

4.1 사출조건의 개요

사출성형조건은 원하는 제품을 성형하기 위해 사출기에서 조절할 수 있는 운전조건들을 말한다. 사출성형은 높은 온도로 고체의 수지를 녹여서 고압 및 고속으로 금형에 밀어 넣은 후 냉각하여 제품을 제조하는 공정이다. 사출성형공정 중 중요한 물리량은 온도, 압력, 속도이다.

온도는 수지의 건조에서부터 관련된다. 건조시키지 않은 수지는 수분 함량이 커서 사출기에서 수지를 녹이는 과정에서 수분에 의한 가스가 생성되고, 이 가스는 성형 과정에서 금형 속으로 들어가 성형불량을 초래한다. 일반적인 보관상태의 수지는 수분을 함유하고 있어 이를 제거하기 위해서는 건조기에서 건조를 시킨다. 수지의 건조조건은 수지의 수분흡수 및 배출 특성에 따라 다르다. 대략적인 건조조건은 수지가 녹아서 달라붙지 않을 정도의 온도로 수 시간 동안 건조한다. 건조시간에 따라 수지 내 수분이 감소하는데 어느 정도 이상의 시간에서는 더 이상 수분이 감소하지 않으며, 이 시간까지 건조시킨다.

수지를 제공하는 회사에서는 친절하게 건조조건을 알려주고 있어서 이를 지켜서 건조시킨 후 사출기의 호퍼에 넣어 사출을 진행해야 한다. 예로 PC(polycarbonate)의 경우 120℃에서 3~6시간, PBT(polybutylene terephthalate)의 경우 120℃에서 5~8시

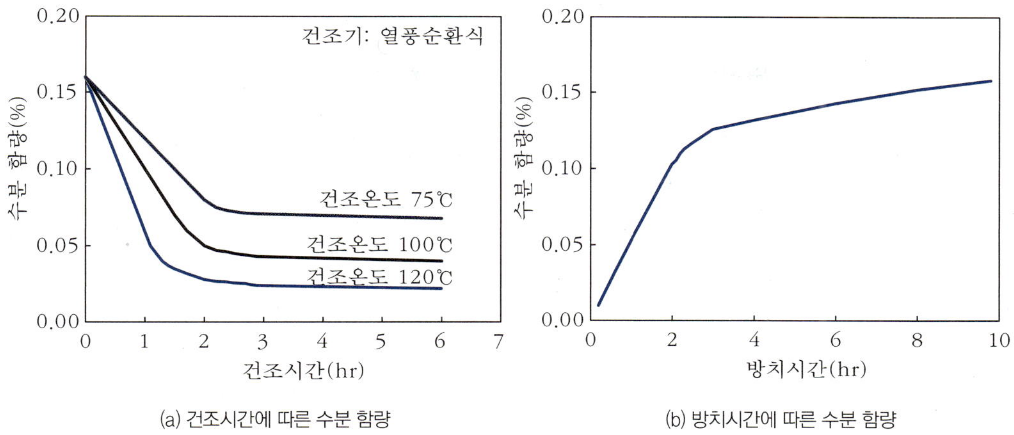

그림 **4-1** PC 수지의 건조에 따른 수분 함량의 변화

간 또는 140℃에서 4시간, PC/ABS(polycarbonate/acrylonitrile butadiene styrene)의 경우 120℃에서 3시간 또는 90℃에서 6시간 이상의 조건을 제시한다. 그림 4-1은 PC 수지에서 건조온도와 시간에 따른 수지 내 수분의 함량이다. 건조시간이 증가하면서 수분양이 줄어드는데 어느 정도 이하로는 줄어들지 않는 최소의 수분양에 도달한다. 이러한 상태까지 건조시간을 가져야 한다. 건조했다가도 대기 중에 노출시키면 수분을 다시 흡수하게 된다. 건조기도 일반적으로 열풍건조기를 사용하나 나일론(Nylon, PA, polyamide) 같은 수지는 수분을 많이 함유하는 경향이 있어 제습건조기에서 건조시킨다. 부적절한 건조는 부품의 외관결함뿐만 아니라 물성의 악화를 초래한다. 또 투명한 수지의 경우는 습기가 있으면 투명하지 않고 뿌옇게 사출되기도 한다.

건조된 수지를 사출기의 호퍼에 넣고 사출을 시작하는데, 2장에서 다루었듯이 사출성형공정은 수지의 가소화, 충전, 보압, 냉각, 제품의 꺼내기(이형 및 추출) 순으로 진행된다. 여기서 수지의 가소화, 충전, 보압은 사출기의 사출 유닛인 스크류의 운전과 관련이 있다. 스크류의 회전에 의해 수지를 가소화시킨 후 스크류가 회전을 멈추고 앞으로 전진하면서 스크류 앞쪽에 모인 수지가 금형 속에 들어가 충전이 이루어진다. 이때 스크류가 전진하는 속도가 사출속도로 금형 내 수지의 유동속도를 결정짓는다. 보압은 수지의 냉각에 의한 수축을 보상하는 단계인데, 스크류가 앞으로 이동하여 충전을 끝낸 후 계속 일정한 힘으로 밀고 있는 상태이다. 즉 수지에 계속 일정한 압력을 가하고 있는 상태이다. 금형 속에서 수지의 냉각으로 수축된 수지를 이 보압 과정에서 보상하게 된다.

냉각과 제품의 꺼내기는 형체 유닛의 운전과 관련이 있다. 냉각은 금형의 낮은 온도로 수지를 냉각시키기 때문에 금형온도가 수지의 냉각속도를 결정짓는다. 냉각시간 동안 사출 유닛의 스크류는 다음 사출을 위해 가소화를 진행한다. 즉 보압을 끝낸 스크류는 회전하면서 뒤로 물러나 스크류 앞쪽에 다음 사출할 수지를 준비한다. 냉각이 끝나면 수지의 가소화도 완료되고 다음 사이클이 진행된다.

4.2 사출온도

사출온도는 수지가 금형에 들어가는 온도이다. 금형과 접촉하고 있는 사출 유닛의 부품은 노즐이기 때문에 일반적으로 노즐의 온도를 수지의 온도로 간주한다.

사출 유닛의 온도설정은 호퍼부, 고체 이송부(후부), 멜팅부(중부), 계량부(전부), 실린더 헤드부, 그리고 노즐부이다. 각 구간별로 1~2개의 영역으로 나누어 온도를 제어하고 있다. 그림 4-2에 온도설정 영역이 도식적으로 나타나 있다. 사출기의 노즐은 사출 유닛의 맨 끝부분으로 금형과 접촉하는 부분이다. 또한 이 노즐은 사출기의 가열 실린더와 연결되어 있어 노즐의 온도는 가열 실린더의 온도설정과 관련이 있다.

노즐부의 온도는 사출하고자 하는 온도로 설정하고 계량부는 노즐부 온도와 같게 설정하는 게 통상적이나 수지의 점도나 열에 대한 저항성에 따라 노즐부보다 다소 낮게 또는 높게 설정한다.

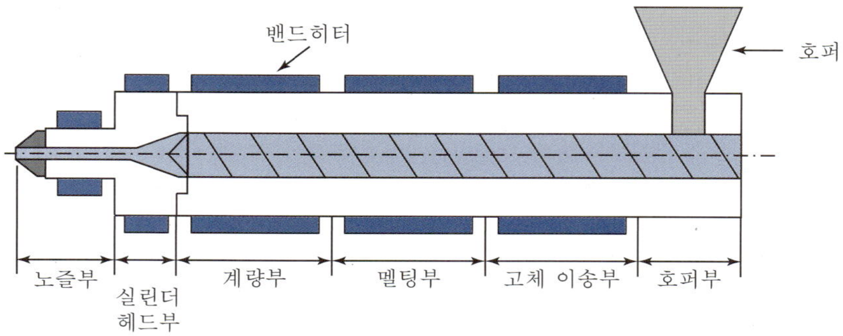

그림 **4-2** 사출기 가열 실린더의 온도설정 영역

사출온도는 수지의 흐름성을 결정짓기 때문에 매우 중요한 조건 중의 하나이다. 유동체의 흐름성을 나타내는 물리량은 점도(viscosity)이며 전단흐름에서 나타나는 점도를 전단점도(shear viscosity)라고 한다.

그림 4-3은 PC 수지의 온도와 전단변형률(shear rate)에 따른 전단점도를 보여준다. 온도가 높으면 점도는 낮아져 흐름성이 좋아진다. 온도 외에 점도를 결정짓는 중요한 또 다른 요인은 전단변형률이다. 전단변형률이 크면 수지의 전단점도는 낮아진다. 이는 고분자 수지의 전형적인 현상으로 분자들이 흐르면서 흐름방향으로 배향하기 때문에 흐름의 저항성이 줄어들어 전단점도가 낮아진다. 전단변형률은 속도가 변하는 방향으로 속도가 변하는 정도, 즉 속도의 구배인데 금형의 캐비티에서처럼 정해진 두께(갭)에서 흐르는 경우 전단변형률은 속도에 비례한다. 즉 캐비티 내에서 속도가 크면 전단변형률이 크다고 볼 수 있다. 일반적으로 사출성형 시 수지의 전단변형률은 10^3 (l/s) 이상이므로 이 영역의 점도를 감안하여 수지의 온도설정을 해야 한다.

현장에서는 수지의 흐름성을 평가할 때 전단점도를 이용하기보다는 용융지수(MI, melt index, g/10min)를 사용한다. 모세관 다이에서 일정 온도의 수지를 일정 힘으로 밀어서 다이를 통해 10분 동안 흘러나온 수지의 무게를 용융지수라 한다. 흐름성이 좋은 수지는 같은 시간 동안에 많은 양이 흘러나오기 때문에 MI값이 크다. MI를 측정하

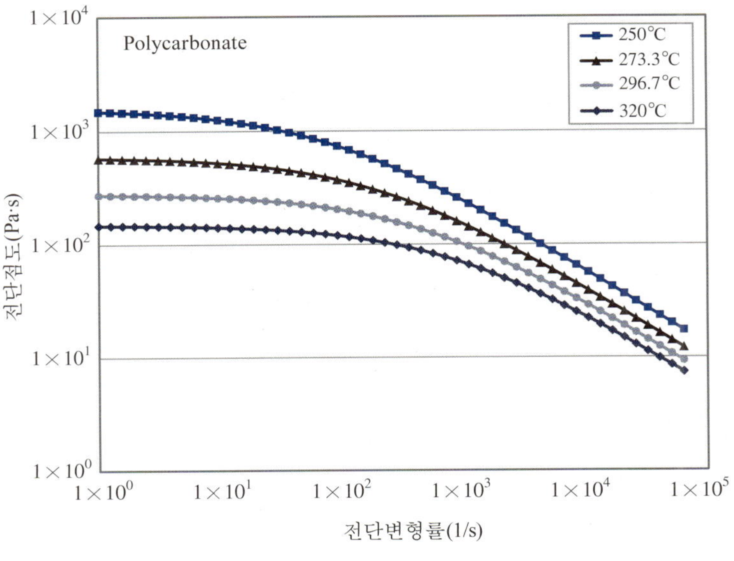

그림 4-3 PC 수지의 온도에 따른 전단점도

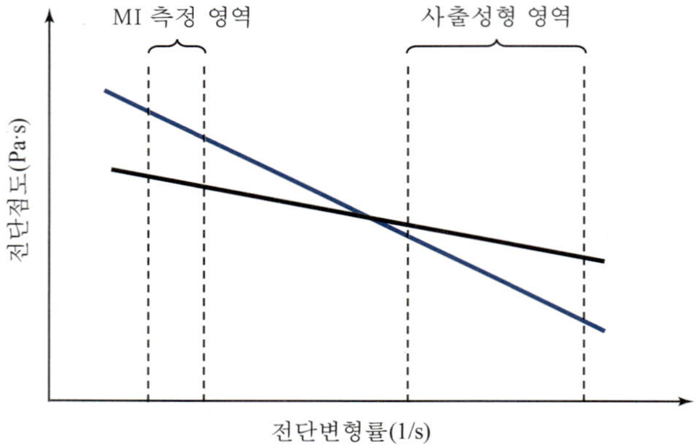

그림 **4-4** 전단박하 현상이 다른 수지의 전단점도

는 과정에서 전단변형률을 계산해보면 대략 10^2 (l/s) 이하이기 때문에 사출성형공정에 해당되는 영역(10^3 (l/s) 이상)의 전단변형률이 아니다. 따라서 수지의 MI값만을 이용하여 사출성형에서 수지의 점도 수준을 결정하는 것은 한계가 있다. 전단변형률이 작은 영역에서 점도가 더 높았던 수지가 전단변형률이 큰 영역에서 점도가 더 낮은 수지들이 있기 때문이다. 이런 경우는 MI값이 작아 흐름성이 좋지 않은 수지로 판단할 수 있지만 사출성형에서는 낮은 점도를 보이는 것이다. 이러한 경우를 그림 4-4에 도식적으로 나타내었다. 전단변형률이 커질수록 점도가 낮아지는 현상을 전단박하(shear thinning)라고 하는데, 이 전단박하 현상이 수지마다 다르기 때문에 그림 4-4와 같이 점도가 역전되는 현상이 나타날 수 있다. 전단박하 현상은 수지의 분자량, 분자량 분포, 분자들의 연결 구조(체인 구조)에 따라 다르다.

사출성형에서 수지의 흐름성이 좋으면 양품을 성형하기에 유리하므로 온도를 높여서 점도를 낮추면 좋으나 온도가 높으면 열에 대한 저항성이 낮은 수지는 열분해(thermally degradation)를 일으켜 가스가 발생하거나 색이 변하고 물성이 저하된다. 따라서 열분해가 일어나지 않는 범위에서 온도를 올리는 것이 중요하다. 수지의 열에 대한 저항성은 열중량분석(TGA, thermogravimetric analysis) 데이터로 판단한다. 즉 온도를 올리면서 수지의 무게 변화를 관찰하고, 또한 일정 온도에서 체류시간에 따른 무게 변화를 관찰하여 판정한다. 그림 4-5는 PC 수지(fossil based PC + bio based PC)의 TGA 결과를 보여준다. 그림 4-5(a)의 경우 수지의 온도를 증가시키면서 무게의 변화를 측정한 예이다. 온도가 347.83℃에 도달하면 수지의 무게가 초기 무게의 98%로 줄어

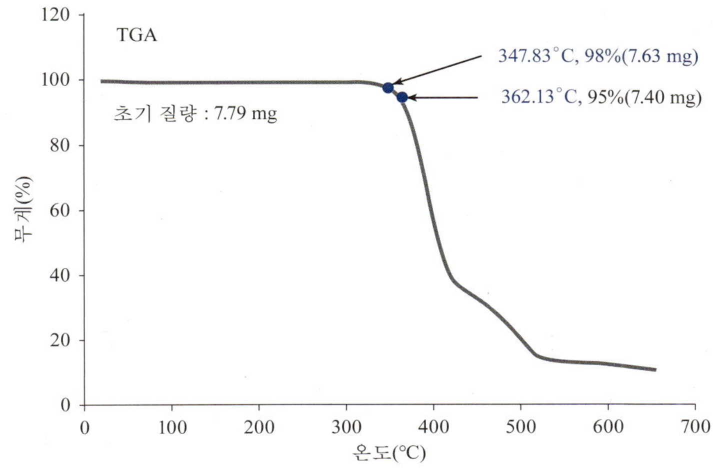

(a) 온도 상승에 따른 무게 변화

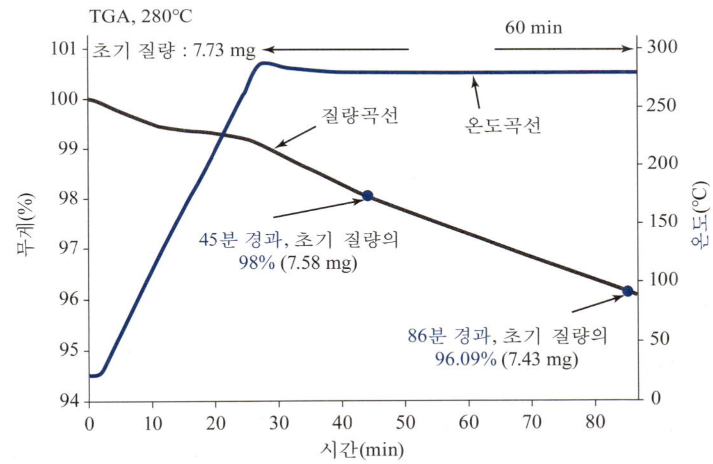

(b) 일정 온도에서 체류시간에 따른 무게 변화

그림 **4-5** PC 수지의 TGA 데이터

든다. 온도가 362.13℃에서는 수지의 무게가 95%까지 줄어든다. 안정된 사출을 위해서는 초기 무게의 98% 이상에 해당되는 온도가 적합한 것으로 판단된다. 그림 4-5(b)의 경우는 수지온도를 280℃로 고정하고 시간에 따른 무게 감소를 측정한 것이다. 280℃까지 온도 상승 시간까지 포함하여 45분 경과 후에는 무게가 초기 무게의 98%로 감소한다. 86분 경과 후에는 초기 무게의 96.09%로 감소한다. 안정된 사출을 위해서는 무게 감소가 초기 무게의 98% 이상 수준에서 공정을 마치는 것이 좋을 것으로 판단한다. 온도에 매우 민감한 수지는 TGA 데이터를 분석하여 정확한 성형온도를 결정해야 한다.

전체적으로 사출 유닛의 가열 실린더 온도설정은 다음과 같이 한다. 고체 이송부(후부)는 고체 수지가 잘 이송되도록 하기 위해서 수지와 가열 실린더 내벽 사이의 마찰이 크도록 온도를 설정한다. 즉 온도를 낮게 설정한다. 가열 실린더에서 가장 낮은 온도로 설정되는 부분이다. 수지가 녹아 가열 실린더 안쪽 벽에 달라붙으면 마찰이 작아져 고체 수지가 이송되지 않는다. 따라서 고체 수지가 녹지 않을 정도의 낮은 온도로 설정한다.

멜팅부(중부)는 고체 수지가 스크류 채널 안에서 고압과 전단작용에 의한 열과 실린더의 밴드히터의 열에 의해 수지가 녹는(melting) 영역이다. 따라서 결정성 수지(crystalline polymer)의 경우 가열 실린더 온도는 수지의 녹는 온도까지 올려서 수지가 충분히 녹을 수 있도록 한다. 녹는 온도가 없는 비결정성 수지(amorphous polymer)는 성형온도보다 다소 낮게 설정한다.

계량부(전부) 영역에서는 수지가 완전히 녹아 있는 상태로 녹은 수지의 균일한 혼련(mixing)이 유지되고 또한 균일한 온도 유지가 중요하다. 이 영역에서는 수지가 녹은 상태로 잘 유지되도록 실린더 중 온도를 가장 높게 설정한다. 수지의 녹는 온도보다 다소 높게 한다. 비결정성 수지는 성형온도까지 올린다.

노즐부의 온도는 수지의 흐름성을 최종적으로 결정하는 부분으로 수지의 열안정성이 좋지 않고 점도가 낮으면 계량부(전부)보다 다소 낮게 설정한다. 수지의 점도가 높고 열안정성이 좋은 수지는 노즐부의 온도를 계량부(전부) 온도보다 다소 높게 설정하여 수지의 유동성을 확보한다. 결정의 녹는 온도를 갖고 있는 결정성 수지는 녹는 온도보다 20~50℃ 정도 높은 온도로 사출한다.

4.3 금형온도

사출성형에서 금형의 온도조절은 수지를 냉각시키기 위한 수단이다. 금형의 온도가 낮으면 수지의 냉각이 빠르고 금형의 온도가 높으면 수지의 냉각은 느리다. 금형의 온도는 수지의 냉각속도를 결정하는 것뿐만 아니라 금형 내 수지의 흐름에도 영향을 준다. 금형의 온도가 높으면 수지의 냉각이 느려 흐름성을 오래 가지고 있어 수지의 충전에 유리하다. 따라서 높은 금형온도에서는 낮은 사출압력으로도 충전이 가능하다. 또한 금형온도가 높다면 수지의 온도를 낮게 조절할 수 있는 여지가 있게 된다. 일반적으로 점도가 높은 수지는 금형의 온도를 높게 하여 흐름성을 보완하고, 점도가 낮은 수지는 금형의 온도를 낮게 하여 냉각시간을 줄인다. 결국 금형온도는 수지온도와 사출압과의 조정적인 역할을 한다.

제품의 품질 면에서 금형온도가 너무 낮으면 충전 시 높은 압력이 필요하고 이로 인해 수지의 분자 배향이 크고 수축량이 불균일하여 제품에 변형이 발생하기 쉽다. 또한 표면의 광택이 떨어진다. 반대로 금형의 온도가 높으면 충전압이 적으며 분자 배향이 작고 제품에 잔류응력이 작으며 표면의 광택도 좋다. 금형온도에 따라 성형양상이 다르므로 제품의 요구 특성에 맞게 금형온도를 설정해야 한다.

금형온도가 수지의 냉각속도에 영향을 미치기 때문에 결정성 수지와 비결정성 수지의 냉각속도에 따른 물리적 현상을 살펴보자. 결정성 수지는 충전 시 결정이 다 녹은 상태에서 금형의 캐비티에 충전된다. 그리고 금형온도에 의해 수지가 냉각이 되어가면서 결정을 이루는 온도에 도달하면 결정을 이루게 된다. 수지가 결정을 이루는 온도에서 머무는 시간이 길면 수지의 결정화도가 높아진다. 그래서 결정성 수지는 금형온도가 높으면 서냉으로 인해 높은 결정화도를 보인다. 수지의 결정화도가 높아지면 밀도가 높아져 수축량이 크다. 즉 제품의 성형수축이 크게 되며, 따라서 변형의 가능성이 크다. 일반적으로 결정성 수지의 성형수축은 1.5% 내외를 보이나 이는 냉각속도에 따라 결정화도가 달라지기 때문에 성형수축은 큰 폭으로 변할 수 있다. 그래서 결정성 수지의 냉각에는 세심한 주의가 필요하여 금형의 온도설정이 중요하다.

비결정 수지의 경우 수지의 냉각 중에 결정이 이루어지는 과정이 없기 때문에 냉각속도에 따라 수축량의 차이는 없다고 볼 수 있다. 금형온도가 높으면 수지의 흐름성이 오래 유지되어 보압이 잘되어 수축이 줄어드는 경향이 있다. 일반적으로 비결정 수지의 성형수축은 0.5% 내외를 보인다. 금형설계 시에는 이러한 성형수축량을 고려하여 설계한다.

결정성 수지의 또 한 가지 특징은 냉각과정에서 결정을 이루면서 발열을 하게 된다는 것이다. 그래서 똑같은 냉각조건에서 결정성 수지는 비결정성 수지에 비해 냉각이 더 느리게 된다. 이렇게 냉각이 더 느리게 되면 결정화도는 더 올라가게 된다. 이러한 물리적 현상 때문에 결정성 수지의 경우 금형온도조절이 중요하며, 비결정성 수지에 비해 정밀한 제품을 성형하기에 불리하다.

그림 4-6에 수지의 PvT 선도(pressure-specific volume-temperature curve)에서 사출 전후(injection and ejection)의 상태표시를 도식적으로 나타냈다. 그림 4-6(a)의 결정성 수지는 높은 온도, 높은 압력에서 수지가 캐비티에 채워진 후 냉각을 거쳐 상온

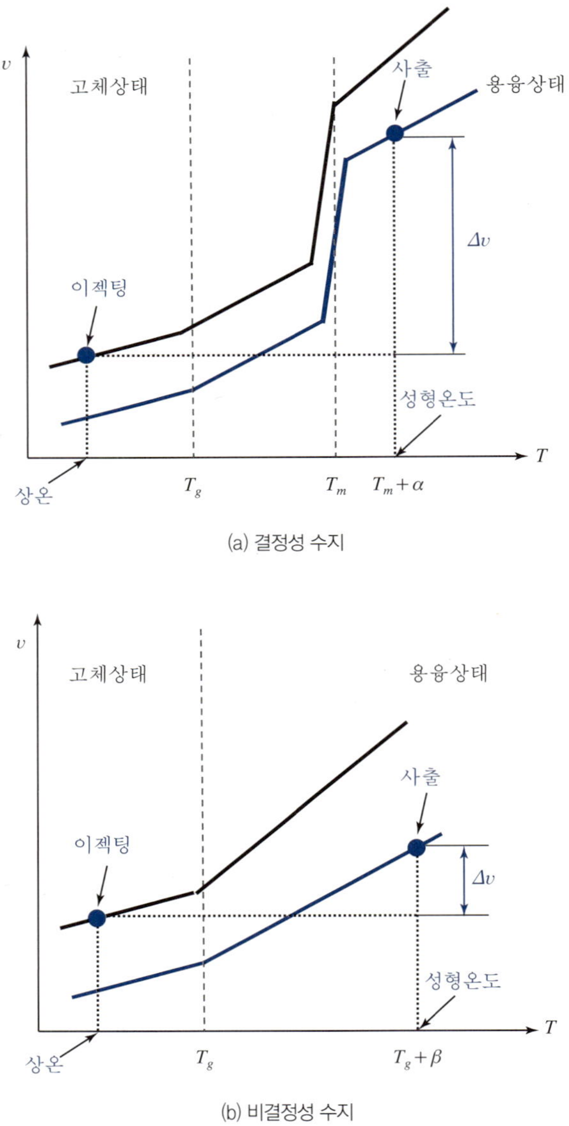

그림 4-6 수지의 PvT 선도

의 대기압으로 노출되는 과정을 거치면서 녹는 온도(melting temperature)에서 큰 상변화를 거치기 때문에 체적 변화(∇v)가 크다. 그림 4-6(b)의 비결정성 수지의 경우는 고온, 고압에서 성형이 이루어지고 상온, 대기압으로 노출될 때까지 상변화를 거치기 않기 때문에 체적 변화(∇v)가 작다. 즉 성형수축이 결정성 수지보다 작다.

4.4 사출속도

사출속도는 수지가 캐비티에 들어가는 속도가 아니다. 사출기 사출 유닛의 스크류가 사출을 위해 실린더 앞에 모인 수지를 앞으로 밀어내는 속도, 즉 스크류의 전진속도이다. 사출속도의 단위는 스크류가 초당 앞으로 전진하는 양, 즉 mm/s이다. 금형 속에 수지가 들어가는 속도는 당연히 사출속도에 비례한다. 같은 사출속도라도 스크류의 지름이 크면, 즉 가열 실린더의 지름이 크면 수지의 체적속도(volume flow rate)가 커서 수지가 금형에 들어가는 속도는 더욱 커진다. 캐비티의 충전 단계에서는 사출기가 속도제어로 작동된다.

사출속도는 금형의 캐비티 내 수지의 유동속도를 좌우하기 때문에 제품의 품질에 영향을 준다. 제품의 외관, 정밀도, 물성에 영향을 주는데 성형품에 지장을 주지 않는 한 가능하면 빠르게 하면 좋다. 사출속도를 매우 빠르게 사출하는 방법을 고속 사출(high speed injection molding)이라고 한다. 고속 사출을 하면 일반 사출에 비해 다음과 같은 특징이 있다. 냉각에 따른 캐비티 내 압력저하가 적고, 빠른 속도로 캐비티를 채우기 때문에 충전 동안 수지의 냉각이 적어 흐름성이 유지되어서 압력 손실이 적다. 즉, 수지의 흐름성이 떨어지지 않아 흐름을 유지시키기 위한 추가 압력이 필요치 않다. 따라서 게이트 부분의 과잉 충전이 없다. 이러한 특징 때문에 두께가 얇은 성형품의 사출, 즉 박판사출(thin wall molding)은 고속 사출로 실현한다. 고속 사출을 하게 되면 성형품의 밀도가 균일하다. 이는 캐비티 내 수지의 충전이 빨리 일어나 온도와 압력분포가 고르기 때문이다. 따라서 고속 사출을 하면 냉각의 균일화와 낮은 압력으로 분자 배향이 작기 때문에 성형품에 휨이 작다. 사출속도가 크면 위와 같이 많은 장점이 있지만 수지의 흐름속도가 크면 캐비티의 갭이 좁은 곳에서, 즉 두께가 얇은 곳에서 전단변형률이 커져 점성열(viscous heating)에 의한 수지의 열분해 가능성이 있는 단점도 있다. 또한 게이트에서 젯팅(jetting)이 발생할 우려가 있다. 캐비티는 게이트부터 충전이 이루어지는데 게이트의 단면적은 매우 작아서 유동속도가 크게 된다. 이러한 빠른 속도 때문에 충전이 게이트 근처부터 차근차근 이루어지지 않고 게이트 먼 곳으로 수지가 뻗쳐가고 나서 다시 게이트 주위를 채우게 된다. 이러한 현상을 젯팅이라고 하는데 6장에서 자세히 다룬다.

반대로 사출속도가 느리면 수지의 흐름이 느려 캐비티 충전 동안에 수지가 냉각되어 충전하기 위해 높은 압력이 필요하게 된다. 이는 캐비티 벽면에서 흐름에 의한 분자 배향을 크게 한다. 이러한 분자 배향은 물성의 이방성을 야기하며 휨을 발생시킨다.

고속 사출에서 속도의 크기는 시대에 따라 다르게 평가하는데, 1990년대 후반에는 대략 300 mm/s 이상이면 고속에 해당된다고 판단되었는데 요즘은 800~1000 mm/s의 수준을 고속 사출로 표현한다.

일반적으로 사출속도가 크면 장점이 있으나 불리한 경우도 있어 사출속도를 일정하게 하지 않고 캐비티의 위치에 따라 여러 단계로 속도를 조절한다. 즉 사출속도를 다단으로 한다. 다단 사출 시 속도 변화의 위치가 중요한데, 미성형(short shot) 실험을 통해 스트로크 위치별 캐비티의 충전 위치를 파악하여 스크류 전진속도의 변화 위치를 결정한다. 그림 4-7에 사출기 가열 실린더에 저장된 수지가 금형에 들어가서 충전하는 위치를 나타냈다. 금형의 캐비티에 먼저 들어온 수지가 캐비티 앞부분에서 고화되어 위치가 결정되고 뒤에 들어온 수지는 캐비티의 뒷부분까지 흘러가서 고화되어 위치가 결정된다.

그림 4-8은 간단한 다단 사출의 예를 보여준다. 속도 1에서는 수지가 노즐에서 나와

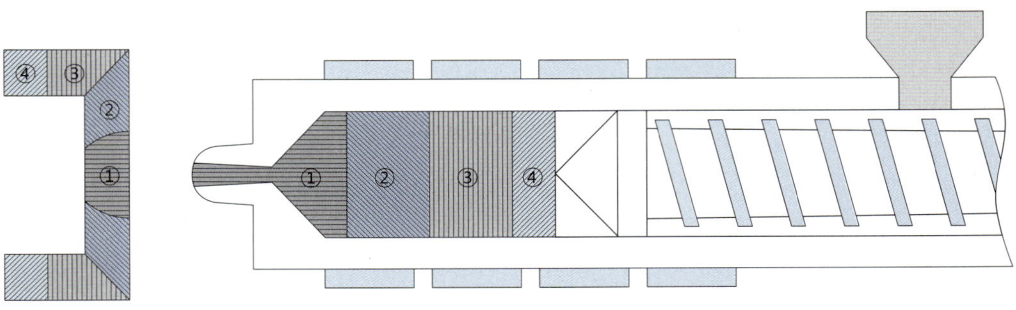

그림 **4-7** 가열 실린더의 수지가 금형에 캐비티에 자리하는 순서

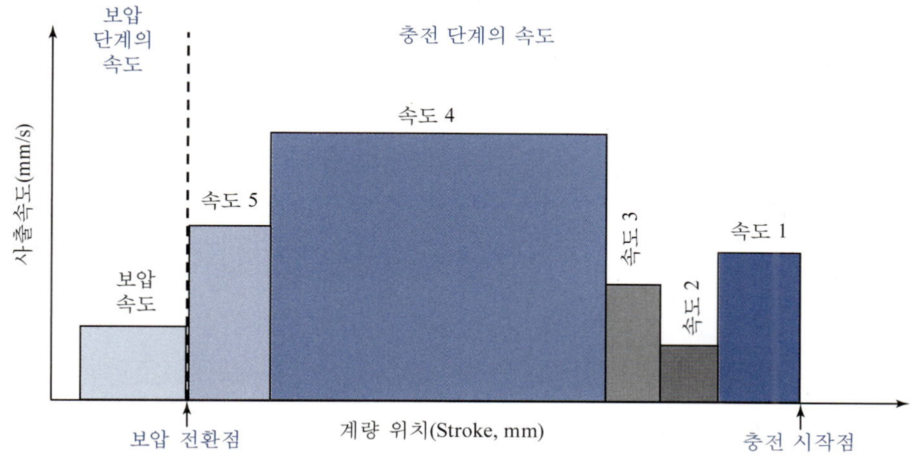

그림 4-8 다단 사출속도 제어의 예

금형의 스프루와 런너를 지나는 영역이다. 이 부분은 제품이 아니고 수지가 캐비티로 들어가기 위한 통로이므로 사출속도를 크게 하여 수지의 온도 저하를 줄이도록 한다. 또한 성형 사이클을 단축시키기 위해서도 높은 속도로 설정한다. 수지의 충전속도가 커서 표면에 결함이 있어도 문제가 없기 때문이다. 속도 2는 게이트 부분을 지나는 영역이다. 게이트 부분에서는 단면이 작아서 속도가 크면 젯팅의 우려가 있기 때문에 속도를 낮춘다. 속도 3은 게이트를 지난 직후 게이트 근처 캐비티 부분인데 속도가 느리면 수지의 냉각으로 인해 흐름성이 떨어져 제품 표면에 플로우 마크(flow marks)가 형성될 수 있어 속도를 다소 높인다. 그러나 게이트를 지난 초기 캐비티 부분은 면적이 크지 않기 때문에 속도를 너무 높게 하지 않는다. 속도 4는 넓은 캐비티 부분을 지나는 영역으로 채워야 할 면적이 크므로 속도를 높이 올려서 충전한다. 속도 5는 보압으로 전환되기 전의 속도인데 이 영역은 캐비티의 마지막 부분에 해당되는 영역이다. 캐비티 충전의 마지막 부분에 속도가 크면 캐비티 내의 가스 벤팅이 어렵고 제품에 탄화가 발생할 수 있다. 그리고 과도한 충전으로 오버 팩(over pack)이나 플래시(flash)가 발생할 우려가 커서 속도를 다소 줄인다. 보압 속도 설정에 대해서는 보압 전환 부분에 설명이 나와 있다.

4.5
사출압력

사출압력, 즉 사출압은 수지가 캐비티에 들어가는 압력이 아니다. 사출압력은 사출을 위해 사출기 가열 실린더에 있는 스크류 앞의 수지에 부과되는 압력이다. 이 압력은 스크류 끝에 모인 수지를 금형에 충전하기 위해 스크류를 미는 힘과 관련이 있다. 사출압력의 계산은 스크류를 뒤에서 미는 힘을 스크류의 외곽 지름에 의한 단면적으로 나눈 값이다. 여기서 스크류를 변형이 없는 강체로 가정하고 스크류 뒤에서 미는 힘이 스크류 끝에 작용하는 힘과 같다고 판단한 것이다.

사출을 시작할 때 충전에 필요한 사출압을 알 수 없으므로 사출압을 높게 설정하고 사출을 시작한다. 사출압은 사출속도를 받쳐주는 역할을 한다. 4.6절의 보압 전환에서 더 자세히 다루겠지만 수지의 충전 단계는 사출기가 속도제어로 작동하기 때문에 스크류는 설정해 놓은 속도로 운동한다. 이때 사출압력의 설정은 스크류가 정해진 속도로 운동하는 데 받쳐주는 압력 이상이면 된다. 이런 측면에서 사출압력은 정해진 사출속도를 유지하기 위한 한계치를 의미하게 되며, 만약 충전 도중에 스크류가 정해진 속도로 운동하면서 설정해 놓은 사출압력 이상이 필요하게 되면 충전에서는 더 이상 속도제어로 작동하지 않고 설정해 놓은 압력으로 충전을 한다. 따라서 사출압력은 제품 성형 시 요구되는 품질들을 고려하여 과도하게 압력이 올라가면 되지 않을 수준으로 정하게 된다. 사실 성형품의 품질에 영향을 주는 압력은 사출압력보다는 보압이 더 중요하다.

그림 4-9는 사출압력에 따른 캐비티 내의 압력을 도시적으로 보여준다. 사출압력은 스크류 선단의 압력이고 이 압력에 의해 수지가 노즐을 통해 금형 속으로 들어와 금형 내 캐비티에 충전되는 압력이 캐비티 압력이다. 용융수지가 캐비티에 도달하는 데 걸리는 시간과 압력 손실로 두 그래프의 차이가 발생한다. 캐비티 내의 압력에 대해서는 4.8절에서 자세히 설명하였다.

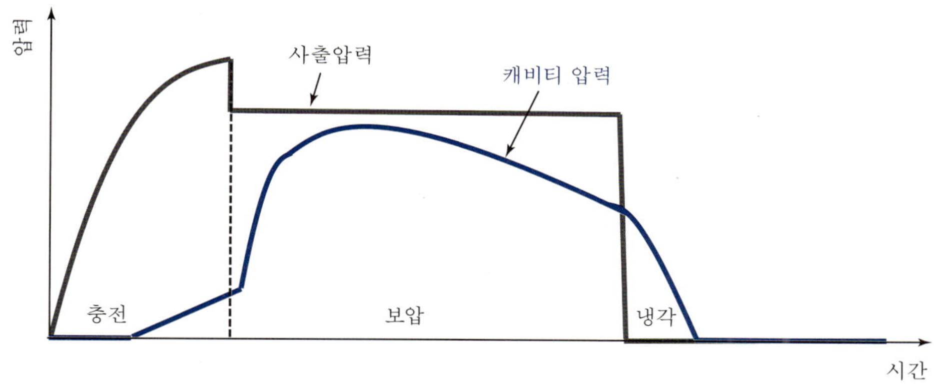

그림 4-9 사출압력과 캐비티 내 압력

4.6 보압 전환

사출성형 사이클에서 충전 단계가 끝난 후 보압으로 전환되는데 이것을 보압 전환(v/p switchover)이라고 한다. 사출기 사출 유닛은 충전 단계에는 속도제어로 작동하고 보압 단계에서는 압력제어로 작동한다. 이런 의미에서 보압 전환을 velocity/pressure switchover(v/p switchover)로 표현한다.

보압 전환 방법에는 시간에 의한 보압 전환, 스크류 위치에 의한 보압 전환, 사출압력에 의한 보압 전환, 그리고 캐비티 내의 압력에 의한 보압 전환이 있다.

시간에 의한 보압 전환은 충전이 시작된 후 설정한 시간이 되면 보압으로 전환되는 방식이다. 충전 단계에서는 사출압력을 설정하고 사출속도 프로파일로 충전이 진행되는데 정해진 시간이 되면 충전에서 보압으로 전환된다. 이때 충전 단계에서 사출속도 프로파일을 다 소화했든 못했든 관계없이 보압으로 넘어간다. 시간에 의해 보압으로 전환되기 때문에 보압 시점에 스트로크 위치가 어디까지 전진했을지 또 어느 속도 단계까지 진행했을지 예측할 수는 없지만 충전시간은 명확히 알 수 있다. 즉 사출속도, 온도 등 환경 변화에 무관하게 시간에 따라 다음 단계로 넘어간다. 따라서 속도 단계를 정확히 유추하기 어려워 충전의 정밀도를 조절하기가 어렵다. 그림 4-10에 시간에 의한 보압 전환

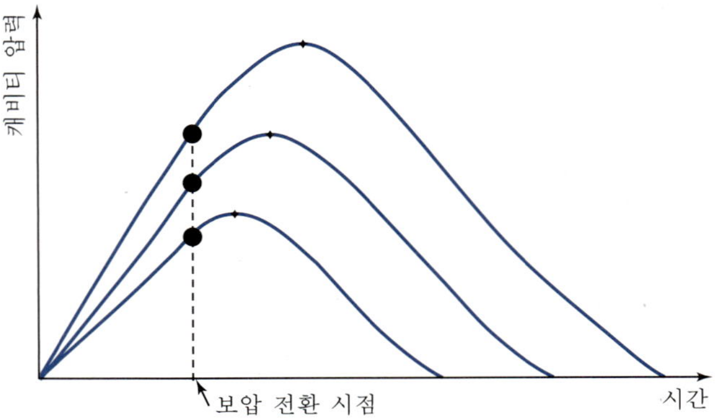

(a) 충전압력이 다르고 보압 전환 시간이 같은 경우

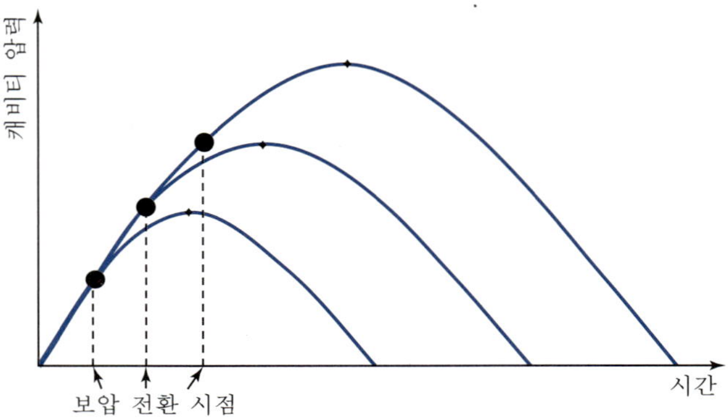

(b) 충전압력이 같고 보압 전환 시간이 다른 경우

그림 **4-10** 충전 시간에 의한 보압 전환 이후 캐비티 내의 압력 곡선

에서 캐비티 내의 압력 곡선이 나타나 있다. 그림 4-10(a)는 서로 다른 충전압력을 보이는 상황에서 같은 시점에 보압으로 전환될 때 캐비티 내의 압력 곡선이다. 보압 전환 시점이 같아도 보압 단계에서 캐비티 내의 압력이 다름을 보여준다. 그림 4-10(b)는 충전 중 보압 시점이 빠를 때와 늦을 때의 캐비티 내 압력 곡선이다. 보압 시점이 캐비티 내의 압력에 크게 영향을 주고 있음을 보여준다. 이처럼 충전압력 상황과 보압 시점에 따라 캐비티 내의 압력이 달라지고 있다.

스크류 위치에 의한 보압 전환은 충전 단계에서 스크류가 속도 프로파일을 지키며 앞으로 전진하는데 특정 위치를 정해 놓고 그 위치에 도달하면 보압으로 전환하는 방식이다. 4.4절의 그림 4-8이 스트로크 위치에 의한 보압 전환이다. 가장 일반적인 방법으로 시간제어 방식보다 충전을 정확하게 제어할 수 있는 장점이 있다. 그러나 위치제어는 스크류 선단의 체적만을 조절하기 때문에 수지 계량 양의 변화 등 환경 변화에 자동으로 대응하지 못하는 단점이 있다. 이 방법 역시 충전 단계에서 정해진 속도 프로파일로 진행하다가 그 속도를 유지하는데 설정한 사출압(어떻게 보면 리미트 스위치라고도 볼 수 있음)을 넘으면 속도 프로파일은 무시하고, 즉 속도제어를 끝내고 압력제어로 전환하여 설정한 사출압으로 충전하며 지정 스트로크 위치에서 보압으로 전환한다.

사출기의 사출압력에 의한 보압 전환은 충전 단계에서 사출압력이 정해 놓은 압력에 도달하면 보압으로 넘어가는 방식이다. 물론 충전 단계에서는 속도제어로 작동하지만 그 속도를 지키기 위해 압력이 변하면서 뒷받침하고 있는데 이 압력이 설정한 값에 도달하면 보압으로 넘어간다. 앞의 다른 방식의 보압 전환에서 사출압력은 단순 속도제어의 한계치로만 사용되는데 여기서는 사출압력이 보압으로 전환하는 기준이다.

캐비티 압력에 의한 보압 전환은 캐비티 내의 압력이 설정한 압력에 도달하면 자동으로 보압 전환이 이루어지는 방식이다. 사이클마다 사출 유닛 등에서 다소 변화가 있을지라도 항상 캐비티에 일정한 체적 충전이 이루어지는 시점에서 보압 전환이 이루어진다고 볼 수 있다. 캐비티 내의 수지의 충전은 압력에 의해 이루어지기 때문이다. 또한 캐비티 내의 압력으로 제어하게 되면 사이클마다 캐비티 내의 물리적 상태가 똑같기 때문에 제품의 편차가 없는 성형을 할 수 있는 장점이 있다. 그러나 캐비티 내에 압력 센서를 설치하여 사출 유닛과 연동하도록 하는 추가적인 장치가 필요하다. 그림 4-11(a)에 캐비티 압력에 의한 보압 전환에 따른 캐비티 내의 압력 곡선이 나타나 있다. 충전 단계에서 시간에 따른 충전압력이 다른 경우 보압 전환 후 시간에 따른 내압은 다르지만 균일한 캐비티 내압 크기를 얻을 수 있다. 이는 매 사이클마다 성형품이 균일하다고 볼 수 있다. 그림 4-11(b)는 보압 전환 압력의 크기에 따라 캐비티 내의 압력이 크게 변하고 있음을 보여준다. 캐비티 압력에 의한 보압 전환에서 보압 전환 압력의 크기가 매우 중요하다.

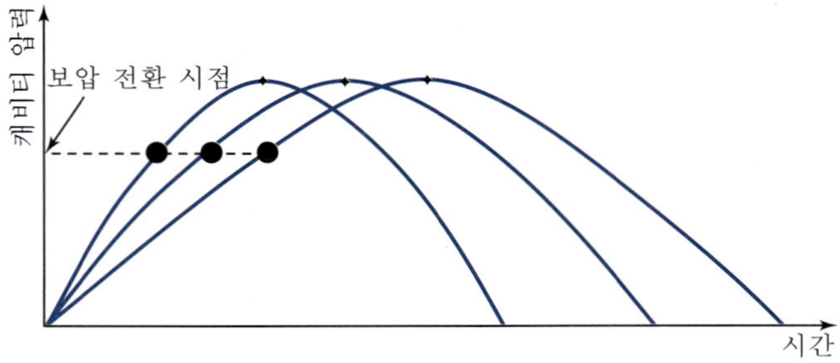

(a) 충전 단계의 사출압력이 다른 경우 일정한 캐비티 압력에 의한 보압 전환

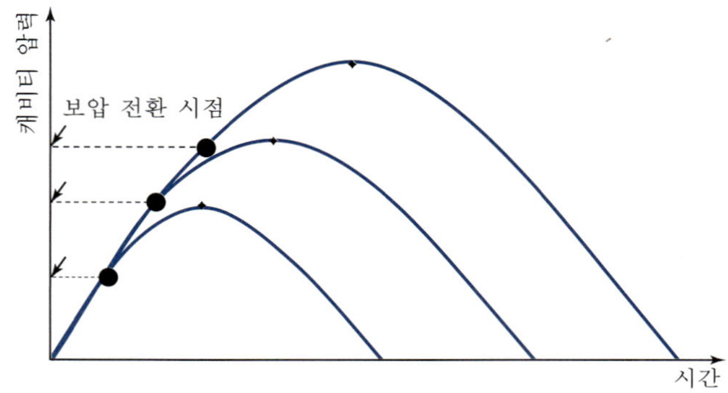

(b) 충전압력이 같은 경우 서로 다른 캐비티 내압에서 보압 전환

그림 **4-11** 캐비티 압력에 의한 보압 전환에서 캐비티 내의 압력 곡선

4.7 보압 조건

보압은 수지가 캐비티 내에 충전된 후 냉각에 의해 체적이 수축된 양을 보충하기 위한 압력을 말한다. 성형조건 중 보압의 크기는 성형수축의 크기를 직접적으로 좌우한다. 수축에 의한 싱크마크나 내부의 기포 형성을 방지하고 치수 정밀도를 높이기 위해서는 충분한 보압이 필요하다. 그러나 보압을 과대하게 하면 과충전이 되어 플래시가 발생하거나 제품에 휨이나 변형이 발생한다. 또한 형체력이 증가되고 잔류응력이 증가하여 성형 후 변형을 일으키는 원인이 된다. 보압의 크기는 일반적으로 충전 단계의 최대 사출

압력의 80~90% 수준에서 제품의 요구조건에 맞게 성형되도록 설정한다. 어느 정도의 압축성을 보이는 수지는 압력에 따라 수지가 압축을 보이므로 보압의 크기에 따라서 성형품의 무게가 변한다. 수지는 캐비티에 들어오는 충전 단계에서부터 실제로 냉각이 진행된다고 볼 수 있다. 차가운 금형에 수지가 접촉하면서부터 냉각이 시작되기 때문이다. 냉각에 따른 수지의 수축률은 다양하다. 결정성 수지는 큰 수축률을 보이고 비결정성 수지는 수축률이 작다. 또한 무기 첨가제를 함유한 수지는 수축률이 작다. 이러한 수지에 따른 수축률을 감안하여 보압의 크기를 결정해야 한다. 보압 시간은 성형품의 게이트가 굳어지는(gate seal) 시간과 같아야 한다. 게이트가 굳어지면 사출 유닛에서 보압을 가하더라도 캐비티에 더 이상 수지가 들어가지 않아 보압의 효과가 작용하지 않기 때문이다. 따라서 보압 시간을 길게 해야 할 수지나 제품이라면 게이트의 크기를 크게 설계해야 한다. 수지와 성형조건, 그리고 금형설계의 일관성이 있어야 한다. 만약 보압 시간이 게이트가 굳어지는 시간보다 짧으면 게이트 주변의 싱크마크나 치수 정밀도가 떨어진다.

보압 단계에서는 시간에 따른 보압의 크기와 스크류의 전진속도를 지정해준다. 보압 단계는 압력으로 제어되기 때문에 보압 속도, 즉 보압 단계에서 스크류의 전진속도는 설정된 보압이 작용할 때 이를 받쳐주는 속도면 된다. 보압 단계에서 정해진 압력과 정해진 시간으로 보압을 가할 때 속도가 설정한 속도 이상으로 나타나면 압력제어에서 속도제어로 바뀌어 설정한 속도로 보압 단계를 실행한다. 따라서 보압 속도는 보압 단계에서 리미트 스위치 역할을 한다고 볼 수 있다. 충전 단계에서 사출압력이 리미트 스위치 역할을 하는 것과 대비된다. 대부분 보압 단계에서는 주어진 보압의 크기로 정해준 시간 동안 실행한다. 보압 단계는 제품의 크기나 정밀도에 따라 한 단계가 아닌 2~3단계로 나눠서 실행하는 경우가 많다.

4.8
사출성형의 모니터링

사출성형 시 제품이 원하는 대로 성형이 되고 있는지 체크하는 것은 매우 중요하다. 사출성형은 하루 24시간 연속적으로 제품을 성형하는 경우가 많은데 이런 제품생산 방법

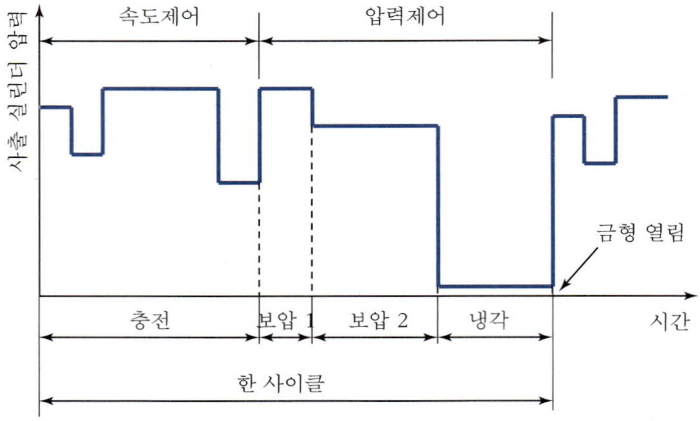

그림 **4-12** 사출성형 사이클에서 스크류를 제어하기 위해 입력한 사출 실린더의 압력 프로파일

이 사출성형의 경쟁력이다. 그런데 모든 제품을 생산한 후에 제품에 문제가 있는 것이 발견되면 돌이킬 수 없는 큰 손실이 된다. 따라서 성형 중 제품이 제대로 성형되고 있는지 모니터링하는 방법이 있다면 매우 유용할 것이다. 금형은 투명하지 않아 내부를 들여다 볼 수 없기 때문에 캐비티 내의 물리량, 즉 온도와 압력을 체크하여 성형을 평가해야 한다. 특히 충전, 보압, 그리고 냉각에 따라 캐비티 내의 압력이 특별한 곡선을 보이므로 캐비티 내 압력을 체크하여 성형 상태를 모니터링할 수 있다.

그림 4-12는 사출성형 사이클 중 스크류를 앞으로 전진시키기 위해 사출기의 사출 실린더에 입력된 압력 프로파일의 예를 도식적으로 보여준다. 이 압력에 따라 스크류가 전진하며 스크류 끝에 형성된 압력에 따라 스크류 끝에 있는 수지가 금형으로 들어가게 된다. 그림 4-9는 사출성형 사이클 중에 사출기의 사출 실린더에 적용된 압력과 금형의 캐비티에 있는 수지가 받는 압력을 보여준다. 충전, 보압, 냉각 중에 캐비티 압력이 다르게 나타난다. 이렇게 각 단계별로 다르게 나타나는 캐비티 압력의 특성을 이용하여 성형이 잘 이루어지고 있는지 검토할 수 있다.

충전 단계에서는 속도제어로 조절되는데 4.3절에서 설명했듯이 속도 프로파일로 속도를 설정한다. 그러한 속도를 내기 위해서는 스크류를 조절하는 압력이 필요한데 이 압력을 그림 4-12와 같이 예측한 것이다. 이러한 압력 프로파일은 매 사이클마다 반복된다.

그림 4-13은 사출 사이클 중 스크류의 이동 위치에 따라 수지가 금형의 캐비티에 충전되면서 캐비티 내 수지에 가해지는 압력 곡선을 보여준다. 사출기의 스크류는 충전 중에는 많은 양의 수지가 캐비티로 들어가기 때문에 이동 스트로크가 크다. 스크류는

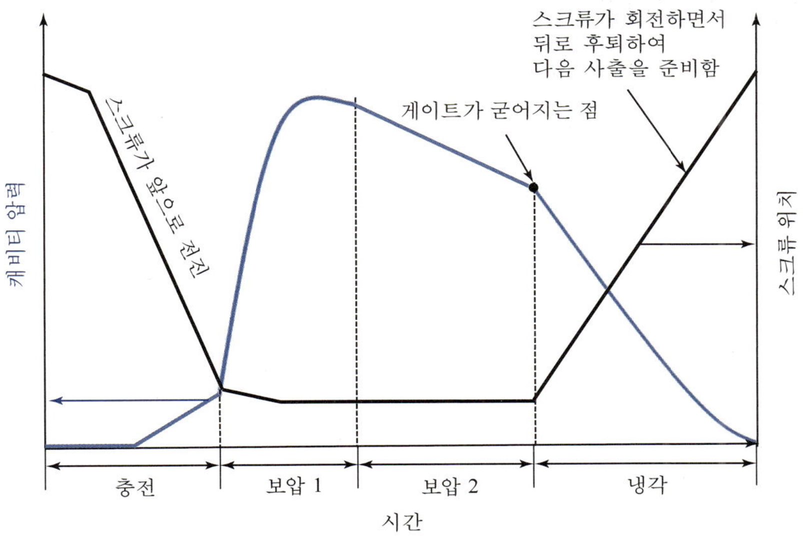

그림 4-13 사출성형 사이클 동안 스크류의 위치 및 캐비티 내의 압력 곡선

보압 중에도 스크류 팁의 수지에 압력을 가하며 앞으로 이동한다. 보압 동안에는 캐비티 내 수지의 수축량을 보상하는 과정이기 때문에 이 이동량이 크지는 않다. 보압이 모두 끝나고 냉각 단계에 들어서는 스크류는 더 이상 앞으로 압력을 가하지 않고 회전하며 뒤로 물러간다. 이때 다음 사출을 위한 수지의 가소화 및 계량이 진행된다. 보압이 끝나는 시점은 게이트가 굳어지는 시점인데 보압 이후 냉각 단계에서 캐비티 내의 수지는 어느 정도 압력을 유지하다가 냉각이 모두 끝나고 금형이 열릴 때 모든 압력이 없어진다.

여기서 각 단계별로 제품의 품질에 어떠한 영향을 미치는지 살펴보자. 충전 단계에서는 성형품의 외관과 분자 배향에 영향을 미친다. 캐비티 내 수지의 충전은 이미 캐비티 내에 자리하고 있던 공기와 자리바꿈 하는 것과 같다. 따라서 수지가 충전되면서 캐비티 내의 공기가 캐비티 밖으로 빠져나가야 한다. 그렇지 않으면 미성형이나 탄화가 발생한다. 따라서 충전속도가 중요하다. 속도가 너무 빠르면 공기나 가스가 캐비티 밖으로 빠져나갈 시간적 여유가 없기 때문이다.

보압 단계에서는 성형품의 품질에 가장 크게 영향을 준다. 성형품의 수축과 중량, 싱크 마크 등에 영향을 준다. 그리고 제품의 치수에 가장 큰 영향을 준다. 또한 웰드라인 강도에도 영향을 준다. 보압이 클수록 웰드부에 큰 압력이 작용되기 때문에 웰드부가 잘 결합되어 웰드라인 강도가 높다. 보압이 크면 플래시의 가능성이 있고 오버패킹이 되어 이형이 어려울 수도 있다. 오버패킹은 제품에 큰 잔류응력을 발생시켜서 제품의 이젝팅 후 제품에 크랙을 유발할 수도 있고 성형 후 변형을 발생시킬 수도 있다.

냉각 단계에서는 냉각속도에 따라 결정성 수지의 경우 결정화에 큰 영향을 준다. 즉 냉각속도가 느리면 수지의 결정화도가 높아져 물성은 좋아지나 수축이 크다. 냉각속도가 느리면, 즉 금형의 온도가 높으면 충전과 보압 중에 형성된 잔류응력이 크게 이완되어 최종 제품의 잔류응력을 줄인다.

그러면 여기서 성형조건과 수지에 따른 캐비티 내압 곡선을 자세히 살펴보자. 가장 이상적인 캐비티 내 압력 곡선은 그림 4-14에 나타난 곡선이다. 여기서 캐비티 내압은 게이트 근처의 압력이다. ①은 사출이 시작되는 시점이다. 사출이 시작된 후 캐비티 내의 압력 센서까지 도달하는 데는 다소 시간이 걸린다. 스프루, 런너, 게이트를 지나는 데 시간이 소요된다. ②는 캐비티 내 압력 센서가 위치한 곳이다. 수지가 압력 센서를 지나게 되면 압력이 계속 증가한다. ③은 보압이 시작되는 지점이다. 충전 구간에 압력이 증가하다가 도중에 보압으로 넘어가면서 보압 중에 캐비티 내 압력은 최고치를 보인다. 그리고 보압이 계속 진행되면서 수지는 냉각되어지고 유동성이 떨어져 압력이 서서히 감소하게 된다. ④는 보압이 끝나는 지점이다. 즉 냉각이 시작되는 지점이다. 보압이 끝나는 지점부터 압력은 급격히 떨어진다. 이 냉각 구간은 스크류가 뒤로 후퇴하는 구간이기 때문에 캐비티에 압력을 전혀 가하지 못하는 구간이나 캐비티에 충전된 수지에 의해 압력이 유지되면서 서서히 감소한다. ⑤는 냉각이 끝나고 금형이 열리는 시점이다. 이때

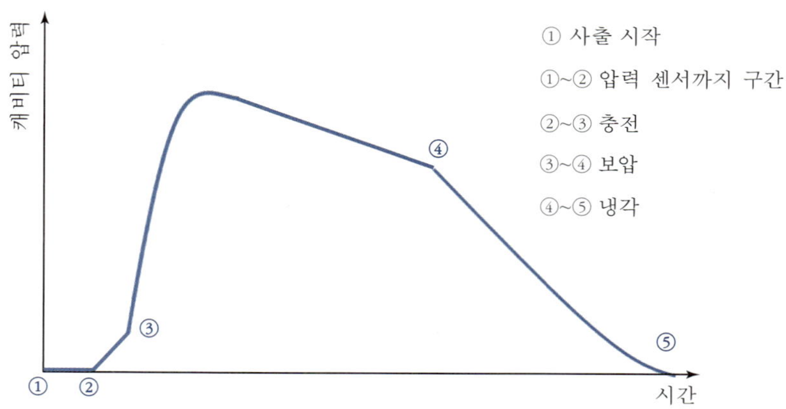

그림 4-14 시간에 따른 캐비티 내의 이상적인 압력 곡선

는 압력 센서에서 고화된 수지가 분리되기 때문에 압력이 0으로 떨어진다. 제품의 냉각 상황에 따라 냉각 단계가 끝나기 전에, 즉 금형이 열리기 전에 캐비티 내압이 0으로 떨어질 수도 있다.

캐비티 내 게이트 근처의 압력이 시간에 따라 이러한 형상의 곡선을 보이면 제품은 양품이 나오는 경우이다. 게이트 근처의 캐비티 내압 곡선이 어느 영역에서든 이와 같은 형상을 벗어나면 제품의 품질에 문제가 있게 된다.

캐비티 내압의 형상에 따라 제품에 어떤 문제가 야기되고 또 어떤 성형조건이 관여된 것인지 살펴보자. 충전이 끝나고 이어서 보압이 시작되는데 이 보압 전환 시점이 성형품의 품질에 큰 영향을 미친다. 그림 4-15는 성형품에 불량을 일으킬 수 있는 압력 곡선들을 보여준다. 보압이 적절한 시기에 전환되지 않고 빨리 전환된다면 그림 4-15(a)와 같은 압력 곡선을 보인다. 압력이 연속적으로 증가하지 않고 감소하다가 다시 증가하는, 즉 압력이 주춤하는 현상을 보인다. 이 현상은 충전 단계에서 높은 충전 압력이 작용되다가 보압으로 전환되면서 갑자기 낮은 압력이 적용되기 때문이다. 충전 단계의 시간이 충분치 않아 압력이 충분히 상승하지 못하고 보압이 들어가면서 압력 상승이 주춤하다

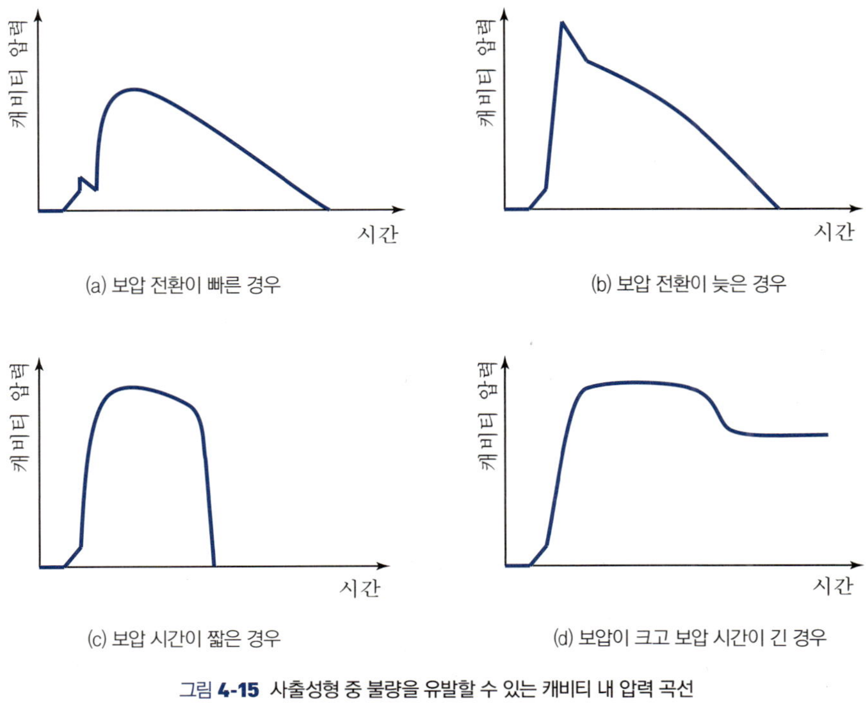

그림 **4-15** 사출성형 중 불량을 유발할 수 있는 캐비티 내 압력 곡선

가 다시 상승하는 모습이다. 적절한 압력 상태인 그림 4-14와 비교해보면 수지가 캐비티 내에서 받는 압력의 크기나 시간이 부족하다. 이러한 경우는 미성형이 발생할 가능성이 매우 크다. 성형이 완료된다고 해도 싱크마크가 나타날 가능성이 크다. 또 성형수축이 크며 성형품의 치수 정밀도가 떨어진다.

보압 전환 시점이 늦어지는 경우는 그림 4-15(b)와 같은 압력 곡선을 보인다. 충전 단계가 길어서 캐비티 내에 높은 압력이 오랫동안 작용되어 충전 단계에서 피크 압력이 나타난다. 이러한 피크 압력이 나타나기 전에 보압으로 전환이 이루어져야 하는데 보압이 너무 늦어진 것이다. 이런 경우에는 캐비티 내 압력이 너무 커서 플래시가 발생되거나 과충전으로 제품에 휨이 발생할 가능성이 크다.

보압 시간이 짧은 경우는 그림 4-15(c)와 같은 압력 곡선을 보인다. 캐비티 내의 압력이 높게 유지되다가 갑자기 뚝 떨어지는 양상을 보인다. 보압 전환 시점은 적절했으나 보압을 받는 시간이 너무 짧은 것이다. 이러한 경우는 제품에 보압이 충분히 가해지지 않아서 냉각에 따른 수축을 충분히 보상하지 못한다. 따라서 싱크마크가 나타나거나 큰 수축에 의해 치수 정밀도가 낮다.

캐비티 내 수지가 보압을 받는 시간은 일차적으로 사출조건의 보압 시간을 조절하여 결정한다. 그러나 게이트의 크기에 따라 보압 시간은 달라진다. 게이트가 굳어질 때까지 캐비티 내 수지는 압력을 받기 때문에 보압 시간을 길게 하더라도 게이트가 굳어지면 보압은 더 이상 발휘되지 않는다. 따라서 게이트 크기는 보압 시간과 깊게 관련되어 있다.

보압이 크고 지나치게 오랫동안 작용한 경우는 그림 4-15(d)와 같은 압력 곡선을 보인다. 보압이 끝나고 냉각이 끝났음에도 불구하고 압력이 0으로 떨어지지 않고 있다. 냉각이 끝났음에도 압력이 나타나는 이유는 캐비티 내의 압력 때문에 나타난 것이 아니라 금형에 변형이 일어나 압력 센서가 계속 눌려서 압력이 나타난 것으로 볼 수 있다. 이러한 경우는 과도한 보압 때문에 금형의 변형뿐만 아니라 금형에 크랙이나 파손이 일어날 가능성이 있다. 금형에 변형이 일어나지 않는 경우는 제품의 큰 잔류응력으로 인해 제품이 변형되면서 압력 센서를 누르고 있는 상황이다.

같은 성형조건에서 수지의 종류에 따라 캐비티 내압은 다르게 나타난다. 결정성 수지와 비결정성 수지의 경우 캐비티 내압이 그림 4-16에 나타나 있다. 결정성 수지는 냉각하면서 결정을 이루는 온도에서 발열한다. 따라서 수지의 온도감소 속도가 느려 캐비티 내의 수지는 오랫동안 유동성을 가지고 있다. 수지가 유동성을 오랫동안 갖고 있

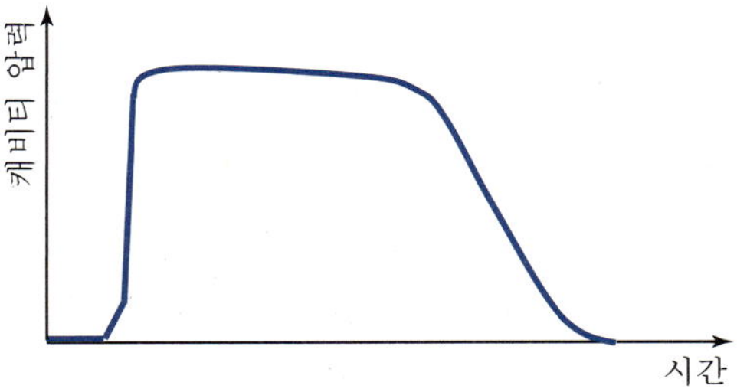

(a) 결정성 수지

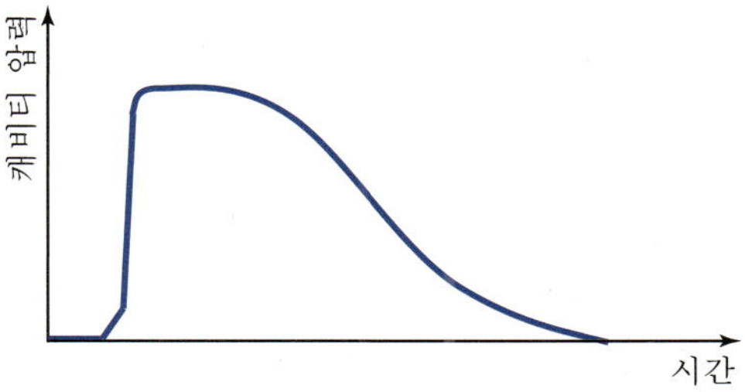

(b) 비결정성 수지

그림 **4-16** 수지의 종류에 따른 캐비티 내 압력 곡선

기 때문에 보압 시간에도 압력 전달이 잘되며 오랫동안 압력을 받게 된다. 그래서 그림 4-16(a)에 보듯이 보압을 받는 시간이 길다. 비결정성 수지의 경우 냉각하는 과정에서 발열이 없어 비결정성 수지에 비해 압력을 받는 시간이 다소 짧다. 따라서 그림 4-16(b)에 보듯 결정성 수지에 비해 그래프가 다소 협소하다.

캐비티 내 위치에 따라서 압력은 그림 4-17과 같이 나타난다. 게이트에 가까운 곳은 수지의 빠른 유입으로 압력이 일찍 증가하기 시작한다. 게이트는 수지가 계속 들어오는 부분이어서 수지의 냉각도 가장 늦게 일어난다. 그리고 게이트는 압력이 캐비티 안쪽으로 전달되기 시작하는 부분이므로 압력이 높으며 또한 늦은 고화로 보압을 받는 시간도 길다. 게이트에서 먼 곳의 압력은 상대적으로 압력이 늦게 측정되며 캐비티 내의 흐름에 의한 압력 손실로 압력의 크기도 작다. 그리고 충전 중에 수지의 이른 고화 및 게이트로부터 거리가 있어 전달되는 압력이 일찍 멈추게 된다.

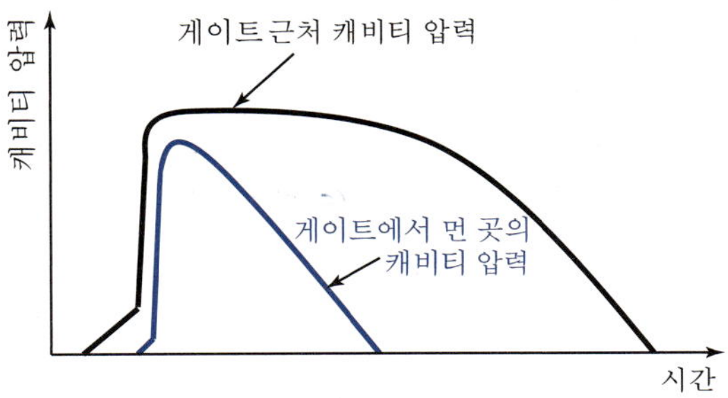

그림 **4-17** 캐비티 위치에 따른 캐비티 내 압력 곡선

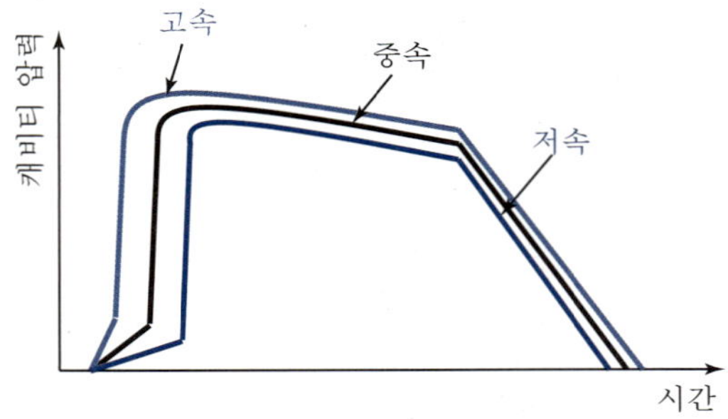

그림 4-18 사출속도에 따른 캐비티 내 압력 곡선

사출속도에 따른 캐비티 내의 압력이 그림 4-18에 나타나 있다. 사출속도가 크면 충전 중 수지의 냉각이 덜 일어나 압력 전달이 잘되어 압력이 높고 오랫동안 압력이 작용한다. 반면 속도가 느리면 충전 중에 수지의 냉각이 많이 일어나 압력 전달이 잘 일어나지 않아 압력이 낮고 또한 압력이 일찍 하강한다.

CHAPTER 5

사출성형품의 특징

CHAPTER 5

사출성형품의 특징

5.1 캐비티 내 고분자 용융체의 흐름

고분자 용융체의 흐름은 식 (5-1)과 같은 운동방정식(equation of motion)을 따른다.

$$\rho\left[\frac{\partial v_1}{\partial t}+v_1\frac{\partial v_1}{\partial x_1}+v_2\frac{\partial v_1}{\partial x_2}+v_3\frac{\partial v_1}{\partial x_3}\right]=\frac{\partial \sigma_1}{\partial x_1}+\frac{\partial \sigma_1}{\partial x_2}+\frac{\sigma_1}{\partial x_3}+\rho f_1 \qquad (5\text{-}1a)$$

$$\rho\left[\frac{\partial v_2}{\partial t}+v_1\frac{\partial v_2}{\partial x_1}+v_2\frac{\partial v_2}{\partial x_2}+v_3\frac{\partial v_3}{\partial x_3}\right]=\frac{\partial \sigma_2}{\partial x_1}+\frac{\partial \sigma_2}{\partial x_2}+\frac{\partial \sigma_2}{\partial x_3}+\rho f_2 \qquad (5\text{-}1b)$$

$$\rho\left[\frac{\partial v_3}{\partial t}+v_1\frac{\partial v_3}{\partial x_1}+v_2\frac{\partial v_3}{\partial x_2}+v_3\frac{\partial v_3}{\partial x_3}\right]=\frac{\partial \sigma_3}{\partial x_1}+\frac{\partial \sigma_3}{\partial x_2}+\frac{\partial \sigma_3}{\partial x_3}+\rho f_3 \qquad (5\text{-}1c)$$

3차원 직교좌표계에서 1방향은 x방향, 2방향은 y방향(두께방향), 3방향은 z방향에 해당한다고 생각하면 된다. 여기서 ρ는 밀도, v는 속도, f는 체력(body force)에 관계된 항이다. σ는 전체 응력(total stress)으로 식 (5-2)와 같이 정의된다.

$$\sigma=-pI+\tau \qquad (5\text{-}2)$$

여기서 p는 정수압(hydrostatic pressure)이고, I는 단위 텐서(unit tensor)이며, τ는 부과 응력(extra stress)이다. 유동체 속에서 물체는 표면에 수직 안쪽방향으로 정수압을 받고 있어 $-pI$ 항이 추가된 것이다. 식 (5-1)과 (5-2)로 3차원 흐름의 속도와 압력을 구할 수 있다.

사출성형의 특성상 캐비티 내의 흐름은 온전히 압력에 의한 흐름이다. 위의 두 식을 통해 3차원 흐름의 속도와 압력을 표현할 수 있다. 금형의 캐비티 갭은 사출제품의 두께를 나타내는데 면적과 비교하면 매우 얇다. 즉 사출제품의 폭은 두께와 비교하면 매우 넓은 형상이다. 따라서 캐비티의 갭 방향, 즉 제품의 두께방향으로의 흐름은 폭방향에 비해 매우 작아서 무시할 수 있다. 두께방향의 흐름이 없다는 것은 두께방향으로의 압력 변화가 없다는 것을 의미한다. 그래서 3차원 유동을 2차원 유동으로 간략화하여 분석할 수 있다. 캐비티 두께방향의 흐름을 무시하고 관성과 체력을 무시하면 식 (5-1)과 (5-2)는 식 (5-3)과 같이 평면상에서의 흐름을 나타내는 식으로 표현된다. 수지의 흐름은 1-3평면(x-z평면, 2(y)방향이 두께방향)에서 이루어진다.

$$0 = -\frac{\partial p}{\partial x_1} + \frac{\partial \tau_{12}}{\partial x_2} \tag{5-3a}$$

$$0 = -\frac{\partial p}{\partial x_3} + \frac{\partial \tau_{13}}{\partial x_2} \tag{5-3b}$$

1-3평면에서 흐르는 수지는 1과 3방향으로 전단흐름(shear flow)을 하게 되고, 이에 해당하는 부과응력은 전단응력(shear stress)이며 τ는 식 (5-4)와 같이 쓸 수 있다.

$$\tau_{12} = \eta \frac{\partial v_1}{\partial x_2} \tag{5-4a}$$

$$\tau_{32} = \eta \frac{\partial v_3}{\partial x_2} \tag{5-4b}$$

여기서 η는 전단점도(shear viscosity)이다.

식 (5-4)를 식 (5-3)에 대입 시 압력과 속도로 이루어진 식 (5-5)를 얻게 된다.

$$0 = -\frac{\partial p}{\partial x_1} + \frac{\partial}{\partial x_2}\left(\eta \frac{\partial v_1}{\partial x_2}\right) \tag{5-5a}$$

$$0 = -\frac{\partial p}{\partial x_3} + \frac{\partial}{\partial x_2}\left(\eta \frac{\partial v_3}{\partial x_2}\right) \tag{5-5b}$$

그림 5-1과 같이 윗면과 아랫면의 갭이 H인 곳에서 고분자용융체가 흐르는 경우를 생각해보자. 식 (5-5)를 갭 방향(x_2)으로 적분하면 속도를 구할 수 있다. 이때 경계조건을 좀 더 일반적으로 적용하여 아래 판은 정지되어 있고 위 판이 정해진 속도(U_1, U_3)로

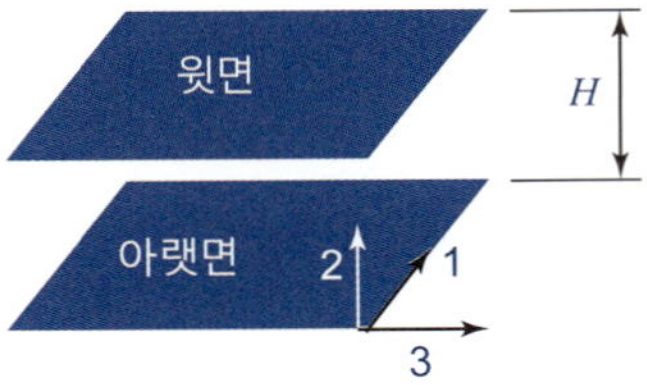

그림 5-1 금형의 캐비티 내에서 흐름 해석을 위한 좌표

움직인다는 조건을 고려하면 식 (5-6)과 같은 속도분포를 얻게 된다. 윗면이 움직이는 조건으로 고분자용융체가 드래그 유동(drag flow)하는 경우의 속도 분포이다.

$$v_1 = U_1\left(\frac{x_2}{H}\right) - \frac{H^2}{2\eta}\left[\left(\frac{x_2}{H}\right) - \left(\frac{x_2}{H}\right)^2\right]\frac{\partial p}{\partial x_1} \tag{5-6a}$$

$$v_3 = U_3\left(\frac{x_2}{H}\right) - \frac{H^2}{2\eta}\left[\left(\frac{x_2}{H}\right) - \left(\frac{x_2}{H}\right)^2\right]\frac{\partial p}{\partial x_3} \tag{5-6b}$$

위 수식에서 점도(η)는 상수로 가정(뉴턴 유체, Newtonian fluid)하였다. 그리고 U_1과 U_3는 각각 1과 3방향으로 위 판이 움직이는 속도이다. H는 두 판 사이의 거리이다.

이 속도(v_1, v_2)를 연속방정식(continuity equation)의 식 (5-7)에 적용하면 식 (5-8)과 같은 식으로 귀착된다.

$$\frac{\partial v_1}{\partial x_1} + \frac{\partial v_2}{\partial x_2} + \frac{\partial v_3}{\partial x_3} = 0 \tag{5-7}$$

$$\frac{\partial}{\partial x_1}\left(H^3\frac{\partial p}{\partial x_1}\right) + \frac{\partial}{\partial x_3}\left(H^3\frac{\partial p}{\partial x_3}\right) = 6\eta\left[\frac{\partial(U_1 H)}{\partial x_1} + \frac{\partial(U_3 H)}{\partial x_3}\right] \tag{5-8}$$

식 (5-8)을 레이놀즈 수식(Reynolds equation)이라고 한다. 여기에 사출성형의 캐비티 조건, 즉 일정한 갭으로 구성된 캐비티의 양면이 고정된 조건을 적용하면, 즉 $U_1 = 0$, $U_3 = 0$을 고려하면 식 (5-9)와 같은 식으로 정리된다. 이러한 수식을 따르는 흐름을 헬레-쇼 흐름(Hele-Shaw flow)이라고 한다.

헬레-쇼 흐름은 압력에 의한 흐름을 나타내어 압력에 의해 고분자용융체가 금형에 주입되는 사출성형에 적용되는 흐름이다.

$$\frac{\partial^2 p}{\partial x_1^2}+\frac{\partial^2 p}{\partial x_3^2}=0 \tag{5-9}$$

압력으로 나타난 식 (5-9)를 캐비티 내에서 경계조건을 적용하여 풀면 압력분포를 구할 수 있다. 그리고 이 압력을 이용하여 식 (5-6)을 풀면 x_2(두께)에 따른 속도분포(v_1, v_3)를 구할 수 있다. 사출성형에서는 식 (5-6)에서 U_1과 U_3는 0이다. 이러한 방법으로 캐비티 내에 흐르는 수지의 압력과 속도분포를 구한다.

U_1과 U_3가 0인 것을 고려하여 1과 3방향의 속도를 구하면 식 (5-10)과 같다.

$$v_1=-\frac{H^2}{2\eta}\left[\left(\frac{x_2}{H}\right)-\left(\frac{x_2}{H}\right)^2\right]\frac{\partial p}{\partial x_1} \tag{5-10a}$$

$$v_3=-\frac{H^2}{2\eta}\left[\left(\frac{x_2}{H}\right)-\left(\frac{x_2}{H}\right)^2\right]\frac{\partial p}{\partial x_3} \tag{5-10b}$$

식 (5-10)의 속도를 그림으로 나타내면 그림 5-2와 같은 모양이 된다. 캐비티 두께의 중앙에서 속도가 가장 크고 벽면에서 속도가 0이다. 이러한 속도분포로부터 분수 유동(fountain flow)이 이루어진다. 이러한 분수 유동으로 수지가 캐비티에 충전된다. 즉 중앙의 높은 속도의 수지가 벽면으로 이동하면서 충전이 진행된다. 모든 유체는 속도가 형성되면 이에 따른 전단변형률과 전단응력이 발생한다. 전단변형률은 속도의 구배, 즉 속도의 기울기(속도의 미분값)를 의미한다. 그리고 흐르는 유체의 전단응력은 유체의 전단변형률에 비례하는데 그 비례상수가 점도이다. 식 (5-4)에 나타난 수식으로 전단응력이 표현된다.

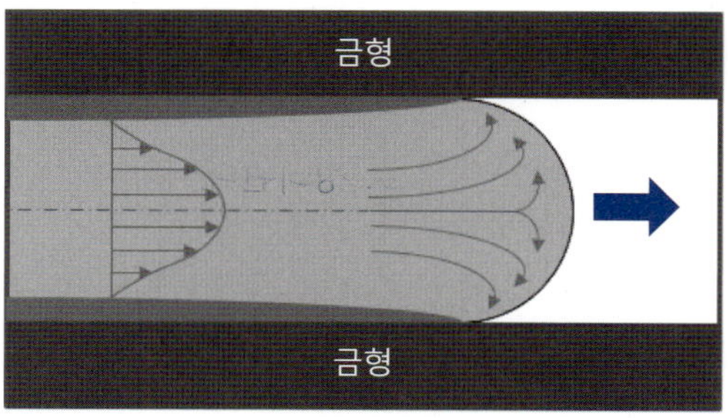

그림 5-2 캐비티 내 속도분포 및 분수 유동에 의한 충전 패턴

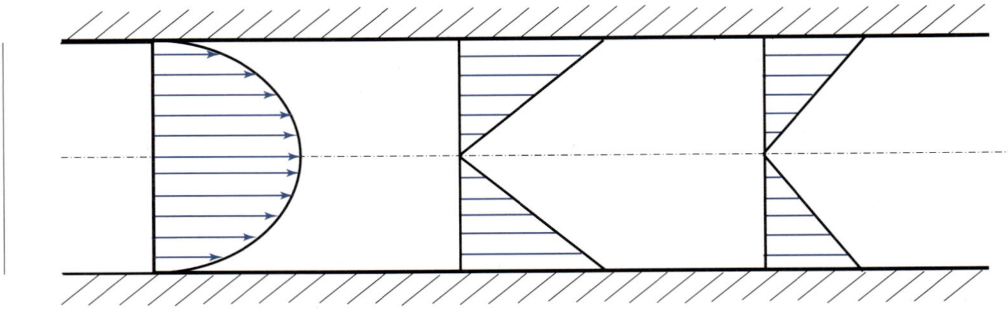

그림 5-3 캐비티 내 유동장의 속도, 전단변형률과 전단응력의 분포

그림 5-3에 속도, 전단변형률, 전단응력의 분포가 도식적으로 나타나 있다.

전단변형률, 즉 속도의 구배가 벽면에서 매우 크고 코어의 중앙에서는 0이다. 따라서 전단응력이 벽면에서 최대가 되고 코어의 중앙에서는 0이다. 또한 수지가 캐비티에 충전되면서 캐비티 벽면은 금형의 낮은 온도에 의해 냉각이 진행되어 고화층이 형성된다. 그림 5-4에 수지가 캐비티에 흐르면서 형성되는 고화층(frozen layer)과 전단영역(shearing zone), 그리고 코어영역(core zone)이 나타나 있다. 실제로 캐비티의 충전은 2.3절 수지의 충전에서 설명한 바와 같이 분수 유동을 이룬다. 수지가 이러한 분수 유동을 보이며 흐름이 진행되기 때문에 전단영역과 코어영역의 속도벡터가 다르고(그림 5-2), 따라서 분자 배향이 다르게 나타난다.

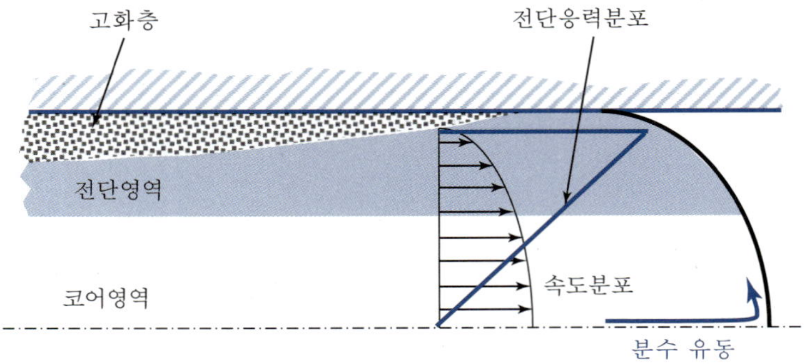

그림 5-4 캐비티 내 수지의 고화층, 전단영역, 코어영역

5.2
고분자의 배향

수지는 캐비티 내에서 전단응력이 큰 벽면 가까운 영역에서 분자 배향이 크게 나타난다. 고화층은 수지가 굳어 있어 흐름이 없으므로 전단이 일어날 수 없고 고화층 바로 아래층의 흐름이 있는 곳에서 강한 전단응력이 발생한다. 이렇게 전단응력이 크게 발생하는 영역에서 전단력에 의해 분자의 배향이 이루어진다. 이 분자 배향의 방향은 흐름과 나란한 방향이다. 그리고 이 분자 배향층의 두께는 성형조건에 따라 다르게 나타난다.

코어영역에서는 분수 유동 때문에 속도벡터가 흐름방향의 수직으로 형성된다(그림 5-2). 따라서 코어영역의 분자 배향은 전단영역과는 달리 흐름방향과 수직으로 형성된다. 벽면의 분자 배향은 매우 강한 배향이지만 코어영역의 배향은 매우 약하다.

코어영역은 수지가 완전히 채워질 때까지 수지가 흘러가는 통로이다. 따라서 고화가 가장 늦게 일어나기 때문에 배향된 분자들이 크게 이완되어 배향은 매우 작거나 없다고 볼 수 있다.

그림 5-5는 수지가 캐비티 내에서 유동하면서 이루어지는 분자 배향의 형성과정을 도

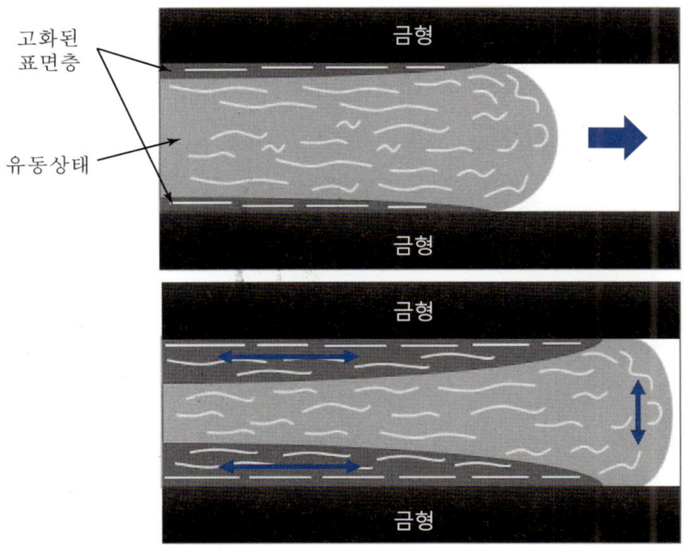

그림 **5-5** 캐비티 내 수지의 유동 및 냉각과정에 따른 분자 배향

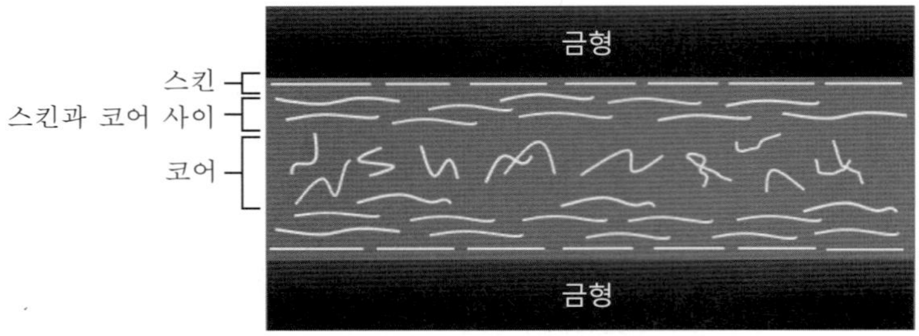

그림 **5-6** 캐비티 내 고화된 수지의 분자 배향

식적으로 나타낸 것이다. 그림 5-6은 수지의 최종 냉각이 끝난 후에 형성된 분자 배향의 상태를 도식적으로 보여준다.

캐비티 내 분자 배향 때문에 성형품의 물성은 이방성을 보인다. 즉 흐름방향과 흐름직각방향으로 물성이 다르다. 이러한 물성의 이방성 때문에 제품에 휨, 뒤틀림, 그리고 변형의 원인이 된다. 따라서 사출성형에서는 분자 배향이 최대한 적게 일어나서 물성의 이방성이 작게 나타나도록 하는 게 좋다.

수지에 첨가제가 포함되어 있으면 분자의 배향과 동시에 첨가제도 배향을 한다. 특히 유리섬유나 카본섬유 등과 같이 길이를 가진 형태의 첨가제는 배향이 크게 일어난다. 그림 5-6에 나타난 분자의 배향과 같은 방향으로 섬유도 배향을 한다. 그림 5-7, 5-8은 캐비티 내에서 섬유의 배향을 도식적으로 나타낸 것이다.

캐비티 벽면에서는 흐르는 방향으로 배향이 크게 나타나고 코어 쪽으로 갈수록 배향

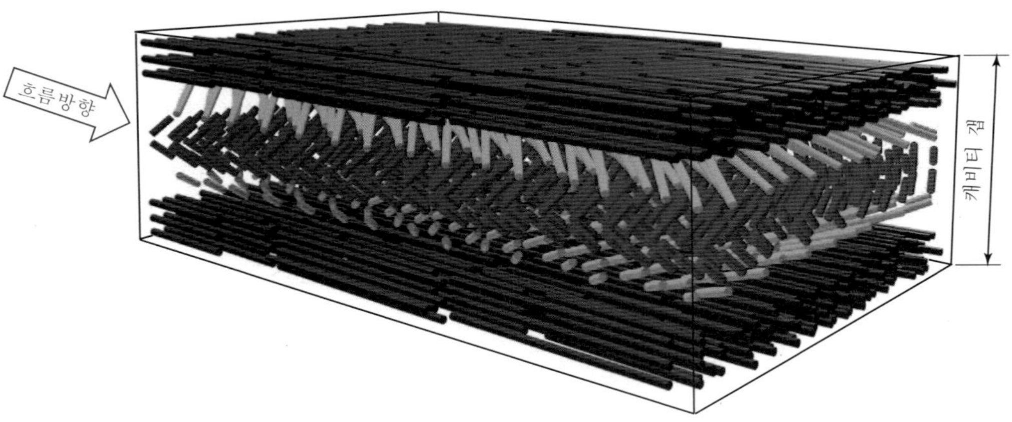

그림 **5-7** 캐비티 내 유리섬유의 3차원 배향

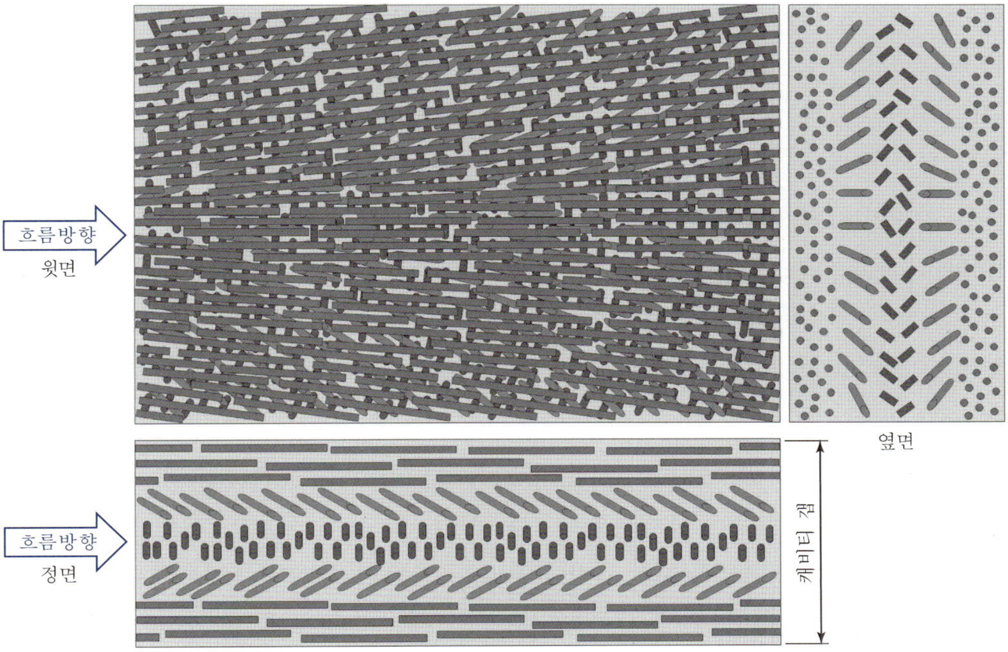

그림 5-8 캐비티 내 유리섬유 배향의 2차원 단면

이 줄어들고 있다. 코어영역에서는 분수 유동 때문에 오히려 배향의 흐름이 직각방향으로 형성되는 것을 볼 수 있으나, 그 배향은 매우 작다고 볼 수 있고 추후 냉각과정에서 늦은 냉각으로 대부분 이완된다.

이러한 분수 유동 때문에 웰드라인에서는 흐름의 직각방향으로 배향이 이루어져 웰드라인을 더욱 선명하게 하고 웰드라인부의 강도를 약하게 한다.

5.3 성형수축

5.3.1 성형수축의 원인

사출성형제품은 금형의 모양대로 그대로 성형되지 않고 금형 크기보다 작게 성형된다. 그 이유는 수지가 수축하기 때문이다. 수지가 금형 내에서 수축하는 이유는 크게 2가지이다. 첫째는 수지의 온도 변화 때문이다. 수지가 높은 온도로 캐비티에 충전되고 이어 냉각이 일어나고 성형이 끝난 후 결국 금형 밖으로 나와서 상온으로 온도가 내려간다. 이러한 커다란 온도 변화 때문에 수지가 팽창되었다가 수축을 하게 된다. 대부분의 유동 물질은 온도가 올라가면 팽창하고 온도가 내려가면 수축을 하게 된다. 둘째 이유는 수지의 상태 변화 때문이다. 고체의 수지에서 온도가 상승하면 먼저 유리전이온도(glass transition temperature, T_g)에 도달한다. 유리전이온도는 수지가 유리와 같은 딱딱한 고체상태에서 고무처럼 유연한 상태로 변하는 온도이다. 고분자를 이루는 화학 원소들이 제자리에서 진동(Brownian motion)을 시작하는 온도이다. 수지의 유리전이온도 이상으로 온도가 올라가면 수지에서 결정이 없어지는 녹는 온도(melting temperature, T_m)에 도달한다. 즉 고분자를 이루는 화학 원소들이 제자리 진동을 넘어 체인 전체의 움직임이 이루어지는 온도이다. 그래서 더는 규칙적인 정렬을 이루지 못하게 되는 온도이다. 비결성 수지는 결정이 없어 녹는 온도가 없다. 결정성 수지의 이러한 상태 변화는 큰 체적의 변화를 동반한다. 수지의 사출온도는 결정성 수지의 경우 결정이 녹는 온도보다 높은 온도, 대략 녹는 온도(T_m)보다 20~50℃ 이상의 온도이다. 높은 온도에서 결정이 다 녹은 상태에서 수지가 금형의 캐비티에 충전되도록 한다. 충전되고 나서 보압이 진행되고 냉각과정을 거치게 된다. 수지는 냉각과정에서 결정을 이루는 온도를 거치게 된다. 이 결정을 이루는 온도에서 수지가 결정을 이루게 된다. 수지에 결정이 이루어진다는 것은 화학 원소들이 규칙적으로 정렬되는 것을 의미한다. 이렇게 화학 원소들이 정렬하면 밀도가 증가하고 급격한 체적의 수축이 일어난다. 이러한 2가지의 이유로, 즉 온도 변화와 상변화로 사출성형품은 성형수축이 일어난다.

4장의 그림 4-6은 결정성 수지와 비결정성 수지의 온도와 비체적에 대한 그래프를 도식적으로 보여준다. 결정성 수지를 보면 캐비티 충전 시 높은 온도와 높은 압력에서 캐비티에 충전된다. 그리고 성형 후에는 제품이 금형에서 빠져나와 있기 때문에 상온에서 대기압의 상태가 된다. 그림에서 보듯이 결정성 수지의 캐비티 충전 때의 상태와 제품이 대기 중에 도달했을 때 체적 변화는 매우 크다. 수지에서 결정을 이루는 정도는 냉각 상황에 따라 크게 변한다. 수지를 낮은 금형온도로 급랭하면 결정을 이루는 시간적 여유가 충분하지 않아 낮은 결정화도를 나타내며, 따라서 체적수축이 작다. 그러나 수지를 높은 금형온도로 서냉하면 수지는 결정을 이루는 온도에서 머무를 수 있는 시간적 여유가 있어 결정을 많이 이루어 높은 결정화도를 보인다. 이러한 경우는 체적수축이 크다.

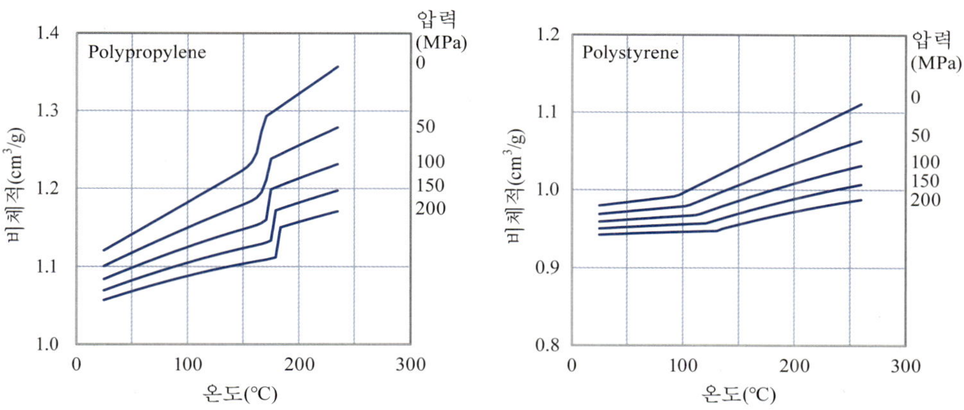

(a) 결정성 수지

(b) 비결정성 수지

그림 5-9 결정성 수지와 비결정 수지의 PvT 선도

따라서 결정성 수지의 성형수축은 냉각조건에 크게 영향을 받는다. 그래서 결정성 수지는 비결정성 수지보다 성형조건에 따라 성형수축의 변화가 크다.

비결정성 수지는 결정을 이루지 않는다. 따라서 온도에 따른 상태 변화가 없어 이에 따른 체적 변화도 없다. 단순히 수지의 온도 변화에 따른 팽창과 수축 때문에 성형수축이 발생한다. 이러한 이유로 비결정성 수지는 결정성 수지보다 성형수축이 적고 이의 제어가 비교적 쉽다. 여러 성형 조건에 따라 다르지만 대략 결정성 수지는 체적의 약 1.5% 수준의 수축을 보이고 비결정성 수지는 0.5% 수준의 수축을 보인다. 그림 5-9는 결정성 수지(PP)와 비결정성 수지(PC)의 PvT 선도(PvT diagram)를 보여준다. 수지에 따라, 그리고 온도와 압력에 따라 다양한 체적 변화가 일어남을 볼 수 있다.

5.3.2 성형수축을 고려한 금형설계

일반적으로 성형 후 24시간 이내에 발생하는 수축을 성형수축이라 하고, 그 이후에 일어나는 수축을 후수축이라고 한다. 후수축은 잔류응력에 기인하는데 이는 뒤에서 설명하기로 하고, 여기서는 성형수축에 따른 금형설계에 관해 설명하고자 한다.

수지가 성형수축을 보이기 때문에 금형의 크기를 제품의 크기보다 더 크게 설계해야 원하는 치수의 제품을 얻을 수 있다. 금형의 치수를 얼마나 더 크게 설계해야 하는지는 수지의 성형수축을 고려하여 결정한다. 수지의 성형수축을 α, 성형품의 치수를 D, 금형의 치수를 M이라 할 때 이들과의 관계를 식 (5-11)과 같이 쓸 수 있다.

$$\alpha = \frac{M-D}{M} \tag{5-11}$$

따라서 D 치수의 성형품을 얻기 위해서는 금형의 치수 M을 식 (5-12)와 같이 설계한다.

$$M = \frac{D}{1-\alpha} \tag{5-12}$$

좀 더 간략하게 금형의 치수(M)를 계산한다면 식 (5-13a)와 같이 제품의 치수(D)에서 성형수축($D\alpha$)만큼 크게 설계한다. 이 계산보다 좀 더 정밀하게 금형을 설계한다면 식 (5-13b)와 같이 추가된 치수가 수축하는 양($D\alpha^2$)만큼 더 크게 금형을 설계한다. 계속 더 정밀한 금형 치수를 설계한다면 식 (5-13c), (5-13d)와 같이 수축하는 항들을 추가하면 된다.

$$M = D + D\alpha = (1+\alpha)D \tag{5-13a}$$

$$M = D + D\alpha + D\alpha^2 \tag{5-13b}$$

$$M = D + D\alpha + D\alpha^2 + D\alpha^3 \tag{5-13c}$$

$$M = D + D\alpha + D\alpha^2 + D\alpha^3 + D\alpha^4 + \cdots \tag{5-13d}$$

결국 이 식은 초깃값이 D이고 등비가 α인 등비수열이고, 이 등비수열의 합은 식 (5-12)와 같이 된다. 정확한 식 (5-12)를 사용하지 않고 식 (5-13a)와 같이 근사식을 사용한다면 그 차이는 식 (5-14)와 같다.

$$\Delta M = D/(1-\alpha) - (1+\alpha)D \tag{5-14}$$

만약 금형온도가 고온이고 더욱 정밀한 금형을 설계한다면 금형의 열팽창을 고려해야 한다.

성형수축을 제품의 전체 치수가 금형의 치수로 나타나지 않는 것으로 판정하는 것은 포괄적인 성형수축이고 실제로 성형수축은 위치마다 다르다. 위치마다 다르게 나타나는 성형수축이 누적되어 결과적으로 전체적인 제품 치수가 금형의 치수로 나타나지 않게 된다. 여기서는 제품의 위치마다 다르게 나타나는 성형수축을 파악하기 어려우므로 전체적인 제품 치수를 이용하여 성형수축을 다루고자 한다.

성형수축은 단지 수지의 종류에 따라서만 결정되는 것이 아니라 성형조건과 금형의 설계에 따라 다양한 성형수축을 보인다. 성형수축에 영향을 주는 성형조건은 금형온도,

사출온도, 사출압력 등이다. 성형수축에 영향을 주는 금형설계는 게이트 크기 및 위치, 제품의 두께, 제품의 형상 등이다. 이러한 여러 요인에 대해 성형수축이 어떻게 나타나고 있는지 살펴보자.

5.3.3 사출온도에 따른 성형수축

사출온도, 즉 수지온도가 높으면 분자의 배향이 작아진다. 수지온도가 높으면 점도가 낮아져 흐름성이 좋아진다. 흐름성이 좋으면 낮은 압력으로 충전이 되기 때문에 캐비티 벽면에서의 전단응력이 작게 걸려서 배향층에서 분자 배향이 작다. 벽면에서의 전단응력은 흐름에 필요한 압력에 비례하기 때문이다. 또한 수지온도가 높아 흐름성이 좋으면 압력이 잘 전달되어 보압 단계에서 수지의 패킹이 잘 된다. 그래서 수지온도가 높아 흐름성이 좋으면 분자 배향이 작고 패킹이 잘 되어 성형수축이 줄어들 가능성이 크다. 그러나 수지온도가 높으면 성형 전후의 온도 차이가 크기 때문에 온도에 따른 체적 변화가 커서 성형수축이 클 가능성이 높다. 따라서 수지와 다른 성형조건의 상황에 따라 수지온도가 증가하면 성형수축이 커지거나 작아지기도 하고 큰 변화가 없기도 하다. 결론적으로 수지의 온도에 따라서는 대체적으로 성형수축이 크게 변하지 않는 것으로 나타난다.

5.3.4 금형온도에 따른 성형수축

금형온도에 따른 성형수축은 결정성 수지와 비결정 수지로 나눠서 설명하고자 한다. 먼저 비결정성 수지의 경우를 생각해보자. 금형온도가 높으면 수지의 흐름성이 잘 유지되기 때문에 압력이 잘 전달되어 수지의 패킹이 잘 된다. 따라서 금형온도가 높으면 성형수축이 작아진다.

결정성 수지의 경우 용융상태에서 비결정성을 보이는 수지가 냉각하면서 결정을 이룬다. 결정화도는 냉각속도에 의존하는데 냉각속도가 느릴수록 결정화가 많이 일어난다. 금형온도가 높으면 수지가 서냉되므로 수지가 결정을 이루는 시간에 머무는 시간이 길어서 결정화를 많이 이룬다. 높은 결정화도로 수지는 밀도가 높아지고 큰 수축을 일으키기 때문에 큰 성형수축을 유발한다. 결과적으로 결정성 수지의 경우 금형온도가 높으면 성형수축이 크다. 결국 결정성 수지의 성형수축은 금형온도에 크게 의존한다. 이렇게 비결정성 수지와 결정성 수지가 금형온도에 따라 서로 다른 양상의 성형수축을 보이기 때문에 금형의 온도조절은 수지의 특성에 맞게 설정해야 한다.

5.3.5 사출압력과 보압에 따른 성형수축

사출압력이나 보압 크기에 따라 성형수축은 크게 변한다. 수지는 어느 정도(비보강 수지의 경우 대략 10% 정도)의 압축성을 보이기 때문에 가해지는 압력이 클수록 패킹이 잘 된다. 따라서 사출압력에 따라 비례적으로 성형수축은 작아진다. 특히 보압 단계에서는 수지의 수축 부분을 보상하는 단계이기 때문에 보압이 크면 성형수축은 크게 감소하여 성형품의 치수 정밀도가 높아진다.

5.3.6 게이트의 크기에 따른 성형수축

금형에서 게이트는 수지가 캐비티로 들어가는 입구이다. 게이트 단면이 크면 수지가 캐비티에 충전되기가 수월하다. 보압 단계에서도 보압이 게이트를 통해 캐비티에 전달되면서 수지의 수축 부분을 보상한다. 따라서 게이트 단면이 클수록 캐비티 내로 수지의 흐름이 원활하고 보압도 잘 들어가기 때문에 성형수축은 게이트 크기에 반비례적이다. 일반적으로 보압은 게이트가 굳어질 때까지 진행된다. 게이트 설계를 보압 시간과 연관 지어서 하기 때문이다. 따라서 게이트의 단면 크기가 크면 보압 시간도 길다고 봐야 한다. 이런 측면에서도 게이트 단면이 크면 성형수축은 작아진다.

5.3.7 제품의 두께에 따른 성형수축

제품의 두께가 두꺼우면 수지가 차지하는 체적이 커서 수축이 크다. 흐름 측면에서 제품의 두께가 두꺼우면 수지가 흐르는 캐비티 갭이 크기 때문에 수지가 캐비티에 충전이 잘 된다. 이러한 원활한 충전은 보압도 잘 들어가기 때문에 수축이 작아질 가능성이 크다. 이러한 두 현상을 종합적으로 볼 때 체적의 수축하는 양이 많아서 전체적으로 제품의 두께가 두꺼우면 비례적으로 수축은 증가한다.

그림 5-10에 성형수축에 영향을 주는 여러 인자들에 따른 성형수축의 경향을 도식적으로 나타내었다.

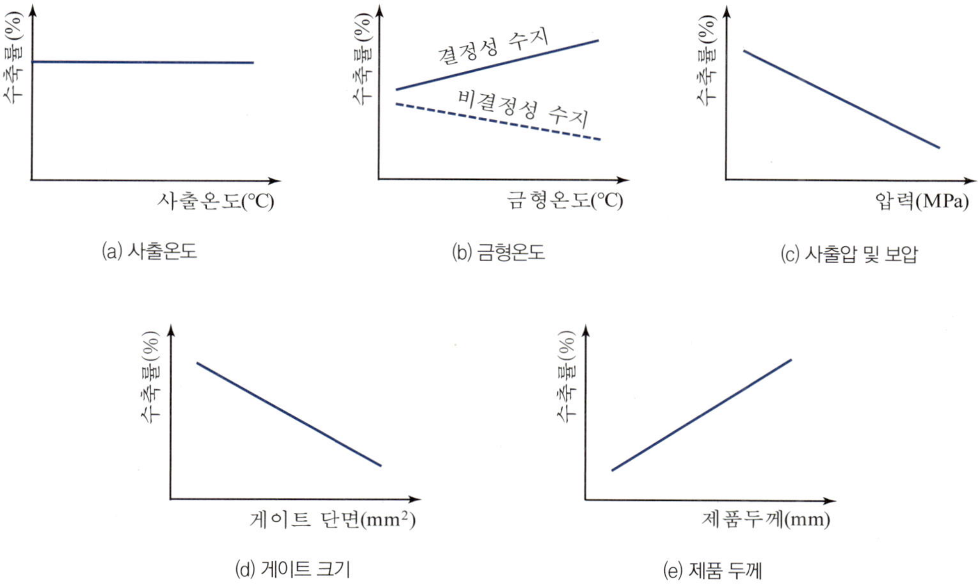

그림 **5-10** 성형수축에 영향을 주는 인자들에 따른 성형수축의 경향

5.3.8 제품의 형상 및 게이트 위치에 따른 성형수축

금형에서 게이트 위치가 결정되면 수지의 흐르는 방향이 결정된다. 수지가 흐르는 방향에 따라 분자 배향이 일어난다. 또한 고분자는 점탄성 특성이 있어 탄성의 영향으로 흘러가는 방향의 반대방향으로 되돌아가는 성질을 갖는다. 스프링처럼 원래의 위치로 돌아가려는 성질이다. 이러한 현상으로 비추어 볼 때 수지가 흐르는 방향으로 수축이 클 것으로 예측된다. 그러나 실제 제품에서 살펴보면 흐름방향의 성형수축이 흐름의 직각방향의 성형수축보다 작게 나타난다. 그림 5-11에 원형과 사각형의 시편에서 나타나는 성형수축의 크기를 비교하였다. 두 형상에서 모두 흐름방향보다 흐름직각방향으로 성형수축이 크며 게이트에 가까운 곳보다 게이트에서 먼 곳의 성형수축이 크다. 게이트에서 먼 곳은 압력이 낮아 패킹이 덜 이루어졌기 때문이다. 흐름방향으로 수축이 작은 이유는 흐름의 직각방향보다는 흐르는 방향으로 보압의 영향을 받아 수지의 패킹이 잘 일어나서 수축이 작은 것으로 판단된다. 사출성형의 공정은 사출압에 의한 충전과 보압으로 인한 수축의 보상이 이루어지는 공정이기 때문에 압력 전달이 매우 중요하다. 따라서 압력이 전달되는 방향으로 패킹이 잘 되어 수축이 보상되어 성형수축이 작게 나타난다.

만약 충전과 보압으로 이루어진 사출성형공정이 아니라 수지가 경계가 없는 공간을

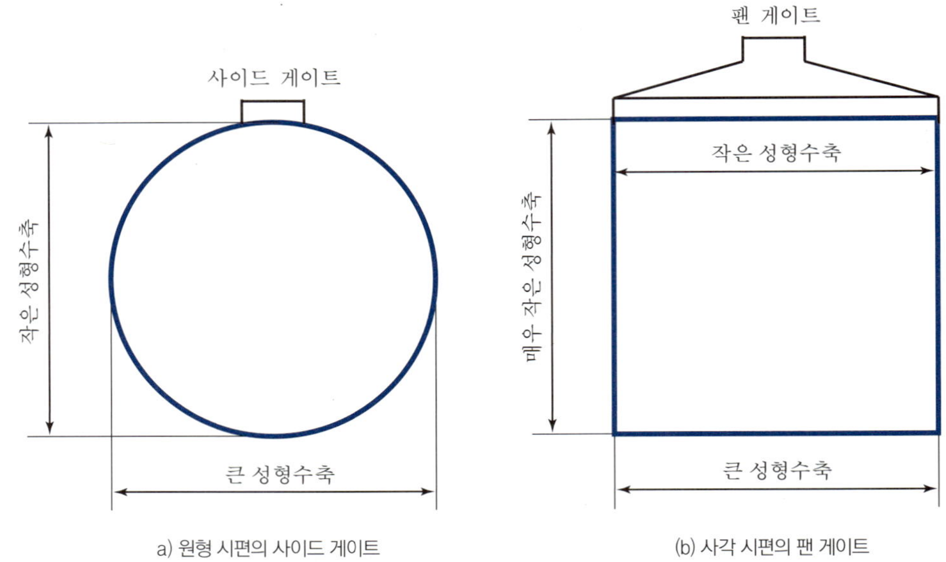

그림 **5-11** 제품의 형상과 게이트 위치에 따른 성형수축

압력에 의해 자유롭게 흘러가는 경우라면, 흐름 도중에 압력을 제거하면 수지의 흐름이 멈추게 된다. 그리고 수축이 일어나는데 이때는 흐름방향으로 수축이 일어난다. 이것이 점탄성 특성을 보이는 유체의 특성이며, 이를 스프링 백(spring back) 현상이라고 한다. 이 경우는 수지가 압력에 의한 패킹이 되지 않았기 때문이다.

사출성형품에서 냉각의 시간적 차이 때문에 휨이 발생한다. 금형온도가 낮은 부분에서 이른 냉각 때문에 수축이 먼저 일어나고 금형온도가 높은 부분은 늦은 냉각으로 수축이 뒤늦게 일어난다. 이러한 수축의 시간적 차이 때문에 제품에 휨이 발생하게 된다. 그림 5-12에 이러한 휨의 예가 나타나 있다.

그림 5-12(a)와 같은 평판 시편의 경우 위쪽 금형의 온도는 낮고 아래쪽 금형의 온도가 높을 때는 위로 볼록(convex)한 휨이 나타난다. 이러한 휨이 일어나는 과정을 살펴보면, 냉각 초기에 윗면이 낮은 금형온도로 먼저 냉각이 일어나 수축하게 된다. 따라서 위로 오목한(concave) 휨이 일어난다. 냉각이 계속 진행되면서 온도가 높은 아랫면이 냉각되면서 수축한다. 이러한 아랫면의 수축으로 윗면은 팽창하게 된다. 결과적으로 위로 볼록하게 휘어지는 휨을 보인다.

그림 5-12(b)와 같은 사각 상자 형태의 제품은 상자 입구가 좁아지는 방향으로 수축을 한다. 상자 형상의 경우 상하의 금형온도가 같다고 하더라도 제품에서 코어 쪽의 온

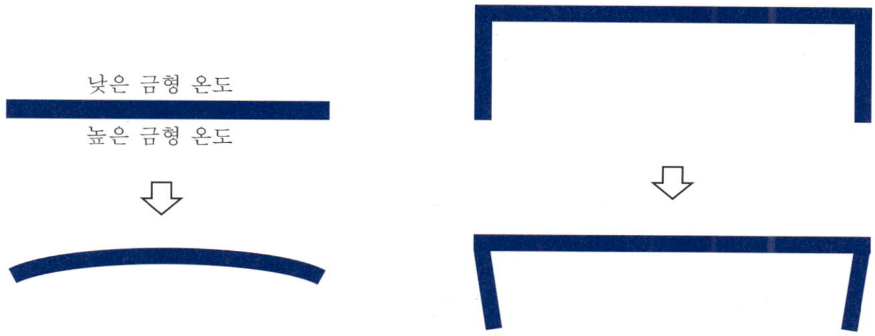

(a) 상하 금형의 온도 차이에 의한 휨

(b) 사각 상자 형상의 휨

그림 **5-12** 제품에서 위치별 성형수축 차이에 의한 휨의 경향

도가 높다. 따라서 상자의 안쪽이 늦게 냉각이 되면서 수축이 일어나 상자의 입구가 좁아지는 변형을 일으킨다.

5.4
잔류응력

5.4.1 잔류응력의 형성

사출성형품은 특수한 처리를 거치지 않는 한 성형 후 시간이 지나면서 크든 작든 변형이 일어난다. 이러한 성형 후의 변형은 성형품에 잔류하는 응력, 즉 잔류응력에 기인한다. 사출성형공정은 매우 큰 온도 변화와 압력 변화가 포함되어 있다. 충전과 보압, 특히 보압 단계에서 수지는 캐비티 안에서 가장 높은 압력을 받는다. 그래서 수지는 사출공정 중에 높은 온도와 큰 힘을 받다가 냉각되어 상온으로 힘을 받지 않는 상태로 돌아오면서 내부에 응력이 쌓인다. 내부에 쌓이는 응력은 큰 온도 변화에 따른 열응력과 큰 압력흐름으로 인한 전단응력이다. 따라서 사출성형품의 잔류응력은 열에 의한 열응력(thermal stress)과 흐름에 의한 유동응력(flow stress)으로 구성된다. 흐름에 의한 잔류응력은 전단응력에 기인하며, 이로 인해 분자 배향이 일어나기 때문에 배향에 의한 잔류응력이라고도 한다.

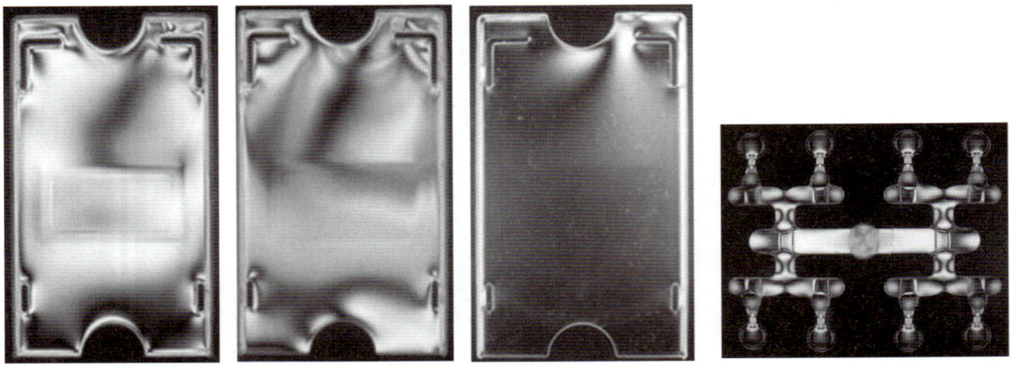

〈PC〉 〈PS〉 〈PMMA〉

(a) 다양한 투명 수지에서의 잔류응력 (b) 렌즈 성형에서의 복굴절

그림 **5-13** 복굴절 패턴으로 나타나는 사출성형품의 잔류응력

그림 5-13에 투명한 소재에 잔류응력에 의해 나타나는 복굴절 패턴이 나타나 있다. 같은 제품이지만 수지에 따라 복굴절 패턴이 다르다. 뒤에서 설명하겠지만 잔류응력은 복굴절을 일으킨다.

흐름에 의한 잔류응력은 그림 5-3~5-6에서 보듯 벽면 가까운 곳에서 큰 전단응력과 이에 따른 분자의 배향 때문에 형성된다. 이 흐름에 의한 잔류응력은 제품의 표면층에 수축의 잔류응력을 형성시킨다.

열에 의한 잔류응력은 수지의 냉각과정에서 위치별 냉각의 차이에 의해 발생한다. 제품이 평면상에서 위치별로 냉각 차이가 발생하겠지만, 제품이 금형 속에서 냉각되면서 두께방향으로 코어 부분과 스킨 부분의 냉각 차이가 발생한다. 즉, 두께방향으로 잔류응력이 다르게 형성된다. 제품의 두께방향으로 열에 의한 잔류응력의 형성과정이 그림 5-14에 나타나 있다.

냉각 초기에는 낮은 온도의 금형 면에 닿고 있는 제품 표면에서 먼저 냉각이 일어난다. 수지는 냉각이 되면 수축이 일어나기 때문에 치수가 줄어들려는 힘이 발휘된다. 이때 코어 부분은 아직 냉각되지 않은 상태여서 수축이 없어 표면보다는 큰 치수를 유지하고 있다. 이로 인해 코어 부분은 표면에 수축을 방해하는 인장력을 가하게 된다. 반대로 스킨 부분은 냉각 때문에 수축하면서 코어 부분을 수축하게 하는 압축력을 가하게 된다. 결과적으로 스킨 부분에는 인장의 응력이 작용하는 상태가 되고 코어 부분에는 압축의 응력이 작용하는 상태가 된다. 이것이 냉각 초기에 형성된 잔류응력이다.

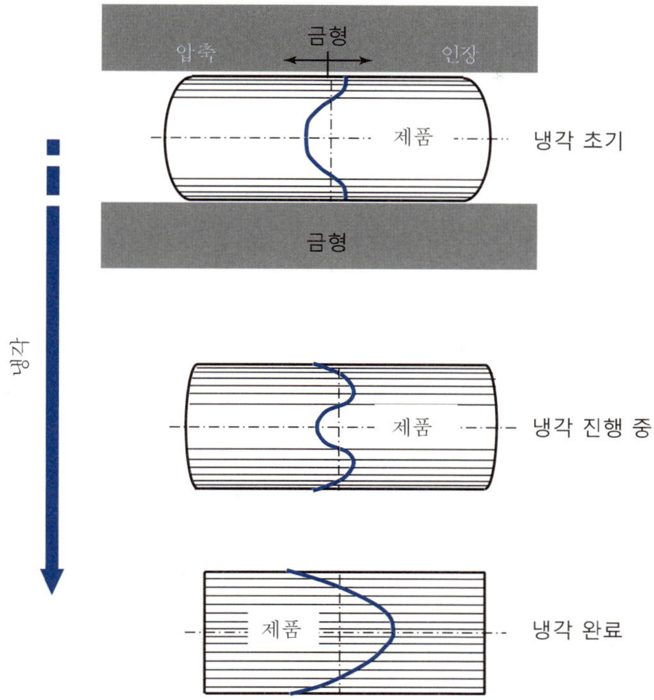

그림 5-14 냉각과정에서 보이는 제품 두께방향으로 잔류응력 분포의 변화

그다음으로 냉각이 더 진행하는 중에는 스킨 부분의 고화층이 코어 부분으로 확대되어간다. 스킨 부분은 이미 수축이 끝난 상태에서 코어 부분이 냉각되면서 수축을 하는데 스킨 부분이 이미 굳었기 때문에 더 이상 수축을 하지 않아 코어 부분의 수축을 방해하는 인장력이 작용된다. 반대로 스킨 부분은 코어 부분이 수축하면서 스킨 부분의 치수를 줄이려고 하는 수축력을 가하기 때문에 압축력이 작용된다. 따라서 코어 부분에 인장응력이 추가되고 스킨 부분은 압축응력이 추가된다. 냉각 초기 상태의 응력 상태가 바뀌게 된다. 이러한 응력의 전이가 코어 부분의 냉각이 완료될 때까지 진행된다.

냉각이 완료되는 시점에는 냉각 초기와는 완전히 뒤바뀐 응력 상태를 보인다. 제품의 스킨 부분에는 압축의 잔류응력이, 코어 부분에는 인장의 잔류응력이 남게 된다.

그림 5-15는 실제 사출성형품의 두께방향으로의 잔류응력 분포를 보여준다. 표면은 큰 압축응력을 받고 있고 코어 부분은 큰 인장의 잔류응력을 받고 있다. 흐름방향과 흐름직각방향으로 다소 차이를 보인다.

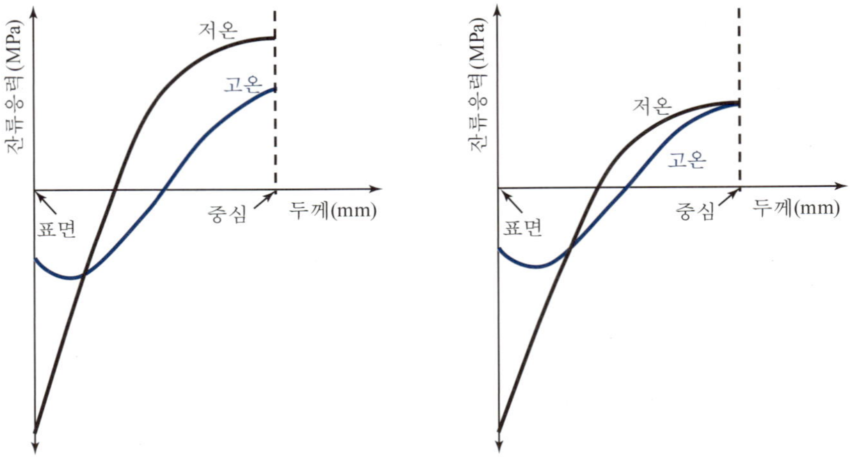

(a) 흐름방향 (b) 흐름직각방향

그림 5-15 사출품에서 두께방향으로의 잔류응력 분포

5.4.2 성형조건에 따른 잔류응력

사출성형품에 형성되는 잔류응력은 성형조건에 따라 다르다.

사출온도, 즉 수지의 온도가 높으면 점도가 낮아서 캐비티 충전에 큰 압력이 필요하지 않다. 따라서 금형 벽면에서 전단응력이 작으며 분자 배향이 작게 일어나서 생성되는 흐름에 의한 잔류응력이 작다. 그리고 형성된 잔류응력도 수지가 냉각되면서 이완되는 양이 많다. 수지온도가 높으면 냉각하는 데 시간이 오래 걸리고 그 사이에 잔류응력의 이완이 일어나기 때문이다. 잔류응력이 이완되는 정도는 온도가 높거나 시간이 지날수록 많아진다. 이러한 이유로 수지의 온도가 높으면 흐름에 의한 잔류응력은 매우 작다. 따라서 수지의 온도가 높은 경우에는 제품에 형성된 잔류응력은 대부분 냉각에 의한 열응력이다.

수지의 온도가 낮으면 점도가 높아 충전 시에 큰 압력이 필요하다. 이는 충전 시 큰 전단응력을 유발하고 분자 배향이 크게 일어난다. 따라서 제품의 표면층에 높은 잔류응력을 유발한다. 온도가 낮을수록 높은 흐름의 잔류응력을 유발하나 열응력은 작아질 수 있다. 그러나 높은 흐름의 잔류응력 때문에 전체적으로 수지온도가 낮을수록 잔류응력은 증가한다.

금형온도가 높으면 수지의 온도 저하가 작아 점도가 낮게 유지된다. 따라서 수지의 온도가 높은 효과를 보게 된다. 결국 낮은 충전 압력으로 벽면에 전단응력이 작아 분자 배향도 작다. 즉 흐름에 의한 잔류응력이 작다. 그리고 금형온도가 높으면 냉각속도가 느리고 냉각 중에 위치별 온도구배가 작아 열응력이 작다. 따라서 금형온도가 높은 경우가 흐름의 응력과 열응력을 동시에 낮출 수 있어 잔류응력이 작다. 또한 금형온도가 높으면 냉각시간이 길어져 형성된 잔류응력이 많이 이완되는 효과를 얻게 된다. 결국 높은 금형온도는 매우 작은 잔류응력을 형성한다. 금형온도가 낮으면 수지의 냉각이 빨라 점도가 높아져 흐름에 의한 잔류응력을 크게 유발한다. 그리고 냉각시간이 짧아 형성된 잔류응력의 이완도 작아 결국 큰 잔류응력을 갖게 된다.

사출속도가 크면 금형 벽면의 전단변형률이 커서 큰 전단응력을 일으킬 것으로 예측된다. 그러나 속도가 크면 충전 중 수지의 냉각이 작아서 점도가 낮은 상태로 유지된다. 전단응력은 점도에 비례적으로 증가하기 때문에 낮은 점도는 낮은 전단응력을 보인다. 결국은 수지의 온도가 높은 경우와 같은 효과를 보여 낮은 흐름의 잔류응력을 보인다. 사출속도가 크면 클수록 더욱 작은 흐름의 잔류응력을 보여 전체적인 잔류응력은 열에 의한 잔류응력이 지배적으로 나타난다. 4장에서 설명하였듯이 고속 사출은 여러 가지 장점이 많은데 잔류응력도 작아지는 효과가 있어 사출품의 품질을 높일 수 있다. 사출속도가 작을 때는 수지가 캐비티를 충전하는 동안에 수지의 냉각이 크게 일어나 점도가 높아져서 결국 수지의 온도가 낮은 것과 같은 현상을 보인다. 따라서 사출속도가 작을 때는 제품 표면에 큰 흐름의 잔류응력을 유발한다.

보압 단계에서는 수지의 수축 부분을 보상하는 단계인데 수지가 충전 중에 어느 정도 냉각이 되어 있는 상태에서 보압이 이루어지기 때문에 큰 흐름의 전단응력을 받게 된다. 따라서 보압이 크면 수축은 잘 보상되지만 제품에 큰 잔류응력을 남기게 된다.

5.4.3 잔류응력의 측정

사출품의 잔류응력을 측정하는 방법에는 크게 제품의 물리적 형태의 변형을 수반하는 경우와 물리적 형태의 변형 없이 측정하는 방법이 있다.

물리적 형태를 수반하며 측정하는 방법에는 홀 드릴링 방법, 응력 이완 방법, 층 제거 방법, 취성 코팅 방법, 솔벤트/케미컬 테스트 방법 등이 있고, 물리적 형태를 변형하지 않고 측정하는 방법에는 광탄성 방법, X-ray 회절 방법, 적외선 분광학 방법 등이 있다. 이러한 방법 중에서 현실적으로 측정이 용이한 방법들을 몇 가지 소개한다.

(1) 홀 드릴링 방법

홀 드릴링 방법(hole drilling method)은 제품에 구멍을 뚫으면서 원형의 구멍 형상이 변하는 과정에서 잔류응력을 측정하는 방법이다. 그림 5-16과 같이 사출품의 평면에 잔류응력을 측정하고자 하는 지점 주위에 스트레인 게이지(strain gauge)를 설치하고 측정 지점에 드릴로 구멍을 뚫는다. 구멍을 뚫으면 자유표면이 형성되고 내부에 있는 잔류응력은 자유표면을 변형시키면서 이완된다. 이때 변형되는 양, 즉 변형률(strain)을 스트레인 게이지로 측정하고 이를 응력으로 환산하여 잔류응력을 측정한다. 뚫는 구멍의 깊이를 증가시키면서 변형률을 측정하면 제품의 두께방향에 따른 잔류응력이 측정된다.

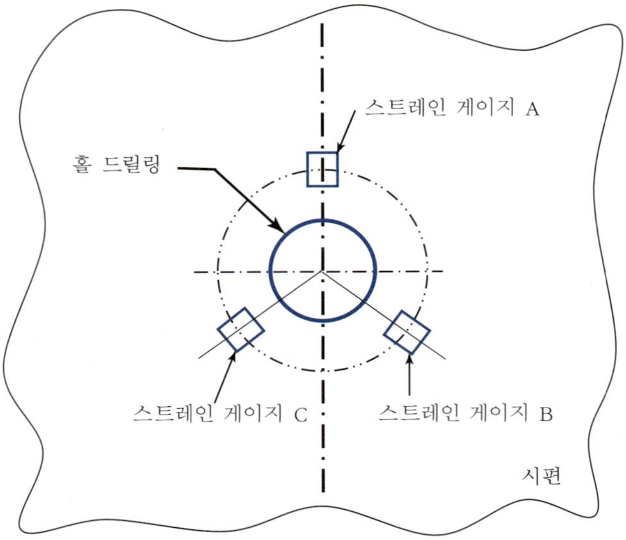

그림 **5-16** 홀 드릴링 방법에 의한 잔류응력 측정

(2) 응력 이완 방법

응력 이완 방법(stress relaxation test)은 시편에 일정한 변형률을 주고 시간에 따라 시편의 응력이 이완되는 현상을 관찰하며 잔류응력을 측정하는 방법이다. 그림 5-17에 응력 이완 시험의 그래프가 나타나 있다.

고분자 재료는 점탄성 특성을 보이기 때문에 가해진 일정한 변형률에 의해 응력은 시간에 따라 이완된다. 이 응력의 이완은 식 (5-15)와 같은 형식을 따른다고 가정할 수 있다. 이때 응력의 시간에 따른 변화는 식 (5-16)과 같은 형식으로 계산된다. 여기서 응력

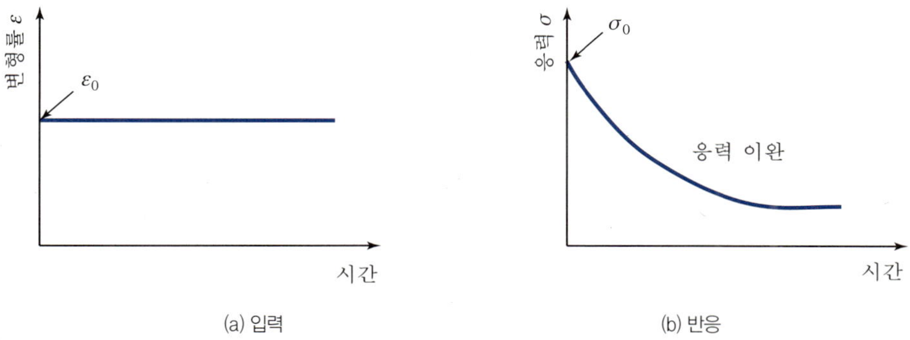

그림 **5-17** 응력 이완 방법에 따른 잔류응력 측정

(σ)은 시편에 이미 잔류응력(σ_R)이 포함되어 있으므로 잔류응력을 포함하고 있는 유효응력(σ_{eff})으로 식 (5-17)과 같이 쓸 수 있다.

$$\frac{\dot{\sigma}}{E} + B\sigma^n = \dot{\varepsilon} \tag{5-15}$$

$$\dot{\sigma} = -EB\sigma^n \tag{5-16}$$

$$\sigma_{\text{eff}} = \sigma - \sigma_R \tag{5-17}$$

여기서 E는 소재의 탄성계수(elastic modulus)이고 B는 상수이다. 식 (5-16)의 응력에 식 (5-17)의 유효응력으로 대치하면 식 (5-18)과 같이 된다.

$$\dot{\sigma} = -EB(\sigma - \sigma_R)^n \tag{5-18}$$

식 (5-15)를 식 (5-18)을 고려하여 풀면 식 (5-19)와 같이 된다.

$$-\frac{d\sigma}{d\ln t} = \frac{\sigma - \sigma_R}{n-1}\left[1 - \left(\frac{\sigma - \sigma_R}{\sigma_0 - \sigma_R}\right)^{n-1}\right] \tag{5-19}$$

여기서 σ_0는 초기 응력(initial stress)이다.

시간에 따른 응력을 측정하고 시간과 응력의 그래프로부터 기울기를 계산하고 가해진 초기의 응력을 이용하면 잔류응력을 계산할 수 있다. 여기서 측정된 잔류응력은 두께방향의 평균 잔류응력이다.

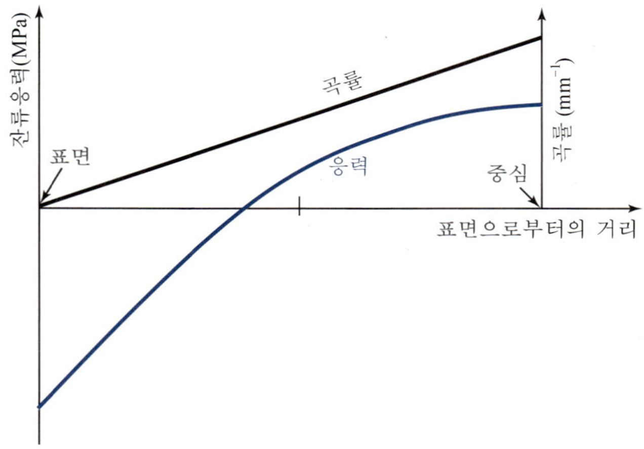

그림 5-18 곡률에 따른 잔류응력

(3) 층 제거 방법

층 제거 방법(layer removal method)은 시편을 마이크로톰(microtome)으로 표면을 얇은 두께로 벗겨가며 잔류응력을 측정하는 방법이다. 잔류응력의 형성에서 보았듯이 두께방향으로 잔류응력이 분포하기 때문에 표면에서 일정량의 층을 벗겨내면 평탄했던 시편은 휘게 된다. 시편은 초기에 내부 잔류응력이 균형 있게 분포하여 평판을 이루고 있었는데 표면의 층이 벗겨지면서 그 층에 있던 잔류응력도 없어지기 때문에 응력의 균형이 맞지 않아 시편이 휘게 된다. 이때 휘어지는 곡률(curvature)을 측정하여 제거된 잔류응력을 측정하는 것이다. 일정 두께의 층이 휘어지는 곡률반경(radius of curvature)은 응력의 크기에 반비례하기 때문이다. 그림 5-18은 실험으로 측정된 곡률(곡률반경의 역수)과 잔류응력과의 관계를 도식적으로 나타낸 것이다. 제품의 표면층에는 압축의 잔류응력이 존재하고 중앙부에는 인장의 잔류응력이 존재한다.

(4) 취성 코팅 방법

취성 코팅 방법(brittle coating method)은 시편에 도료를 뿌려서 크랙을 유발해 잔류응력을 평가하는 방법이다. 도료에 포함된 솔벤트가 재료를 취약하게 만들기 때문에 잔류응력이 크게 집중된 부분에서 크랙이 발생한다. 크랙은 크랙의 방향에 직각으로 인장력이 작용한다는 것을 의미한다. 따라서 크랙의 직각방향으로 인장의 잔류응력(엄밀히 표현하면 제1주응력)이 발생했다고 판단하면 된다. 크랙의 크기와 밀도 등을 파악하여

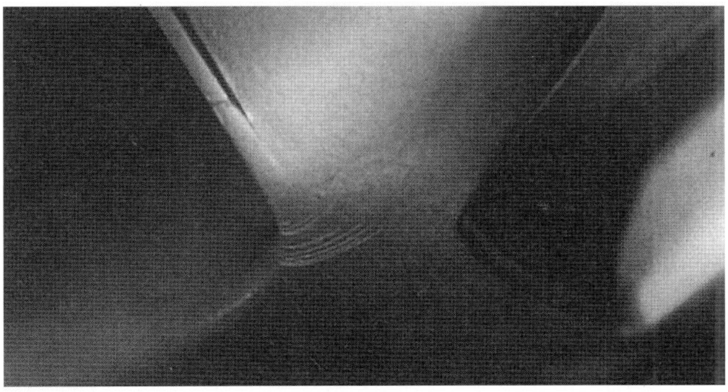

그림 **5-19** 취성 코팅에 의한 크랙

상대적인 잔류응력의 크기를 판정할 수 있다. 이 방법으로는 정량적인 잔류응력의 크기는 측정할 수 없으며, 정성적으로 위치별 상대적인 잔류응력을 평가한다. 그림 5-19는 취성 코팅에 의한 크랙 형상을 보여준다.

(5) 솔벤트/케미컬 테스트 방법

솔벤트/케미컬 테스트 방법(solvent/chemical test method)은 취성 코팅과 유사한 방법인데 정량적으로 잔류응력을 측정하는 아이디어가 포함된 방법이다. 먼저 응력의 크기에 따라 발생하는 크랙을 파악하기 위해 잔류응력이 모두 이완된 교정시편(calibration sample)을 여러 가지 곡률로 고정하는 방법으로 표면에 다양한 응력을 부과한다. 부가된 응력의 크기는 곡률을 이용하여 계산할 수 있다. 이렇게 응력이 부과된 교정시편들을 솔벤트가 담긴 용기에 일정 온도에서 일정 시간 담지하여 꺼낸 후 크랙의 크기와 밀도를 파악하여 응력과 크랙의 관계를 정량화한다. 그다음에 잔류응력을 측정하고자 하는 시편을 같은 솔벤트에 같은 온도와 같은 시간 동안 담지하고 꺼내어 크랙을 파악한다. 이때 나타난 크랙의 크기와 밀도를 미리 측정한 정량화 데이터와 비교하여 크랙의 정도에 따른 잔류응력을 판정한다. 잔류응력이 이완된 교정 시편에 여러 가지 곡률을 주기 위해서 그림 5-20(a)와 같은 베르젠 지그(Bergen jig)를 사용한다. 하나의 지그 표면에 여러 곡률의 곡면을 만들어서 하나의 시편을 이 지그에 고정하면 위치별로 다양한 곡률을 줄 수 있어 편리하다. 즉 하나의 시편에 위치에 따라 다양한 크기의 응력을 부여하는 것이다. 그림 5-20(b)에 똑같은 여러 개의 시편을 고정한 베르젠 지그가 나타나 있다. 이러한 방법으로 시편을 고정하면 한 번의 실험으로 여러 번 실험을 한 효과가 있다. 그림 5-21에 베르젠 지그를 이용한 솔벤트/케미컬 테스트 방법이 나타나 있다.

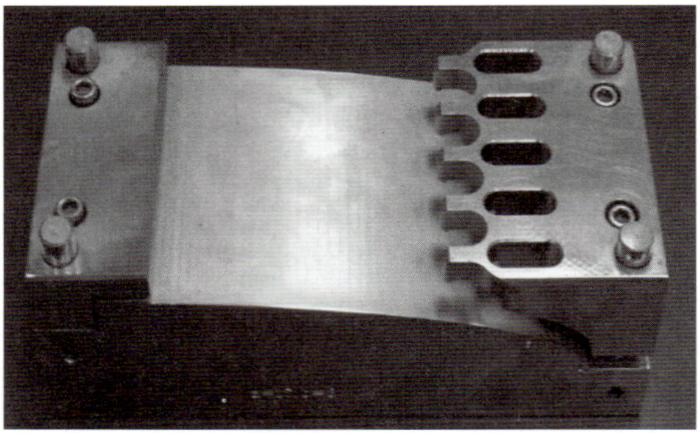

(a) 베르젠 지그

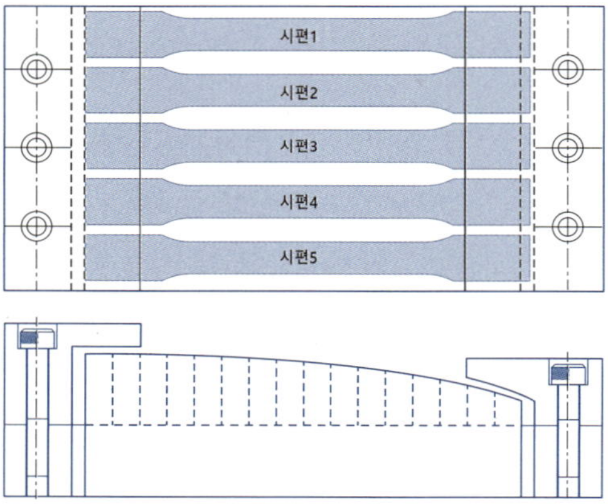

(b) 베르젠 지그에 안착된 시편

그림 **5-20** 시편에 위치에 따라 다양한 응력을 부여하기 위한 베르젠 지그

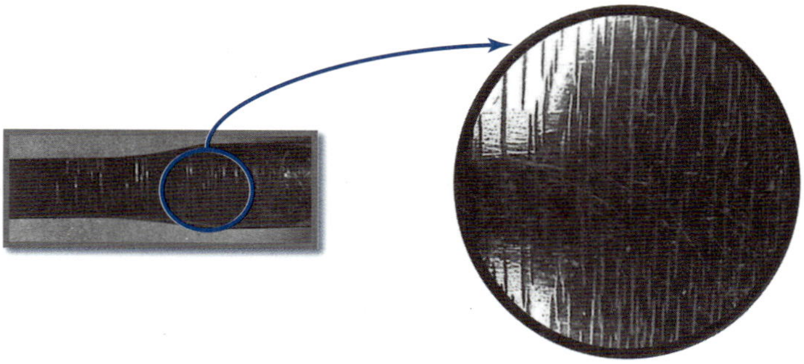

그림 **5-21** 솔벤트/케미컬 테스트 결과

(6) 광탄성 방법

광탄성(photoelasticity) 측정 방법은 투명한 제품의 잔류응력 측정에 사용된다. 빛은 전자파(electromagnetic wave)의 일종으로 그림 5-22와 같이 두 파가 서로 직교하면서 진행한다. 빛을 편광판(한 방향의 파장만을 통과하도록 제작된 투명판)에 통과시키면 두 파장 중에서 한 파장만 통과하게 된다. 그러면 빛의 강도는 반으로 줄어든다. 하나의 편광판을 통과한 빛에 앞에서 사용한 똑같은 편광판을 90° 회전한 편광판, 즉 검광판을 통과시키면 빛은 전혀 나오지 않는다. 직교한 두 편광판이 두 방향의 파를 모두 막았기 때문이다(그림 5-23).

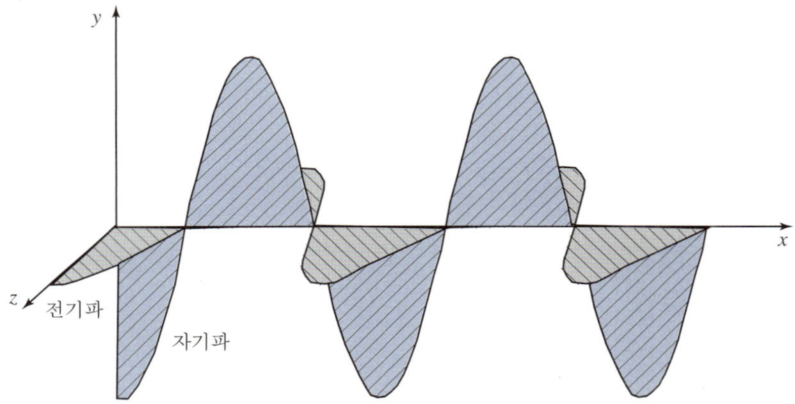

그림 **5-22** 빛(전자파)의 진행

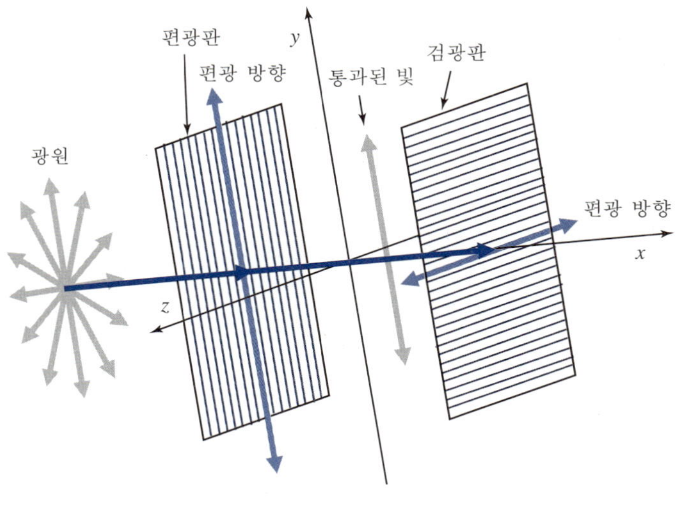

그림 **5-23** 직교하는 두 편광판을 통과한 빛

그런데 두 편광판 사이에 잔류응력이 존재하는 투명 시편을 놓으면 두 번째 편광판(검광판)을 통과한 빛은 다양한 색으로 나타난다. 이렇게 나타나는 이유는 한 방향으로 편광된 빛이 잔류응력이 있는 시편을 지나면서 빛이 두 방향으로 위상차를 가지며 굴절, 즉 복굴절되기 때문이다. 그림 5-24에는 다양한 투명 사출품에서 보이는 복굴절 패턴이 나타나 있다.

두 편광판을 통과한 빛이 복굴절에 의해 다양한 색으로 나타나는 원리가 그림 5-25에 나타나 있다. 빛이 첫 번째 편광판(polarizer)을 통과한다. 첫 번째 편광판은 기준선으로부터 α 각도 방향의 빛만 통과시키는 편광판이다. 따라서 편광판을 통과한 빛은 α 방향의 빛만 진행되고 다른 방향의 빛은 차단된 상태이다. 이 한 방향의 파로 편광된 빛이 잔류응력을 가진 시편을 통과하게 된다. 이때 시편 속에 있는 잔류응력 때문에 빛은 두 방향으로 굴절을 하게 된다. 즉, 굴절된 두 빛은 기준선과 α의 각도로 들어온 빛과는 다른 두 방향의 빛이 된다. 굴절된 하나의 빛은 기준선과 β의 각도 방향으로, 다른

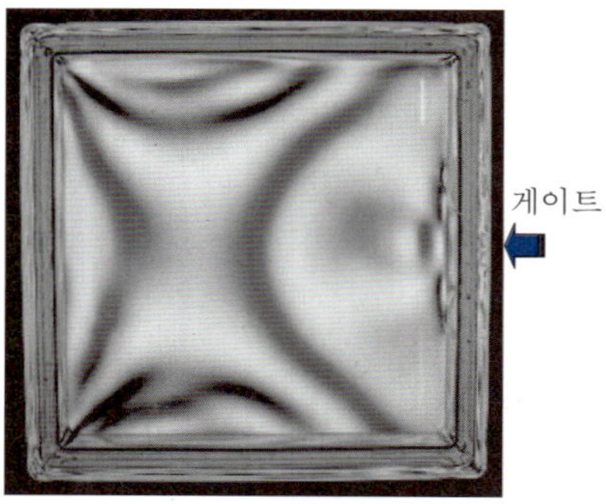

(a) 박스 윗면의 복굴절

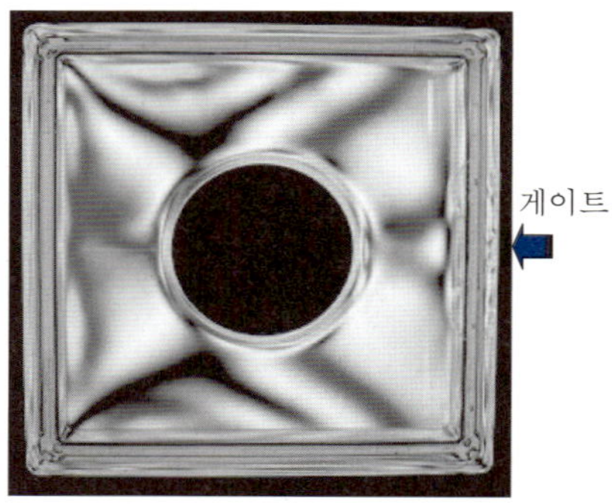

(b) 홀이 있는 박스 윗면의 복굴절

(c) 팬 게이트를 갖는 도광관

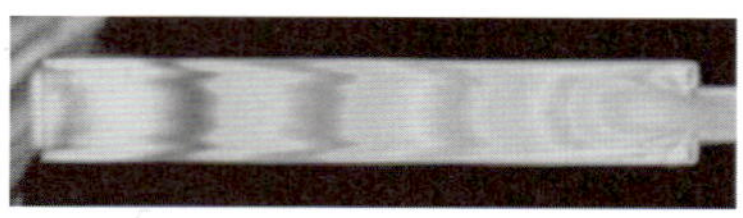

(d) 충격강도 시편

그림 5-24 투명 사출 시편의 복굴절 패턴

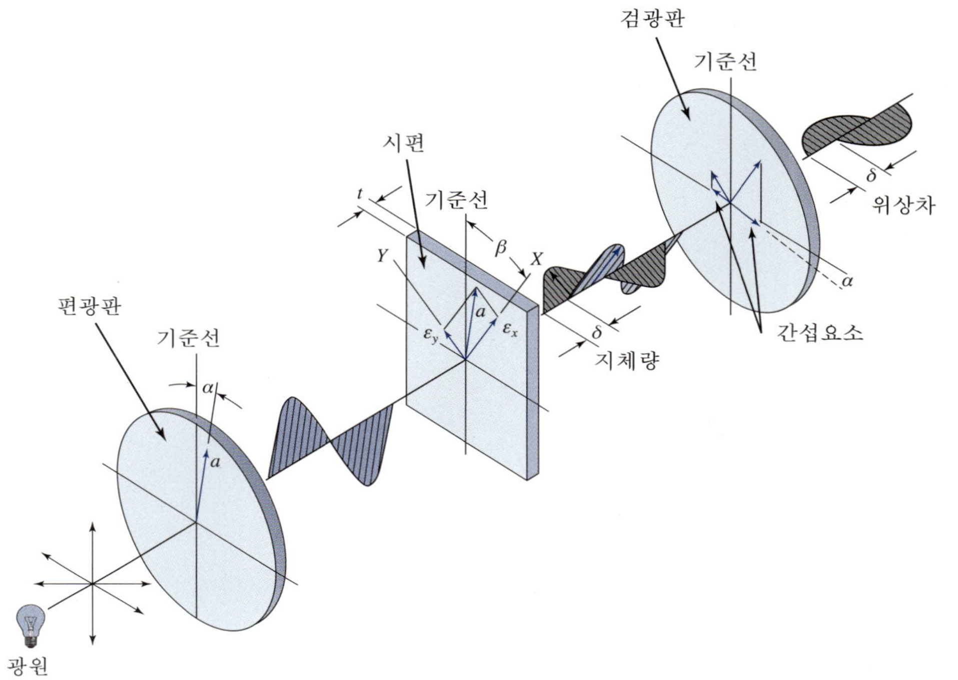

그림 **5-25** 잔류응력을 가진 시편에서 복굴절 패턴을 보이는 원리

하나는 이 β의 각도와 직각을 이루는 방향으로 빛이 진행된다. 이 두 빛은 δ의 지체량(retardation), 즉 위상차(phase difference, phase shift)를 가지고 직교하면서 진행한다. 이 두 파장이 두 번째 편광판을 만난다. 이것은 검광판(analyzer)이라고 부른다. 두 번째 편광판은 앞의 첫 번째 편광판과 직각으로 설치된 판이다. 시편을 지나면서 복굴절된 2개의 파가 검광판을 지나면서 검광판에서 편광된 파장만 지나게 된다. 그런데 복굴절된 두 파가 위상차를 보여서 검광판에서 편광된 두 빛이 서로 간섭을 받아 여러 가지 색으로 나타난다. 두 파의 위상차에 따라 다양한 색상을 보인다. 이것이 두 편광판(편광판, 검광판)을 지난 빛의 복굴절 패턴이다. 시편의 잔류응력 크기에 따라 복굴절된 두 파의 위상차가 생기고 이 위상차의 크기에 따라 색상이 다르게 나타나기 때문에 이 관계를 이용하여 잔류응력의 크기를 계산할 수 있다.

식 (5-20)은 응력-광학법칙(stress-optical rule)을 나타내고 있는데 복굴절의 크기가 응력의 크기에 비례한다는 법칙이다.

$$\Delta n = C\Delta\sigma \tag{5-20}$$

여기서 Δn은 복굴절(birefringence), σ는 응력, C는 응력 광학 상수(stress optical constant)이다. 복굴절 $\Delta n = n_1 - n_2$, 응력차 $\Delta\sigma = \sigma_1 - \sigma_2$이며 1, 2는 주응력의 방향을 나타낸다. n은 굴절률(refractive index)이다. 즉 복굴절은 두 주응력 방향으로 일어나고 이를 이용하여 잔류응력 중 주응력 방향의 잔류응력의 차이를 구할 수 있다. 식 (5-20)에서 C는 비례상수로 브루스터 넘버(Brewster number, C_B)라고 하며, 소재에 따라 다르고 같은 소재라도 이력에 따라 다른 값을 갖는다.

복굴절의 크기는 복굴절된 두 파의 위상차(δ)에 비례하는데 식 (5-21)과 같이 표현된다.

$$\delta = t(n_1 - n_2) = t\Delta n \tag{5-21}$$

여기서 t는 시편의 두께이다. 위상차와 시편의 두께를 알면 식 (5-22)와 같이 복굴절을 계산할 수 있다.

$$\Delta n = \frac{\delta}{t} \tag{5-22}$$

식 (5-22)의 복굴절을 이용하여 식 (5-23)과 같이 잔류응력을 계산한다.

$$\Delta\sigma = (\sigma_1 - \sigma_2) = \Delta n / C_B \tag{5-23}$$

위상차(δ)는 그림 5-25의 그림에서 시편과 두 번째 편광판(검광판) 사이에 보정기(compensator)를 설치하여 구할 수 있다. 보정기에 있는 쐐기(wedge)의 두께를 조절하면서 두 파장의 위상이 일치하는 점을 찾아서 위상차를 계산한다. 백색광을 사용할 때 정성적으로 색상에 따른 위상차(지체량)의 크기가 그림 5-26에 나타나 있다.

결국 위상차를 이용하여 복굴절이 계산되고 소재의 C_B를 대입하면 식 (5-23)과 같이 잔류응력을 계산할 수 있다. 이 잔류응력은 절대적인 잔류응력 값이 아니라 주응력 방향의 잔류응력의 차이이다.

그림 5-27은 사각 사출 시편에서 측정한 잔류응력의 크기를 보여준다. 그림에 σ_1과 σ_2의 응력이 나타나 있는데, 이는 $\Delta\sigma$와 주응력 방향을 구한 다음 시편을 주응력 방향으로 잘라서 σ_1 또는 σ_2를 0으로 만들고 다시 측정하여 σ_1 또는 σ_2를 계산한 것이다.

Color	Retardation (nm)
Black	0
Gray	150
White-yellow	250
Yellow	300
Orange (dark yellow)	450
Red	500
Indigo-violet	570
Blue	600
Blue-green	650
Green-yellow	750
Yellow	850
Orange (dark yellow)	950
Red	1050
Indigo-violet	1140
Green	1300
Green-yellow	1400
Pink	1500
Violet	1700
Green	1750

그림 **5-26** 복굴절 패턴으로 나타난 색상에 따른 위상차

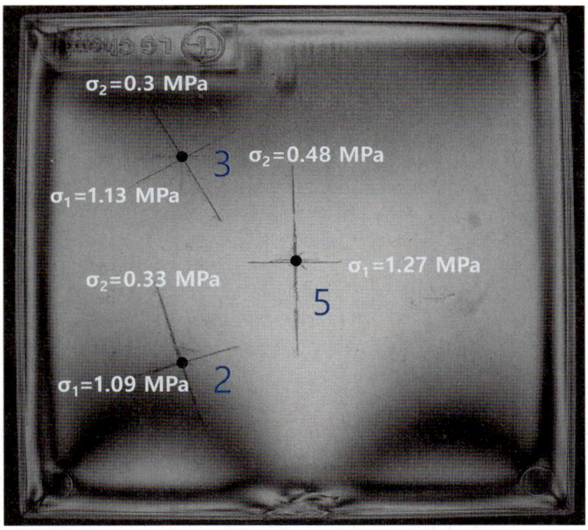

그림 **5-27** 사각 사출 시편의 복굴절 패턴 및 잔류응력

그림 5-28은 그림 5-27의 사각 시편 사출 과정에서 형성된 잔류응력을 컴퓨터 해석으로 예측한 복굴절 패턴과 위상차의 크기를 보여준다. 그리고 그림 5-29는 프린지 오더(fringed order)와 프린지 패턴(fringed pattern)을 보여준다. 흐름에 의한 잔류응력과 열에 의한 잔류응력이 합해진 결과이다. 본 그림에서는 정량적인 수치를 배제하고 정성적으로 복굴절의 결과를 보여주고 있다.

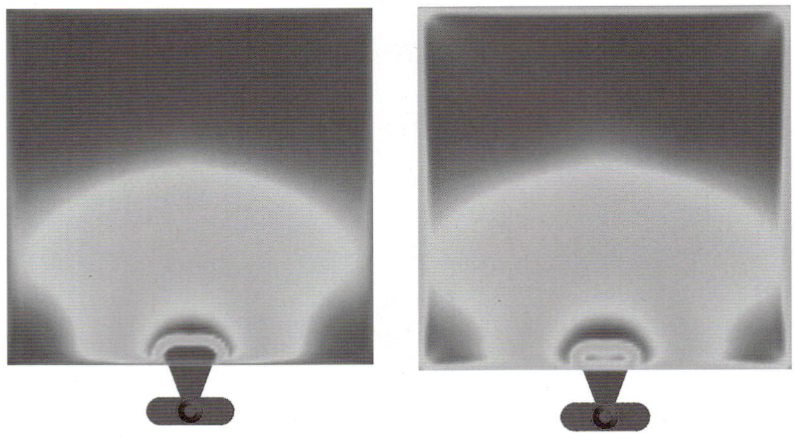

(a) 복굴절 패턴　　(b) 위상차

그림 **5-28** 컴퓨터 해석으로 예측한 복굴절 패턴과 위상차

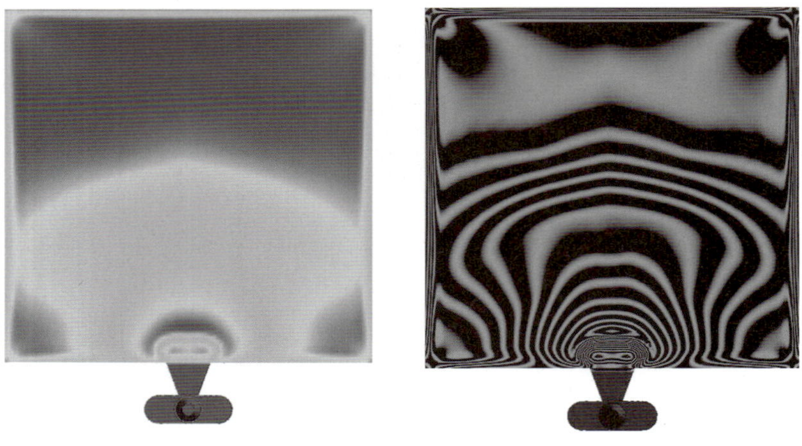

(a) 프린지 오더　　(b) 프린지 패턴

그림 **5-29** 컴퓨터 해석으로 예측한 프린지 오더와 프린지 패턴

CHAPTER 6

사출성형의 불량 원인 및 대책

CHAPTER 6

사출성형의 불량 원인 및 대책

사출성형에서 나타나는 다양한 불량에 대해서 그 원인 및 대책을 설명하였다. 불량을 방지하기 위한 대책은 성형조건 측면, 금형설계 및 제품 설계 측면, 그리고 소재의 측면 등 다양한 관점에서 기술하였다.

사출성형의 불량은 그림 6-1과 같이 크게 4가지로 나눠서 분류하였다. 게이트 부근에서 발생하는 불량, 유동 도중에 발생하는 불량, 캐비티 내 충전 완료 부근에서 발생하는

그림 6-1 사출성형에서 나타나는 불량의 분류

불량, 그리고 성형이 완료된 후에 나타나는 불량으로 나누어 그의 원인 및 대책을 설명하였다. 불량이 항상 정해진 위치나 충전 순서에 따라 발생하는 것은 아니지만 주로 발생하는 지점을 기준으로 위치별로 분류하였다.

6.1 젯팅

젯팅(jetting)은 캐비티 내 게이트에서 안정된 수지의 유동 선단이 미처 생성되지 못하고 수지가 발사되며 나타나는 현상을 말한다. 그림 6-2에 정상적인 흐름과 젯팅이 발생하는 흐름 사진이 나타나 있다.

정상적인 흐름의 유동 선단은 그림 6-2(a)와 같이 포물선 형상을 보이며 게이트부터 안정되게 캐비티를 채우고 있다. 그러나 게이트에서 수지가 빠른 속도로 발사되면 그림 6-2(b), (c)와 같이 게이트 근처부터 수지가 채워지지 않고 캐비티 안쪽에 먼저 들어가 자리를 잡는다. 그리고 다시 뒤이어 게이트 부근에서 수지가 유동 선단을 형성하며 캐비티를 충전하는데, 이때 먼저 들어왔던 수지와의 냉각 차이에 의해 성형품 표면에 수지의 흐름 자국이 나타난다. 이 흐름 자국이 젯팅에 의한 표면 결함이다. 그림 6-2(c)의 투명 수지에서 보이는 젯팅에 의한 표면 결함은 플로우 마크로 착각할 정도로 표면의 불

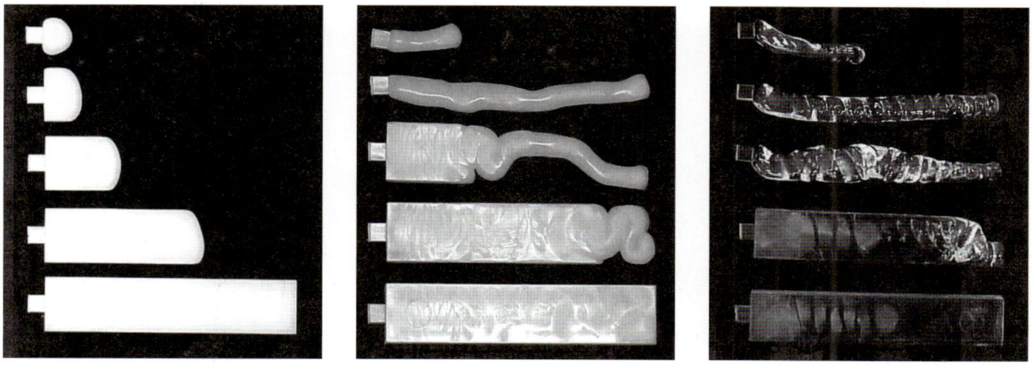

(a) 정상적인 흐름　　(b) 불투명 수지의 젯팅　　(c) 투명 수지의 젯팅

그림 6-2 게이트에서 발생하는 젯팅

량 형태가 플로우 마크와 유사하다. 젯팅은 게이트에서 수지의 흐름속도가 커서 발생하는 현상인데 그 구체적인 발생 원인은 금형설계, 성형조건, 그리고 수지의 물성과 관련이 있는 복합적인 불량이다.

금형설계 측면에서는 게이트의 단면적이 작을수록 젯팅의 우려가 크다. 특히 게이트 두께가 얇을수록 젯팅의 우려가 매우 크다.

성형조건 측면에서는 수지의 흐름속도가 크면 젯팅이 발생할 가능성이 크다. 속도가 크면 게이트 주변부터 안정된 유동 선단을 형성하기 위한 시간적 여유가 없기 때문이다.

수지 측면에서는 고분자의 점탄성 성질이 크면 클수록 젯팅이 발생할 가능성이 크다. 게이트로부터 캐비티로 흘러들어온 수지가 양쪽 금형면에 바로 접촉하지 않고 앞으로 쭉 진행하다가 양쪽 금형면에 접촉하기 때문에 젯팅이 발생한다. 재료의 점탄성이 크면 다이 스웰(die swell)이 커서 금형면에 잘 접촉이 되지만 다이 스웰이 늦게 일어나기 때문에, 즉 다이 스웰이 지연(retardation)되기 때문에 젯팅이 발생한다. 따라서 수지의 점탄성 성질이 너무 크지 않고 적정량 존재해야 젯팅 방지에 유리하다.

수지의 온도가 낮으면 점탄성 성질이 크게 발현되어 젯팅이 쉽게 생긴다. 그래서 런너에서 먼저 흘러간 식은 수지가 캐비티로 바로 들어가는 것을 방지하기 위해 콜드 슬러그 웰(cold slug well)을 설치해주면 젯팅을 줄일 수 있다. 이는 수지의 온도저하를 방지하는 효과가 있기 때문이다. 그리고 사출속도를 줄이면 소재의 점탄성 특성의 발현이 작아서 젯팅을 막을 수 있다.

6.2 플로우 마크

플로우 마크(flow mark)는 캐비티 내에서 수지가 흐르는 자국이 물결 모양처럼 나타나는 현상이다. 그림 6-3에 플로우 마크에 대한 예가 나타나 있다. 그림 6-3(a)는 게이트 주변에서 발생하는 전형적인 플로우 마크를 보여준다. 그림 6-3(b), (c)는 팬 게이트 주변과 흐름의 중간에서 제품 표면에 나타나는 플로우 마크를 보여준다.

플로우 마크는 수지가 금형 내에서 식으면서 흐름성이 떨어져 억지로 밀리면서 흘러

(a) 게이트 주변의 플로우 마크

(b) 팬 게이트 주변의 플로우 마크

(c) 제품에 나타난 플로우 마크

그림 6-3 성형품 표면에 나타나는 플로우 마크 불량

들어가는 현상이다. 게이트에서 발생하는 젯팅을 막기 위해 과도하게 속도를 줄이다 보면 수지의 흐름이 느려지고 수지의 냉각이 이루어지면서 흐름성이 떨어져 게이트 주변에서 플로우 마크가 생길 수 있다. 캐비티의 말단 부분이나 흐름 도중에 흐름의 속도가 떨어지거나 정체가 있으면 수지의 냉각이 이루어져 흐름성이 떨어지면서 플로우 마크가 생성될 가능성이 있다.

수지온도와 금형온도를 높이면 수지의 흐름성을 높일 수 있어 플로우 마크를 줄일 수 있다. 사출속도를 높이면 수지가 냉각되기 전에 캐비티를 충전하게 되므로 플로우 마크를 줄일 수 있는 방법이다. 그러나 속도가 너무 크면 젯팅의 우려가 있으니 적절한 속도가 중요하다.

6.3
크랙

크랙(crak)은 성형품의 일부분에 가늘게 금이 가고 심하게 발생하면 깨지는 현상이다. 그림 6-4에 크랙에 대한 사진이 나타나 있다. 그림 6-4(a)는 게이트 주변에 나타난 크랙이고, 그림 6-4(b)는 제품의 표면에 작은 실 크랙이 나타난 모습이다.

성형 직후에 발생하는 크랙도 있고 성형 후 장시간 지난 후에 발생하는 경우도 있다. 주로 게이트 주변에서 생성되는 경우가 많은데 게이트 주변에서는 잔류응력이 크기 때문에 시간이 지나면서 이 잔류응력이 해소되면서 크랙으로 나타난다.

성형 중에 형성된 잔류응력이 이젝팅 시에 구속에서 벗어나면서 갑자기 이완되면서 발생하기도 하고 시간이 지나면서 서서히 이완되면서 나타나기도 한다. 인서트 몰딩의 경우에는 삽입된 금속 주변에 있는 수지가 냉각하면서 수축하는데 수축이 매우 작은 금속에 의해 수지의 수축이 구속되어 크랙이 발생하기도 한다.

제품에 큰 잔류응력이 존재하거나 제품에 응력이 집중된 상태에서 주위의 물이나 용매(solvent) 등과 같은 화학물질에 노출되면 실 크랙과 같이 보이는 크레이징(crazing)이 발생한다. 이것을 환경에 의한 스트레스 크랙킹(environmental stress cracking)이라고 한다. 크레이징이 더욱 진행하면 크랙으로 발전하나 그렇지 않은 경우는 실 크랙처럼 선으로 보이고 유체와 같은 분자량이 큰 물질은 통과하지는 못한다.

크랙을 막기 위해서는 성형 중에 잔류응력 형성이 적게 형성되도록 성형조건을 설정

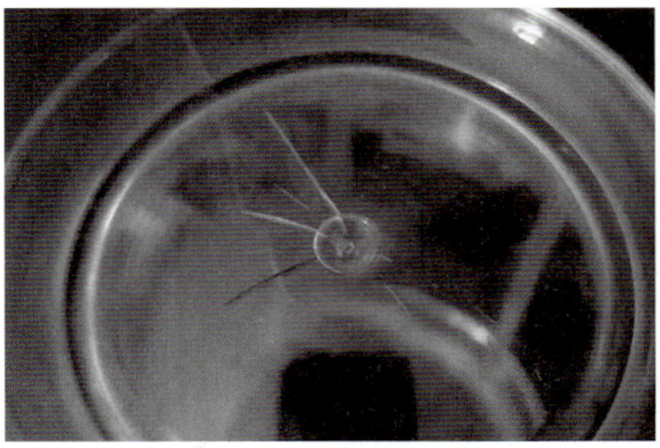

(a) 게이트 주변의 크랙

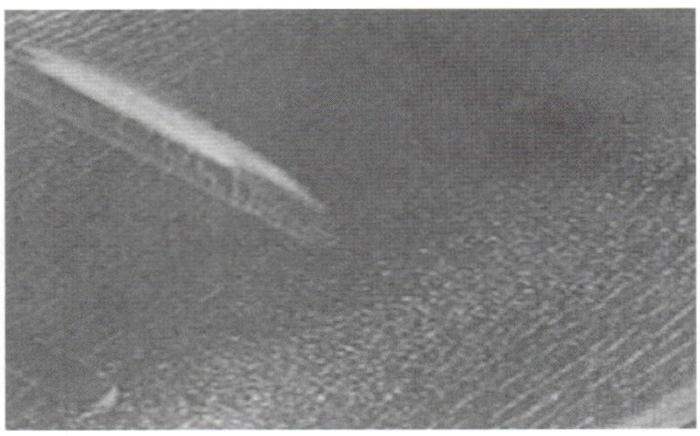

(b) 제품의 표면에 나타나는 실 크랙

그림 6-4 성형품에 나타나는 크랙

해야 한다. 이를 위해 금형온도와 수지온도를 높여 성형한다. 또한 사출압이나 보압을 낮춰서 과잉 충전이나 잔류응력이 크게 형성되지 않도록 한다. 고속사출은 잔류응력 형성을 줄이는 방법 중의 하나이다.

6.4 웰드라인

캐비티 충전과정에서 수지의 두 흐름의 유동 선단이 만나는 곳에서 생기는 선을 웰드라인(weld line)이라 한다. 그림 6-5에 웰드라인 사진이 나타나 있다. 두 유동 선단이 만나는 상황에 따라 웰드라인의 선명도가 다르다.

두 유동 선단이 만나면서 발생되는 웰드라인은 성형품에 홀이 있거나 게이트가 2개 이상 있는 경우에 나타나는 외관 불량이다. 성형품에 두께 편차가 심하거나 흐름에 속도 차이가 크면 유동이 나뉘어졌다 만나면서 웰드라인이 형성되기도 한다. 웰드라인부는 수지의 두 흐름이 만나는 곳이어서 두 흐름이 몰고 온 캐비티 내 공기가 만나는 곳이기도 하여 웰드라인이 선명하게 나타난다. 또한 수지의 유동 선단은 온도가 낮기 때문에 웰드라인 형성 후 분자 간 확산(diffusion)이 적어 웰드라인이 없는 부분보다 물

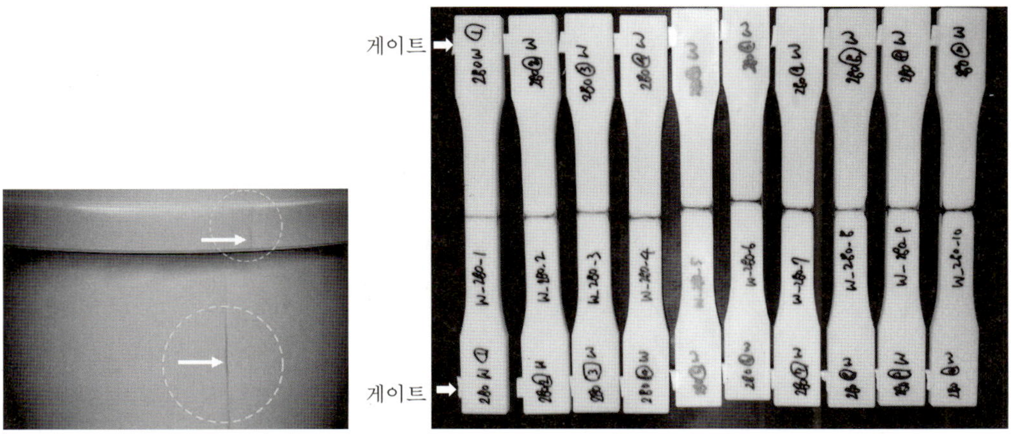

(a) 제품에서 보이는 웰드라인

(b) 게이트가 2개 있을 때 보이는 성형조건에 따른 웰드라인

그림 6-5 성형품에 나타나는 웰드라인 불량

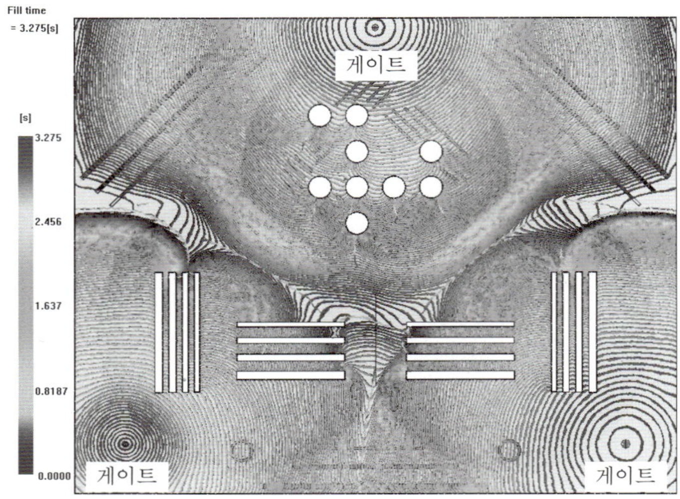

(a) 해석을 통한 웰드라인 형성의 예측

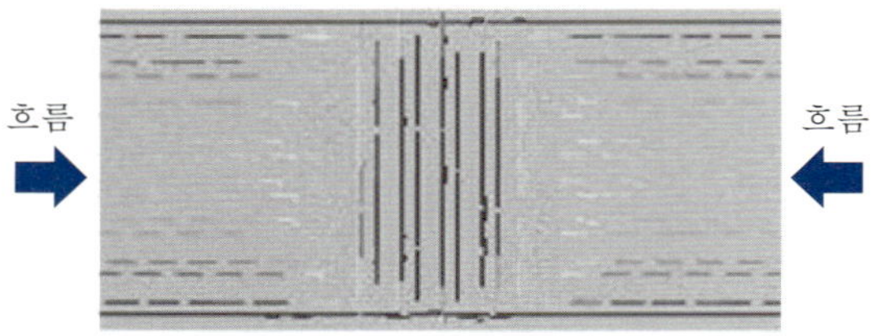

(b) 웰드라인 위에서 본 분자 배향

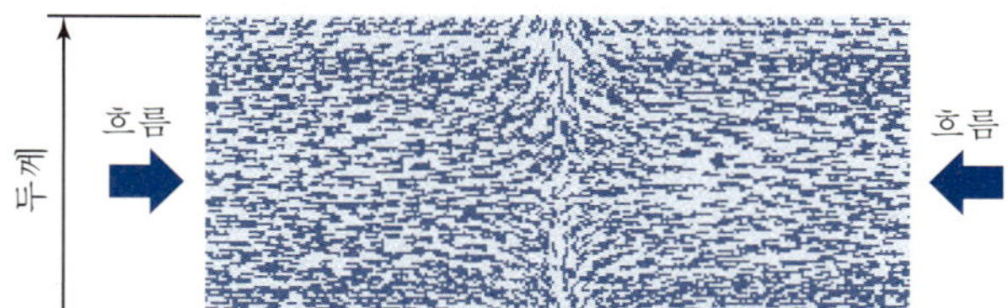

(c) 웰드라인의 정면에서 본 분자 배향

그림 **6-6** 웰드라인 형성과 웰드라인에서 보이는 분자 배향

성이 낮다. 웰드라인부에서 분자의 배향은 웰드라인에 평행하게 형성되므로 웰드라인 강도를 더욱 낮게 하는 원인이 된다. 그림 6-6에는 게이트가 3개인 제품에서 해석을 통한 웰드라인의 예측과 웰드라인에서 보이는 분자 배향이 나타나 있다. 그림 6-6(b), (c)

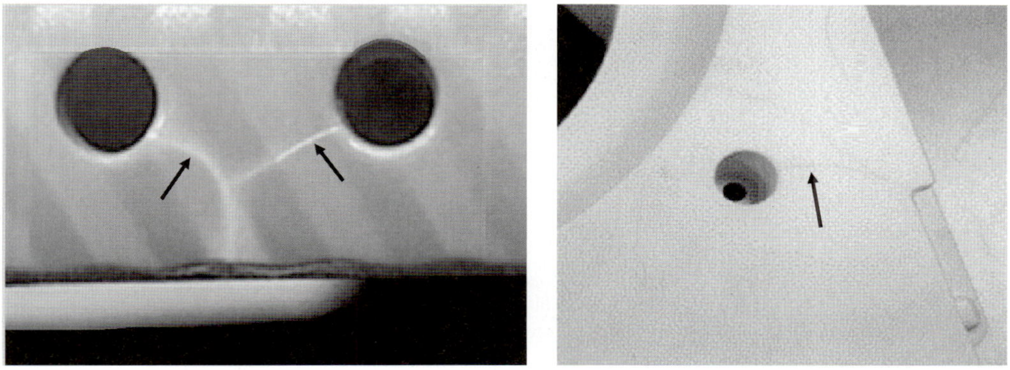

그림 **6-7** 홀 주변에서 나타나는 웰드라인

에서 보는 바와 같이 웰드라인에서는 흐름방향과 직각방향으로 분자 배향이 되어 웰드라인을 더욱 선명하게 하고 강도 또한 떨어뜨린다. 그림 6-7은 홀이 있는 제품의 홀 근처에서 웰드라인이 나타남을 보여준다.

유리섬유, 탈크(talc), 마이카(mica) 같은 무기 첨가제가 포함된 수지의 경우 웰드라인이 더욱 선명하며 웰드라인부의 강도는 매우 낮다. 웰드라인 강도는 소재의 벌크 강도와 비교하여 표현하는데 웰드라인 강도는 소재에 따라, 성형조건에 따라 다양하게 나타난다.

웰드라인을 없애기 위해서는 제품 설계 시 홀이 없게 설계하고 두께를 균일하게 하여 흐름이 나눠지는 경우가 없도록 한다. 피치 못할 웰드라인의 경우는 두 흐름이 만날 때 온도가 높은 상태로 만나고 큰 압력이 유지되게 성형조건을 설정한다. 즉 수지온도, 금형온도를 높이고 사출압과 보압을 높게 성형한다. 사출속도를 빠르게 하면 충전 단계에서 수지의 온도 저하가 적어 웰드라인이 선명하게 나타나지 않고 강도 저하 방지에도 유리하다. 그러나 빠른 충전으로 공기가 빠지기 어려우므로 웰드라인 부분에서 벤팅의 대책을 세운 후 사출속도를 높여야 한다. 가스가 많이 발생하는 수지의 경우는 사출속도를 줄여야 가스의 벤팅이 잘 되어 웰드라인이 선명하게 나타나지 않고 웰드라인 강도도 높일 수 있다.

웰드라인에서 두 흐름이 만날 때 유동 선단의 접선이 만나는 각도에 따라 웰드라인의 선명도와 웰드라인 강도가 다르다. 그림 6-8은 웰드라인에서 두 유동 선단의 접선각을 보여준다. 일반적으로 두 유동 선단의 접선각(θ)이 135° 이상이면 웰드라인이 선명하

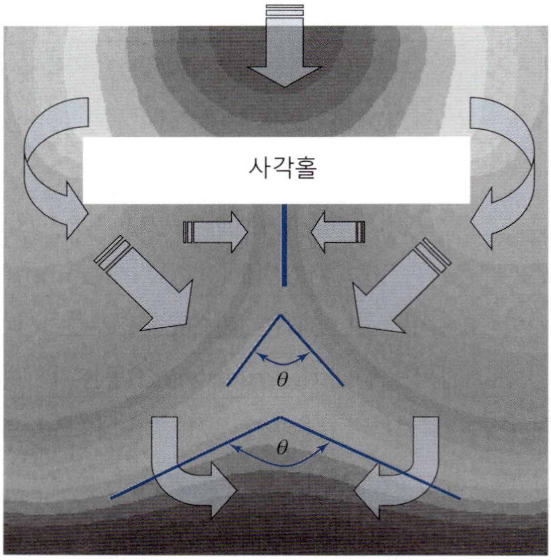

그림 6-8 유동 선단의 접선각(θ)에 따른 웰드라인부의 흐름

게 나타나지 않는다. 그래서 두 유동 선단의 접선각이 135° 이상인 경우 멜드라인(meld line)이라고도 부른다.

6.5 은줄

은줄(silver streak)은 제품의 표면에 흰색의 줄무늬가 나타나거나 물방물이 터진 것처럼 자국이 나타나는 현상이다. 그림 6-9에 사출성형품에서 나타나는 다양한 은줄이 나타나 있다. 이는 수지에 수분이 포함되어 있는 경우에 수분이 증기가 되어 뭉쳐 있다가 캐비티 안에서 큰 압력을 받으며 큰 속도로 흘러가면서 터져 표면에 물방울이 튀기는 자국이 나타나는 현상이다. 캐비티 내의 공기나 수지에서 발생된 가스가 뭉쳐 있다가 캐비티 충전 중에 표면으로 나오면서 퍼져서 제품 표면에 자국을 남기기도 한다.

수지에 포함된 가스나 수분이 금형의 캐비티까지 전달되었다면 사출속도를 줄여서 캐비티 내부에 있는 수분이나 가스가 캐비티 밖으로 충분히 빠져나가면서 충전이 되게

(a) 게이트 주변에서 보이는 은줄

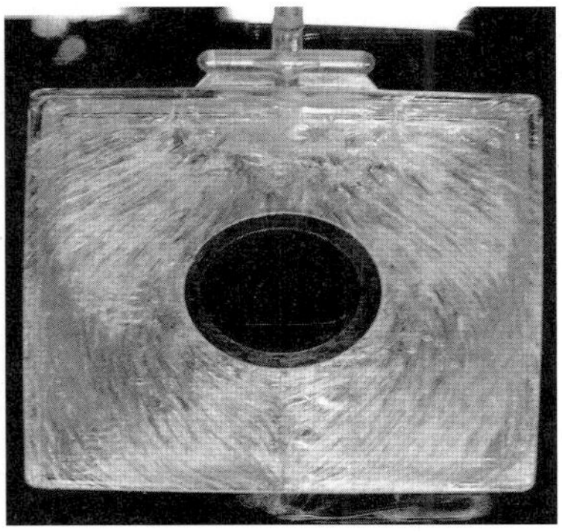

(b) 은줄과 보이드가 혼재하는 제품

(c) 제품에서 보이는 은줄

그림 **6-9** 사출성형품에서 나타나는 은줄

한다. 그리고 금형설계 측면에서는 다양한 방법으로 캐비티 내 수분이나 가스가 충분히 빠져나가도록 벤팅을 설계한다.

근본적으로 수지는 사출 전에 건조조건(온도 및 시간)을 잘 지켜 충분히 건조시켜야 한다. 또한 가스나 공기가 금형의 캐비티에 들어오기 전에 차단하는 것이 중요하다. 이를 위해 가소화 중에 수지나 첨가제에 포함된 가스나 수분에 의한 증기가 가열 실린더 외부로 빠져나가도록 한다. 이를 위해서는 사출기의 호퍼에서 수지를 공급할 때 일반적인 flood fed(호퍼에 수지를 가득 넣고 스크류 회전수로 수지의 공급량을 조절하는 방식)가 아니라 starved fed(컨베이어 벨트나 특별한 공급 장치로 일정량의 수지를 호퍼에 공급하는 방식)로 수지를 공급한다. Starved fed로 수지를 공급하면 가소화 스크류에서 수지가 녹으면서 발생된 가스나 수분이 스크류 앞쪽의 높은 압력에 의해 스크류 뒤쪽의 호퍼 쪽으로 빠져나간다. 그러나 flood fed인 경우 수지가 스크류에 가득 채워져 있어 가스가 뒤로 빠져나가지 못한다. Starved fed의 공급방식은 수지에 가스가 많이 포함되어 있거나 가스가 캐비티 안으로 들어오는 것을 철저히 방지하고자 할 경우에 사용된다. 상업적으로도 starved fed 공급방식을 제공하고 있는데(Hugry Feeder) 진공 장치까지 추가하고 있어서 가스를 확실히 빼내고 있다.

6.6 탄화

탄화(burn mark)는 수지의 높은 온도 또는 긴 유동 정체 시간으로 인하여 수지가 열적으로 손상되어 성형품 표면이 갈색 또는 검은색으로 변색되어 나타나는 현상이다. 그림 6-10은 탄화 현상이 나타난 제품을 보여준다.

캐비티에서 공기가 모이는 곳에 벤팅이 안 되는 경우 캐비티에 갇힌 가스의 압력이 증가되고 온도가 상승하여 수지의 탄화로 나타난다. 캐비티에 마지막으로 충전되는 곳에 공기가 모이게 되는데 이곳에서 벤팅이 되지 않으면 미성형과 함께 탄화가 발생한다.

탄화를 방지하기 위해서는 가장 기본적으로 수지의 온도가 급격히 상승하거나 수지의 체류시간이 길지 않은 조건으로 성형한다. 제품에서 넓은 영역에서 변색이 된다면 수지의 가소화 과정에서부터 체크해야 한다. 수지의 가소화 과정에서부터 온도가 과도하게 상승하지 않도록 가열 실린더의 온도를 조절하고 계량속도(스크류 RPM)를 높지 않게 한다.

수지가 높은 온도에서 오랫동안 지체해도 수지가 열화되어 색이 변하고 강도도 저하된다. 따라서 수지가 캐비티에서 오랫동안 정체되는 부분이 없도록 하는 제품을 설계해야 한다. 금형설계 측면에서는 캐비티에 수지가 충전되는 동안 공기가 완전히 잘 빠지도록 금형을 설계한다. 핫런너 금형에서는 수지가 런너와 노즐에 머무르다 캐비티로 흘러나오는데 런너와 노즐에서의 체류시간이 길면 수지가 변색되는 경우가 많다. 따라서 열안정성이 좋지 않은 수지는 핫런너 사용에 신중해야 한다.

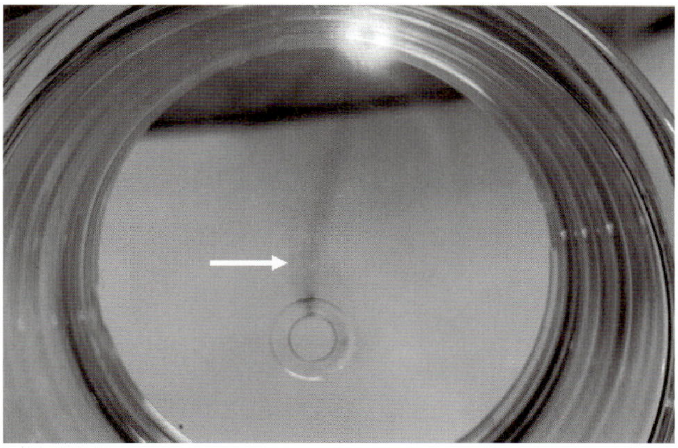

(a) 게이트 주변에서 보이는 탄화

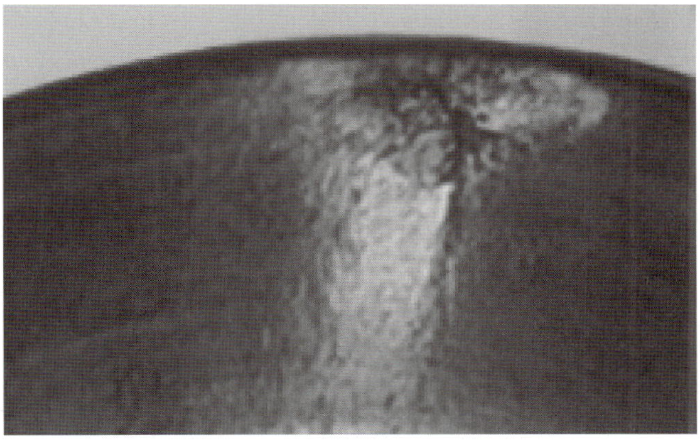

(b) 제품의 표면에서 보이는 탄화

(c) 미성형과 탄화가 동시에 나타난 제품

그림 **6-10** 성형품 표면에 나타나는 다양한 탄화 현상

6.7
미성형

미성형(short shot)은 수지가 캐비티 내에 완전히 충전되지 않아서 성형이 온전히 이루어지지 않은 생태를 말한다. 그림 6-11은 성형품에 나타나는 미성형 불량을 보여준다. 미성형은 대부분 캐비티 내 흐름의 말단, 리브나 보스의 끝단에서 발생한다.

사출성형기의 사출 용량이나 사출량이 부족하면 미성형이 발생한다. 또한 성형품에서 두께가 얇은 부분은 수지가 흘러 들어가기 어려워 미성형 가능성이 있다. 두께가 얇은 리브(rib)나 격자, 그리고 게이트에서 멀리 떨어져 있는 곳에서 수지의 온도 저하로 흐름성이 떨어져 미성형이 나타난다. 충전의 말단에 공기가 모이는데. 이곳에서 벤팅이 안 되면 수지가 채워질 수 없어 미성형이 발생한다. 특히 보스의 끝부분에는 미성형이 발생할

(a) 미성형 제품과 양품의 비교

(b) 제품의 리브에서 보이는 미성형

(c) 보스 끝부분에서 보이는 미성형

(d) 성형품의 말단에서 보이는 미성형

그림 6-11 성형품에 나타나는 미성형 불량

가능성이 크므로 벤팅을 충분히 해야 한다. 캐비티 내 수지의 충전은 캐비티 내에 차지한 공기를 수지로 바꾸는 일이다. 따라서 캐비티 내의 공기가 외부로 빠져나가지 않으면 수지를 캐비티에 완전히 채울 방법이 없다.

수지의 양이 부족한 경우라면 사출기의 사양을 올려서 사출하면 미성형을 막을 수 있다. 두께가 얇은 부분은 흐름이 어려워 미성형 발생이 우려되므로 가능한 한 두껍게 변경하고 사출압력을 높게 사출한다. 사출속도를 높이면 충전 중 수지의 냉각이 적어서 완전 충전에 유리하다. 그리고 수지온도 및 금형온도를 높여 사출하면 수지의 유동성이 좋아서 완전 충전에 유리하다. 또한 사출압력과 보압을 높이면 완전 충전에 유리하다. 사출할 때 큐션(cushion)량을 크게 하는 것도 완전 충전에 유리하다.

6.8 플래시

플래시(flash)는 금형의 파팅면, 슬라이드 코어 부분, 인서트의 틈새, 이젝팅 핀의 간격 등에 수지가 흘러 들어가 거스러미가 생기는 현상이다. 그림 6-12는 성형품에 나타나는 플래시 불량을 보여준다.

플래시 현상을 버(burr)라고도 부르는데 버는 일반적으로 금속 판재의 절단, 피어싱, 펀칭 등 프레스 가공 시에 생기는 거스러미를 말한다. 일반적으로 재료에 흐름성이 있어서 틈새에 흘러 들어가 생기는 거스러미를 플래시로 호칭한다. 금속의 단조가공에서 생기는 거스러미도 재료의 흐름에 의해 발생되기 때문에 플래시라고 부르는 것이 옳다.

플래시는 보압전환 타이밍이 늦어서 캐비티에 과도한 압력이 작용되면 발생한다. 이런 경우는 사출 시 사출압이 너무 높아서 수지가 금형의 틈새에 흘러 들어가 발생한다. 사출성형기의 형체력이 부족하여 충전과 보압 시에 금형을 충분히 닫아주지 못하면 파팅면에서 플래시가 나타난다. 성형품에 광택을 높이고 사출성형을 수월하게 하기 위해서 수지온도를 과도하게 높이면 플래시 발생의 우려가 있다.

일반적으로 사출압과 보압을 내리고 보압전환 시점을 당기면 플래시를 막을 수 있다. 사출기의 사양을 올리면 형체력을 높게 할 수 있어 금형이 완전히 닫히지 않는 것을 방지하여 플래시를 줄일 수 있다. 수지의 흐름성이 너무 좋아 플래시가 발생하는 경우는

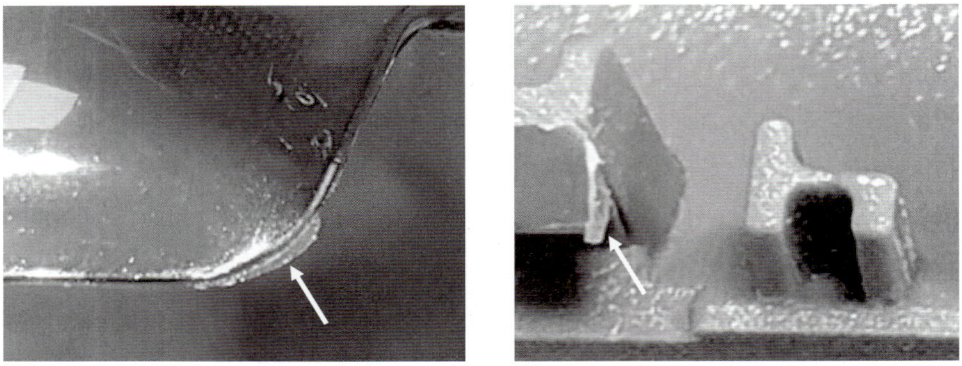

(a) 파팅면과 돌출부에서 나타나는 플래시

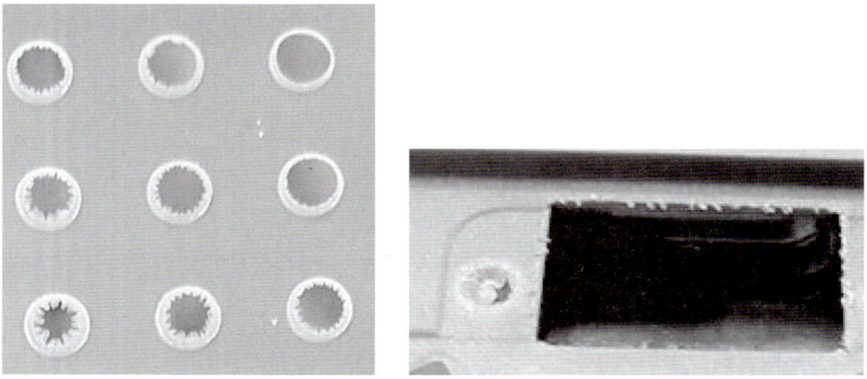

(b) 코어 부분의 틈새에서 발생하는 플래시

그림 **6-12** 성형품에 나타나는 플래시 불량

사출온도와 금형온도를 낮추어 성형하면 플래시 불량이 개선된다. 이젝팅 핀은 작동횟수가 많아 빨리 닳을 수 있어 틈새가 커지는 경우가 있는데 이젝팅 핀을 자주 교체하면 이에 따른 플래시를 줄일 수 있다.

6.9 싱크마크

싱크마크(sink mark)는 성형품의 두꺼운 곳에서 수지의 수축이 커서 성형품의 표면이 안쪽으로 오목하게 들어가는 현상이다. 그림 6-13은 성형품 표면에 나타나는 싱크마크를 보여준다. 주로 두께 편차가 있는 제품의 두꺼운 부분이나 리브나 보스 등의 반대편 바닥면에서 수지의 수축량을 충분히 보상하지 못해 나타난다. 스프루 게이트(다이렉트 게이트)의 경우 스프루 끝부분인 게이트 쪽에 체적이 커서 수축이 크게 일어나 게이트 반대편(뒷면)에 큰 싱크마크가 나타난다.

성형조건 측면에서 수지의 수축을 충분히 보상할 수 있도록 보압을 크게 하고 보압시간을 길게 하면 싱크마크를 줄일 수 있다. 사출성형에서 큐션량을 크게 조절하면 수지의 보압이 잘 들어가 수지의 수축을 충분히 보상할 수 있어서 싱크마크가 줄어든다. 수지는 어느 정도의 압축성을 보이기 때문에 보압 스트로크 중 일부분의 스트로크는 수

(a) 보스 밑면의 싱크마크　　(b) 돌출부 밑면의 싱크마크

그림 **6-13** 성형품 표면에 나타나는 싱크마크

(c) 리브 밑면의 싱크마크

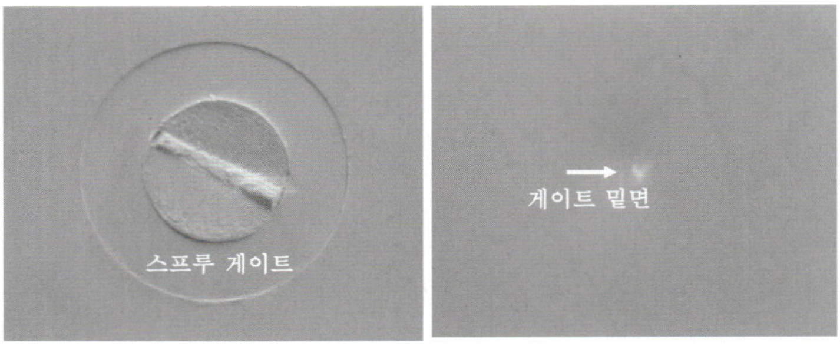

(d) 스프루 게이트와 게이트 밑면에서 보이는 싱크마크

그림 **6-13** 성형품 표면에 나타나는 싱크마크(계속)

지 자체의 압축에 사용되어 큐션량이 충분하지 않을 경우, 즉 보압 스트로크가 충분하지 않을 경우 실린더 내의 수지를 캐비티까지 전달하는 데 부족할 수 있다.

금형설계 및 제품 설계 관점에서 균일한 냉각이 되도록 제품의 두께를 균일하게 설계한다. 수지의 관점에서는 수축률이 적은 비결정성 수지를 사용하거나 수지에 무기 충진제를 첨가하면 수지의 수축량이 줄어들기 때문에 싱크마크를 줄일 수 있다.

6.10 보이드

보이드(viod)는 성형품 내부에 기공 또는 작은 빈 공간이 생기는 현상이다. 그림 6-14는 성형품 내부에 나타나는 보이드 불량을 보여준다. 성형품이 고화될 때 스킨 부분의 수지가 먼저 고화되고 코어 부분의 수지가 나중에 고화되면서 수지의 수축으로 빈 공간이 형성되면서 홀이 형성된다.

성형품의 두꺼운 부분에서는 체적이 커서 수지의 수축이 크게 일어나는데, 코어 부분

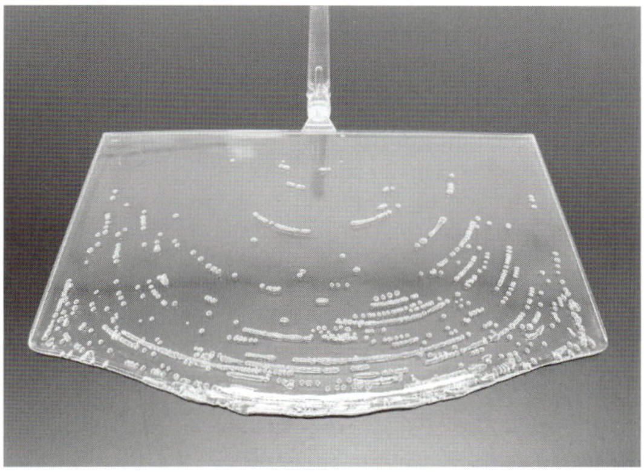

(a) 투명 제품 내부의 작은 크기의 보이드

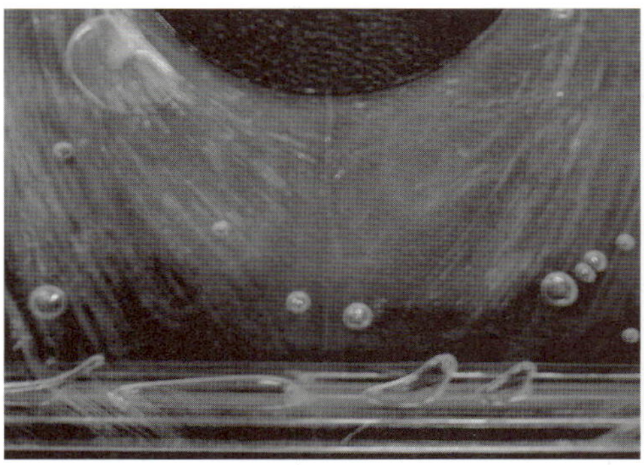

(b) 물방울 모양의 보이드

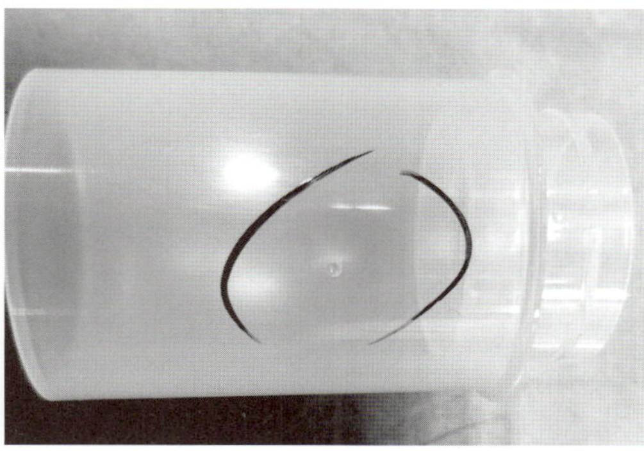

(c) 용기 성형에서 보이는 보이드

그림 6-14 성형품 내부에 나타나는 보이드 불량

이 가장 늦게 고화되면서 내부에서 수지의 수축에 의해 보이드가 나타난다. 이런 경우 수축이 제품 내부에 일어났기 때문에 표면에 싱크마크가 없는 경우가 많다. 성형품의 두꺼운 부분에서 외부 면에 싱크마크가 없다면 내부에 보이드가 형성되었을 가능성이 크다.

수지의 높은 온도에서 수지나 첨가제에서 발생한 가스나 수분이 있는 경우 수지의 캐비티 충전과정에서 가스나 수분이 캐비티 밖으로 빠져나가지 못하고 성형품 내부에 갇혀 보이드가 생기는 경우도 있다. 불투명한 성형품은 내부의 보이드가 외부에서 보이지 않으나 투명한 성형품에서는 보이드가 훤히 보이므로 외관적으로 치명적인 결함이다.

성형조건 측면에서 수지의 수축을 잘 보상하도록 보압을 크게 하고 보압 시간을 길게 하면 보이드의 형성을 막을 수 있다. 사출성형조건에서 큐션량을 크게 조절하면 보압 동안에 수지의 수축을 충분히 보상할 수 있어서 보이드를 줄일 수 있다. 제품 설계 측면에서는 제품의 두께를 얇고 균일하게 설계하여 수축이 작고 균일하도록 하고, 금형설계에서는 가스 벤팅이 잘 되도록 설계한다.

수지는 수축률이 적은 비결정성 수지를 사용하거나 수지에 무기 충진제를 첨가하면 수지의 수축량이 줄어들기 때문에 보이드를 줄일 수 있다. 수지에서 발생한 가스나 수분에 의한 경우에는 수지의 온도를 낮추고 수지를 충분히 건조한 후에 사출하도록 한다.

6.11 휨

휨(warpage)은 성형품의 외관이 변형되어 나타나는 현상으로 휨 외에 벤딩이나 꼬임, 뒤틀림 변형도 나타난다. 그림 6-15는 성형품의 휨과 뒤틀림 현상을 보여준다.

휨은 성형품의 변형으로 나타나는 현상으로, 변형을 일으키는 원인은 성형수축과 잔류응력으로 분류할 수 있다. 성형 직후에 나타나는 휨은 성형수축에 의한 것으로 수축량이 크거나 수축이 불균일하여 나타난다. 성형 후 오랜 시간이 흐른 뒤에 나타나는 휨은 잔류응력에 기인한다. 수지의 충전 단계에서 수지의 흐름에 의해 분자 배향이 형성되는데 이로 인해 흐름방향과 흐름의 직각방향으로 물성의 이방성이 나타나 휨을 일으킬

(a) 프레임의 휨

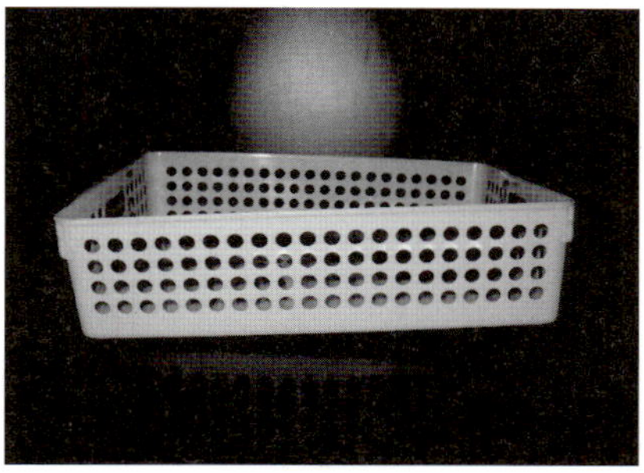

(b) 상자의 뒤틀림

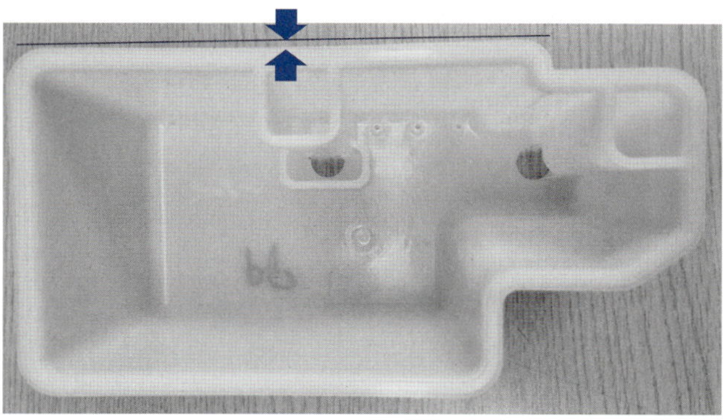

(c) 깊이가 깊은 제품 테두리의 휨

그림 **6-15** 성형품의 휨과 뒤틀림 현상

수도 있다. 냉각 단계에서도 불균일한 냉각에 의해 열에 의한 잔류응력이 형성되는데 성형 후 시간이 지나면서 제품에 휨을 유발한다.

성형 측면에서 균일한 성형수축을 얻기 위해서는 충전이 균일해야 하고 온도분포와 압력분포가 균일하도록 해야 한다. 성형품의 잔류응력을 줄이기 위해서는 금형의 온도를 높게 하여 냉각시간을 길게 한다. 그리고 수지의 온도를 높이고 저압으로 고속 사출을 하면 잔류응력이 감소하여 휨이 줄어든다.

상자 형상의 제품은 금형 및 제품의 구조상 코어 부분의 온도가 높아 코어 쪽으로 휘어지는 경향이 있는데 금형의 코어와 캐비티의 온도를 달리 조절하면 휨을 제어할 수 있다. 성형품의 균일한 성형수축을 얻기 위해서는 일차적으로 제품의 두께가 균일하도록 설계한다. 제품 설계 시 성형수축에 따른 변형에 저항이 잘 되도록 강성 있는 형상으로 설계하는 것도 휨을 줄일 수 있다. 상자 형상의 경우 테두리의 형상 설계가 중요하다. 그림 6-15(c)는 깊이가 깊은 제품의 테두리 부분을 둥그렇게 설계하여 휨을 제어하고 있는 제품이다. 수지 측면에서는 수지의 흐름방향에 관계없이 균일한 수축이 일어나도록 파우더 형태의 무기 충진제가 포함된 수지를 사용하면 휨을 줄이는 데 도움이 된다.

CHAPTER 7

사출성형을 위한 고분자 수지의 이해

CHAPTER 7

사출성형을 위한 고분자 수지의 이해

7.1 고분자 개요

7장에서는 고분자 전공자가 아닌 엔지니어, 특히 사출성형 엔지니어를 위하여 고분자 재료를 설명하고자 한다. 특정 고분자 수지의 물성이나 특성, 용도를 나열하는 것이 아니라 고분자 자체를 이해할 수 있도록 기술하였다. 많은 고분자 수지의 물성값에 관한 정보는 관련 자료나 표, 그리고 수지 공급업체에서 제공하고 있기 때문에 쉽게 찾을 수 있다. 그러나 성형 엔지니어가 고분자의 물성이나 특성을 이해하기 위한 고분자의 근본적인 속성을 설명한 자료는 찾기 어렵다. 그러한 자료가 있어도 많은 분량의 내용을 읽어서 이해해야 하기 때문에 고분자를 전공하지 않은 성형 엔지니어가 그런 자료를 소화하는 것은 매우 어려운 일이다. 이러한 어려움을 해소하기 위해 여기서는 고분자가 근본적으로 어떻게 이루어져 있고 물성에 영향을 주는 요인들은 무엇들이며 어떻게 물성에 영향을 주는지, 그리고 물성 변화를 시도하는 이유는 무엇인지 이해할 수 있도록 설명하였다. 그리고 실제로 성형에 쓰이는 고분자 수지가 어떻게 이루어져 있는지 설명하였다. 이러한 과정을 이해하면 목적에 맞는 고분자 수지를 선정할 수 있고, 또 고분자 수지의 최적 성형조건을 설정하는 데 큰 도움이 될 것으로 판단한다.

고분자(polymer)는 분자량(molecular weight)이 큰 물질을 말한다. 사출성형에서 사용하는 플라스틱은 고분자에 속한다. 고분자는 플라스틱과 고무 탄성체를 포함하고 있다. 고분자인 'polymer'의 어원을 보면 'poly'는 많다는 뜻이고, 'mer'는 유닛(unit) 또는 부분(part)이라는 뜻이다. 결국 작은 부분들, 또는 유닛들이 많이 모여 있다는 뜻이다. 이 반복되는 유닛을 반복유닛(repeat unit)이라고 한다. 반복유닛은 다시 구조유닛(structural unit)으로 구성되어 있는데 반복유닛 안에 구조유닛이 1개인 경우가 많지만 2개 이상인 경우도 있다. 사출성형공정에서 흔히 사용하는 폴리에틸렌(PE, polyethylene), 폴리프로필렌(PP, polypropylene)은 각각 에틸렌(ethylene)과 프로필렌(propylene)의 반복유닛이며, 이 반복유닛이 많이 모여 있는 물질들이다. 이러한 고분자 수지는 모두 합성으로 만들어지기 때문에 합성 고분자(synthetic polymer)라고 한다. 자연에서 나오는 물질 중에서도 분자량이 큰 물질, 즉 고분자는 많다. 천연 고분자(natural polymer)에 속하는 물질은 목재(wood), 천연고무(natural rubber), 면(cotton), 양털(wool), 가죽(leather), 비단(silk) 등이다. 또 생체 및 생리학적으로 중요한 물질인 단백질(proteins), 효소(enzymes), 녹말(starches), 섬유소(cellulose)도 천연 고분자이다. 바이러스(virus)와 DNA도 천연 고분자에 속한다. 일반적인 합성 고분자 수지는 작은 같은 물질이 반복되어 고분자를 이룬다. 그러나 대부분 천연 고분자는 여러 다른 물질들이 모여 고분자를 이룬다.

고분자를 처음으로 인지한 인물은 헤르만 슈타우딩거(Herman Staudinger)이다. 그는 1920년대에 어떤 물질들이 거대 분자량으로 이루어져 있다고 생각하고 거대 분자 가설(marcromolecules hypothesis)을 발표한다. 이후 플라스틱과 고무가 거대 분자량으로 이루어진 것이 밝혀지고 가설이 정설로 인정되면서 헤르만 슈타우딩거는 1953년에 노벨 화학상을 받았다. 그래서 공식적으로 고분자라는 용어를 사용한 것이 70년 정도밖에 지나지 않는다. 그 동안에 많은 고분자들이 개발되고 사용되고 있는데 이미 오래 전부터 철의 생산량보다 훨씬 더 많이 생산되어 사용되고 있다. 지금은 고분자 없이는 생활할 수 없는 환경이 되었다. 시대의 분류에서 석기시대, 청동기시대, 철기시대를 지나 지금은 아마도 고분자 시대의 초기가 아닌가 상상도 해본다. 고분자가 세상에 많이 쓰여 편리함과 문명을 높이는 역할도 하지만 동시에 환경을 오염시키는 경우가 있어 많은 과제를 던지고 있다.

분자량이 작은 물질이 반응하여 큰 분자량으로 되어 고분자가 되는데, 이러한 반응을 중합(polymerization)이라고 부른다. 일반적으로 화학에서 반응은 'reaction'으로 표현하나 고분자가 제조되는 반응은 'reaction'이라고 하지 않고 'polymerization'이라고 한다. 거대 분자량이 되는 반응을 일반 화학반응과 구별하고자 그렇게 부르는 것으로 생각된다. 고분자가 되기 전에 작은 분자량의 물질은 탄소로 이루어져 있는 나프타(naphtha)이다. 나프타를 '납사'라고도 부르는데, 이는 부족한 영어 발음에서 유래된 것으로 생각된다. 나프타는 탄소수가 4~12개인 물질로 석유의 정제과정에서 얻어지는 물질이다. 원유의 성분은 C(82~87%), H(11~15%), S(~4%), O(~2%), N(~1%) 순으로 이루어져 있다. 석유의 정제과정은 비등점(boiling point)을 이용하여 물질을 분리한다. 비등점이 가장 낮은 프로판 가스(비등점 25℃)가 먼저 정제되고, 이어서 가솔린(비등점 40~75℃), 나프타(비등점 75~150℃)가 정제된다. 그 다음으로 등유, 경유, 윤활유, 중유, 그리고 마지막으로 찌꺼기인 아스팔트가 정제된다. 나프타의 생산비율은 석유정제 물질의 약 20%를 차지한다. 이 나프타를 여러 화학물질로 변형하고 이를 이용하여 중합하여 고분자를 만든다.

7.2 고분자의 구성 및 물성

7.2.1 고분자 구성

물질들은 특정한 결합(bonding)으로 이루어져 있는데 고분자는 화학 원소들이 공유결합(covalent bonding)으로 연결되어 있다. 화학적 결합은 주 결합(primary bonding)과 이차 결합(secondary bonding)으로 나누는데, 주 결합에는 금속결합(metallic bonding), 이온결합(ionic bonding), 공유결합이 있다. 이차 결합에는 반데르 발스 결합(van der Waals bonding), 수소결합(hydrogen bonding), 쌍극결합(dipole bonding) 등이 있다. 주 결합은 결합 에너지가 매우 커서 단단한 물질을 이루며 대표적인 재료는 금속, 세라믹, 고분자이다. 금속은 금속결합으로, 세라믹은 주로 이온결합으로, 또는 이온결합과 공유결합의 합성결합으로, 고분자는 공유결합으로 이루어져 있다. 결합의 세기에 따라 물질의 물리적 강성이 결정되는데 금속결합이 가장 강한 결합을 보이기 때문에 세라믹과 고분자보다 훨씬 강하다.

고분자의 결합을 보이는 공유결합을 살펴보자. 그림 7-1은 메탄(metane, CH_4)에서

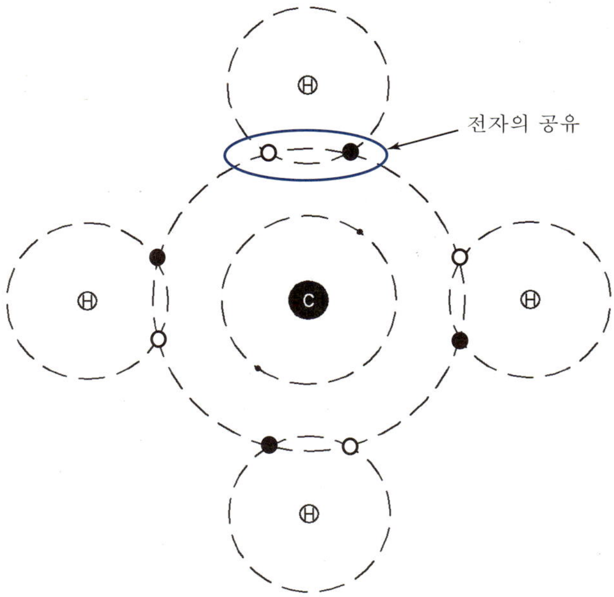

그림 7-1 메탄의 공유결합 모식도

형성된 공유결합의 모식도이다. 탄소는 원자가(부족한 전자의 수)가 4이고 수소는 원자가가 1이다. 그래서 1개의 탄소에 4개의 수소가 서로 전자를 공유하며 안정한 상태를 이룬다. 고분자 수지는 이러한 공유결합으로 단단히 결합되어 있다.

고분자 수지 중에서 화학적 기호로 가장 간단한 PE를 살펴보자. 그림 7-2는 에틸렌 모노머(ethylene monomer, C_2H_4)를 보여준다. 3가지 형태 모두 에틸렌 모노머를 나타낸다. 에틸렌 모노머에서 탄소는 원자가가 4이고 수소는 원자가가 1이어서 탄소는 전자를 공유할 수소가 부족하여 탄소끼리 전자 2개를 공유하며 안정한 상태를 이룬다. 즉 탄소는 이중결합을 한 상태이다. 에틸렌 모노머에서 탄소 사이의 이중결합을 깨면 2개

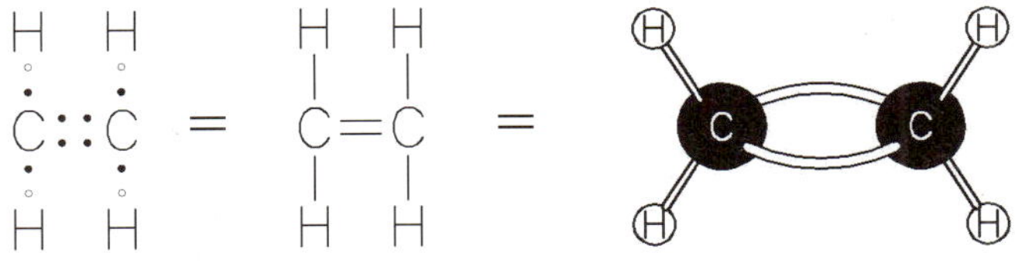

그림 7-2 에틸렌 모노머

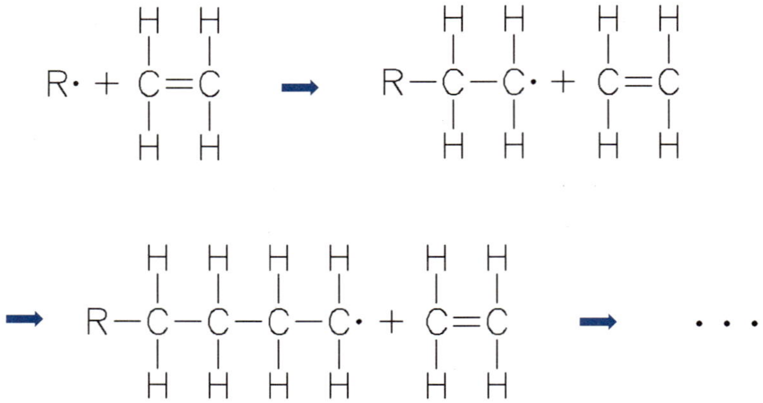

그림 7-3 폴리에틸렌의 형성과정

의 탄소에서는 전자를 공유하지 못한 여분의 전자 2개가 나타난다. 이렇게 불안한 상태가 된 에틸렌 모노머는 다른 에틸렌 모노머의 탄소에서 이중결합을 깨고 전자를 공유하게 된다. 이러한 일련의 반응으로 에틸렌 모노머가 계속 붙게 되어 분자량이 큰 물질이 되며, 최종적으로 이 물질이 PE이다.

그림 7-3에 에틸렌 모노머가 반응하여 PE가 되는 과정이 도식적으로 나타나 있다. 반응 개시제(R)가 탄소와 탄소의 이중결합을 깨고 탄소가 갖고 있는 하나의 전자와 공유결합을 한다. 그러면 탄소가 갖고 있는 나머지 하나의 전자는 다른 에틸렌 모노머의 탄소 간 이중결합을 깨고 탄소의 전자와 공유결합을 한다. 이러한 방법으로 계속 반응이 일어나 분자량이 증가하게 되는데, 이러한 중합을 부가중합(addition polymerization)이라고 한다. 그림 7-4는 PE의 표기와 3차원 모식도를 보여준다.

그림 7-5는 PE의 고분자 체인을 보여준다. 고분자 수지에서 탄소가 연결된 선을 체인(chain)으로 표현하고 백본(back bone)이라고 한다. 이러한 체인은 직선이 아니라 지그재그 형상으로 연결된다. 그 이유는 하나의 탄소에 이웃하는 산소가 연결되는데 안정된 상태를 유지하기 위해 일정한 각도로(109.5°)를 이루며 연결되기 때문이다. 그림 7-5(a), (b)의 점선으로 된 원형은 하나의 탄소에서 이웃하는 탄소가 자리할 수 있는 자리이다. 그래서 가장 직선에 가깝게 연결된다 해도 지그재그로 연결된다[그림 7-5(a)]. 고분자 체인은 일반적으로는 그림 7-5(c)와 같이 매우 자유롭게 흩트려진 실타래처럼 꼬이며 존재하게 된다. PE뿐만 아니라 모든 고분자 수지는 이러한 형태로 자유롭게 꼬여

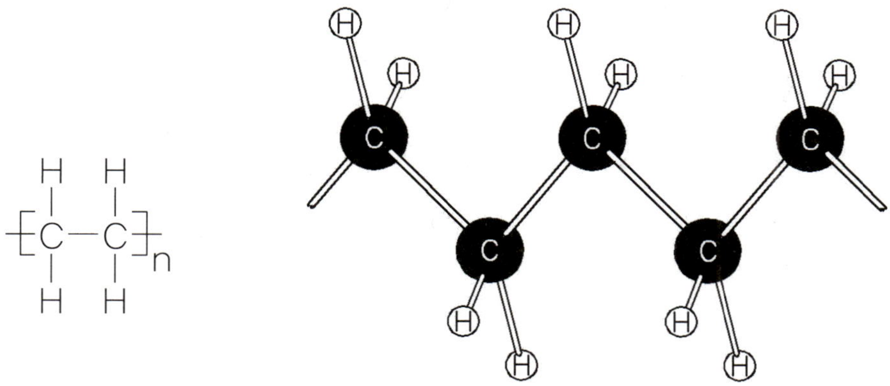

(a) 폴리에틸렌의 표기　　　(b) 폴리에틸렌의 3차원 모식도

그림 7-4 폴리에틸렌의 표기와 3차원 형상 모식도

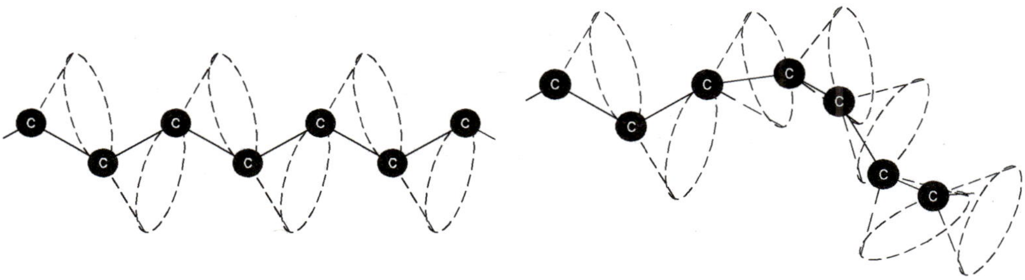

(a) 가장 직선에 가까운 고분자 체인　　　(b) 꼬여진 상태의 고분자 체인

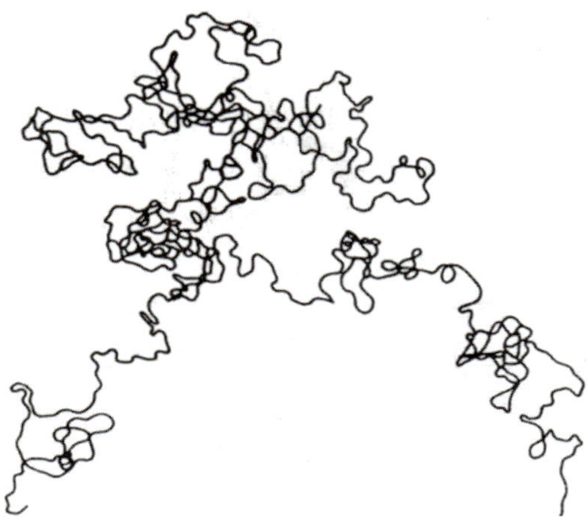

(c) 긴 고분자 체인의 꼬여진 모습

그림 7-5 폴리에틸렌 고분자 체인

진 상태로 존재한다. 이러한 꼬임 상태가 성형 중에 펴지거나 일정 방향으로 배향을 하면 특별한 성질을 보인다.

7.2.2 고분자의 기본 물성

고분자의 물성은 근본적으로 구성된 화학물질에 따라 다르다. 화학물질마다 보이는 특성이 있어서 어떠한 화학물질로 연결되어 있는지에 따라 고분자의 물성이 결정된다. 그러나 연결된 화학물질에만 고분자의 물성이 결정된다면 고분자의 물성 파악은 매우 단순할 것이다. 실제로 고분자의 물성에 영향을 주는 것은 구성 화학물질 외에도 여러 요인들이 많다. 그것은 분자량(molecular weight), 분자량 분포(molecular weight distribution), 분자의 배치(chain conformation), 분자의 구조(molecular structure), 분자의 배열(molecular configuration, isomerism 포함), 단일 고분자(homopolymer), 공중합체(copolymer) 등이다. 이러한 요인들이 고분자의 물성에 미치는 영향을 살펴보자.

(1) 분자량

같은 화학 원소로 이루어져 있지만 얼마나 많이 연결되어 있느지에 따라 물성이 다르다. 표 7-1은 C와 H로 이루어진 물질에서 C의 개수에 따라 존재하는 물질을 보여준다. C의 분자량은 12이고 H의 분자량은 1이다. C의 수가 많을수록 분자량이 커짐을 의미한다. 탄소의 수가 1~4개인 경우는 분자량이 매우 작아 가스(gas)로 존재하는데 천연

표 7-1 분자량에 따른 물질

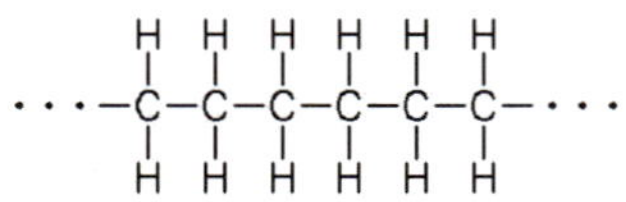

탄소의 수 (분자량 크기)	물질	사용 예
1~4	가스	천연가스
5~12	가솔린	페트롤 엔진
15~20	경유, 등유	디젤 엔진
20+	오일	윤활유
100	파리핀 왁스	양초
1000+	폴리에틸렌	플라스틱 제품

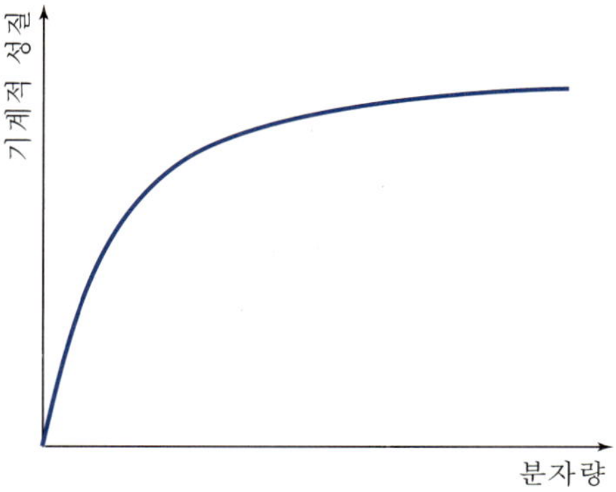

(a) 기계적 물성

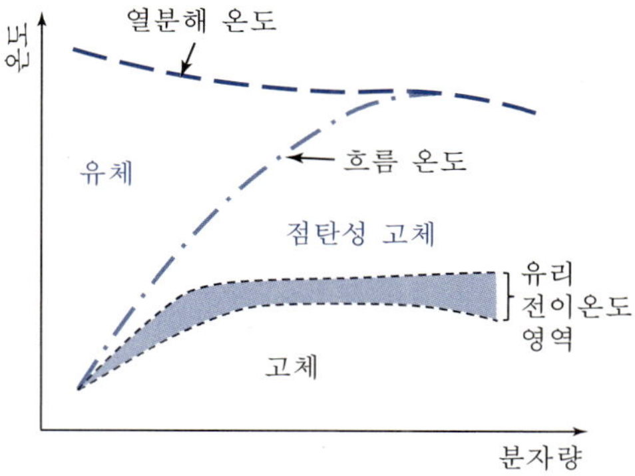

(b) 흐름 물성

그림 7-6 분자량에 따른 특성변화

가스(natrual gas)가 여기에 속한다. 탄소 수가 5~12개인 경우는 페트롤 엔진(petrol engine)의 연료로 쓰이는 가솔린(gasoline)이 된다. 탄소 수가 15~20개인 경우는 디젤 엔진(diesel engine)에 쓰이는 경유(light oil)나 등유(lamp oil, kerosine)가 된다. 탄소 수가 증가하여 20개 이상 100개 이하에서는 윤활유(lubricating oil)가 된다. 탄소 수가 100개 수준이 되면 양초(candle)를 만드는 파라핀 왁스(paraffin wax)가 된다. 그리고 탄소 수가 1000개 이상으로 커지면 고분자인 PE가 된다. 고분자의 물성을 보이는 것이다. 이처럼 같은 화학 원소로 이루어져 있지만 분자량에 따라 존재하는 물질과 물성은 매우 다르다.

일반적으로 고분자의 분자량이 커질수록 기계적 물성은 증가한다. 그러나 분자량이 클수록 흐름성은 떨어진다. 분자량이 크면 체인 길이가 길어서 움직임이 어렵기 때문이다. 그림 7-6에 분자량에 따른 특성변화 그래프가 나타나 있다. 그림 7-6(a)에서 보듯 분자량이 작은 상태에서는 분자량 증가에 따라 기계적 물성이 크게 증가 하는데, 어느 정도의 분자량 이상에서는 큰 특성변화는 없다. 그림 7-6(b)는 분자량에 따른 흐름이 일어나는 온도를 보여준다. 분자량이 작을수록 낮은 온도에서도 흐르고 분자량이 크면 흐르는 온도는 매우 높아진다. 열에 의해 분해되는 온도는 분자량이 클수록 다소 낮아지는 경향을 보인다. 유리전이온도는 어느 정도의 분자량까지는 증가하나 어느 한계 이상에서는 더 이상 증가하지 않는 경향을 보인다. 이처럼 고분자는 분자량에 따라 물성도 다르지만 온도에 대한 반응도 다르다.

고분자의 분자량의 표기는 대표적으로 수 평균 분자량(number average molecular weight)과 무게 평균 분자량(weitht average molecular weight)으로 한다. 식 (7-1)과 (7-2)에 각각 수 평균 분자량(M_n)과 무게 평균 분자량(M_w)의 계산식이 있다.

$$M_n = \sum x_i M_i \tag{7-1}$$

$$M_w = \sum w_i M_i \tag{7-2}$$

여기서 M_i는 체인의 길이(분자량 크기)가 다양하게 구성된 측정 집단에서 체인 길이의 영역(분자량 크기 영역)을 i개로 나누었을 때 i영역 체인의 분자량 평균값 또는 중간값이다. x_i는 측정 집단 전체 체인 영역 중에서 i영역 체인의 비율이다. w_i는 측정 집단의 체인 전체의 무게 중 i영역에 있는 체인의 무게 비율이다. 그림 7-7은 측정 집단의 각 영역에서 체인 수와 무게를 막대 그래프로 나타낸 것이다. 그림 7-7(a) 그래프에서 각 막대 그래프의 끝 중앙점을 이으면 그림 7-8과 같은 분자량 분포 그래프가 된다. 수 평균 분자량은 그래프가 이루는 면적의 중앙에 위치하고, 무게 평균 분자량은 수 평균 분자량보다 좀 큰 곳에 위치한다. 무게 평균 분자량은 분자량이 큰 쪽에 가중치를 준 것과 같다. 이렇게 가중치를 주어서 무게 평균 분자량을 사용하는 이유는 분자량이 분포를 이루는데 분자량이 큰 쪽이 분자량이 작은 쪽보다 물성에 미치는 영향이 더 크기 때문이다.

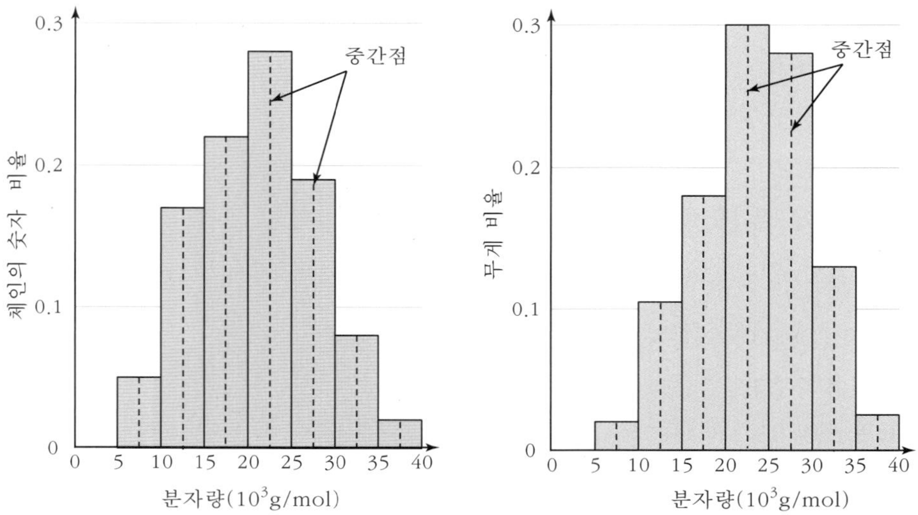

(a) 측정 집단의 영역별 숫자 비율　　(b) 측정 집단의 영역별 무게 비율

그림 **7-7** 측정 집단의 각 영역별 체인의 수와 무게

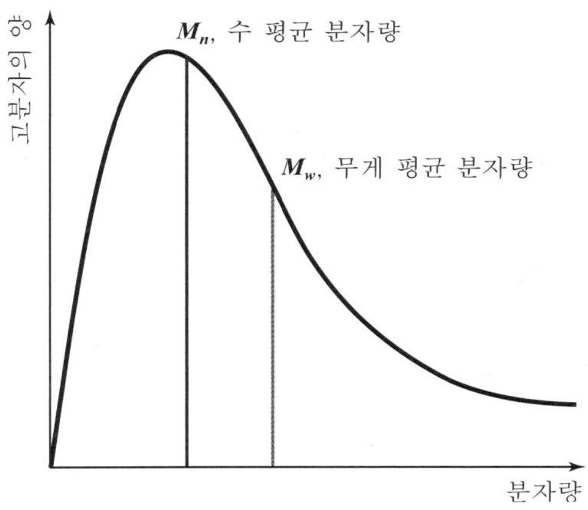

그림 **7-8** 측정 집단의 분자량 분포 그래프

수 평균 분자량과 무게 평균 분자량이 같아지는 경우는 측정 집단의 모든 체인의 길이가 똑같은 경우이다. 그러나 실제로는 모든 체인의 길이가 같도록 합성하는 것이 불가능하기 때문에 분자량은 항상 분포를 보인다. 이 분자량의 분포 역시 소재의 물성에 영향을 미친다. 분자량 분포(MWD, molecular weight distribution)를 분산(dispersivity 또는 polydispersivity)이라고 부르고, 식 (7-3)과 같이 정의한다. 분자량 분포는 항상 1보다 크다.

$$\mathrm{MWD} = \frac{M_w}{M_n} \tag{7-3}$$

수 평균 분자량과 무게 평균 분자량이 같은 경우, 즉 분자량이 분포를 보이지 않고 하나인 경우를 단일분산(monodipersivity)이라고 부른다. 대부분의 경우 분자량 분포는 적게는 2 근처의 값을 보이고 크게는 10 근처의 값을 보인다. 분자량 분포, 즉 수 평균 분자량과 무게 평균 분자량의 값에 따라 변하는 물성이 그림 7-9에 나타나 있다.

수 평균 분자량과 무게 평균 분자량이 증가하면 기계적 물성(인장강도, 충격강도 등)은 증가하고 수 평균 분자량과 무게 평균 분자량이 감소하면 흐름성은 증가한다. 즉 분자량이 크면 기계적 강도는 좋아지나 성형성은 떨어진다. 그리고 두 분자량 감소에 따라 용융파괴의 저항성이 커지기 때문에 큰 흐름속도로 성형하기에 더욱 적합하다. 즉 생산성을 높일 수 있다. 근본적으로 소재의 강도 및 성형성 2가지를 모두 만족시키기는 어려운 일이다. 실제로 이 2가지를 만족시키기 위해 고분자 수지를 연구한다.

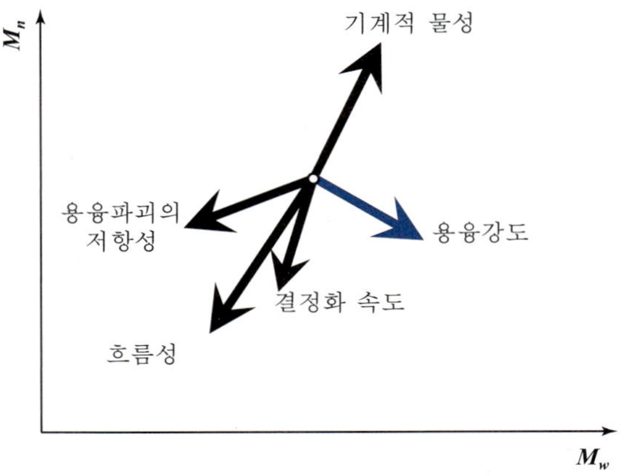

그림 7-9 수 평균 분자량과 무게 평균 분자량에 따른 물성변화

그림 7-9에서 수 평균 분자량은 감소하고 무게 평균 분자량이 증가하면 향상되는 물성이 용융강도(melt elasticity 또는 melt tension)이다. 즉 분자량 분포가 넓으면 넓을수록 용융강도가 증가하는 것이다. 용융강도는 수지가 용융상태에서 잘 뭉쳐 있는 성질을 의미한다. 다이를 통해 압출물을 성형할 때는 용융강도가 높은 수지를 사용해야 다이에서 용융수지가 줄줄 흘러내리는 현상(sagging)이 없이 압출물을 성형할 수 있다. 필름 블로잉(film blowing)에서도 수지의 성형성을 향상시키기 위해서 용융강도가 큰 수지를 사용한다. 또 분자량 분포가 넓으면 수지의 전단변형률에 따른 전단점도의 감소, 즉 전단박하(그림 4-4) 현상이 크다. 사출성형은 전단변형률이 매우 큰 성형공정이므로 전단박하 현상이 큰 수지일수록 사출성형에 유리하다. 그래서 분자량 분포를 넓게 하여 사출성형성을 높이는 경우도 있다. 성형이 잘되는 수지는 가공 영역(process window)이 넓은 수지를 의미하는데, 분자량이나 분자량 분포를 조절하여 가공성을 높인다. 수지를 제공하는 기업에서는 이러한 방법으로 다양한 그레이드(grade)의 수지들을 공급한다. 일반적으로 고점도 그레이드는 분자량이 크고 고유동 그레이드는 분자량이 작다.

그림 7-10에는 분자량에 따른 점도(η_0)가 나타나 있다. 여기서 점도는 전단점도에서 전단변형률이 매우 작은 영역에서 보이는 제로 전단점도(zero shear viscosity)이다. 점도는 한계 분자량 이내에서는 분자량에 단순 비례하지만 한계 분자량 이후에는 분자량의 3.4제곱(또는 3.5제곱)에 비례한다. 고분자 수지를 개발하는 기업에서는 기계적 물성과 흐름성 2가지를 만족시키기 위해 여러 합성 방법(예로, 공중합체)을 이용하고 다양

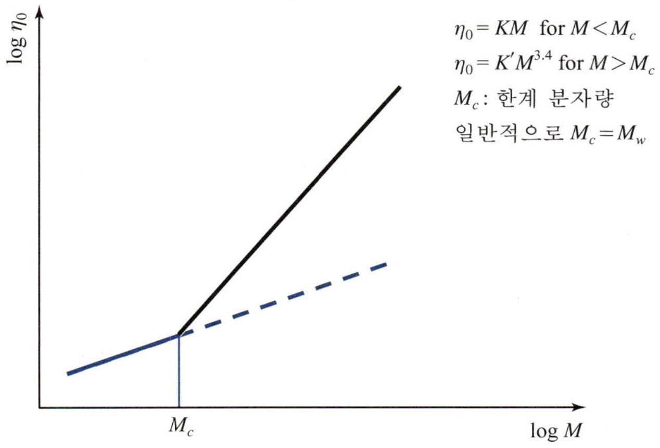

그림 7-10 분자량에 따른 점도의 변화

한 첨가제 등을 사용하여 컴파운드(compound)를 개발한다. 일반적으로 사출성형이나 압출성형 등에서 수지가 문제를 일으키는 경우가 있는데 이런 경우는 대부분 첨가제가 원인인 경우가 많다. 첨가제는 고분자보다 분자량이 매우 낮아 특히 열에 약하므로 고온에서 가스를 발생시키거나 탄화 같은 현상을 유발시킨다. 따라서 성형 중에 수지가 문제를 일으킨다면 기능을 추가하기 위해 첨가한 첨가제를 먼저 의심하고 검토하는 것이 좋다.

(2) 분자구조

고분자의 분자구조는 다양하다. 그림 7-11은 고분자 체인의 다양한 구조를 보여준다. 굽었지만 하나의 선으로 구성된 선형 구조(linear structure), 선형 구조에 가지가 있는 것을 가지형 구조(branched structure), 선형 구조 체인들 사이가 연결되어 있는 그물망 구조(crosslinked structure, netwok structure)라고 한다. 가지형 구조는 가지의 형태에 따라 짧은 가지(short chain, comb-like shape), 긴 가지(long chain), 별 모양 가지(star-like shape) 등으로 나뉜다.

그림 7-12는 고밀도 폴리에틸렌(HDPE, high density polyethylene), 저밀도 폴리에틸렌(LDPE, low density polyethylene), 선형 저밀도 폴리에틸렌(LLDPE, linear low density polyethylene)의 체인 구조를 보여준다. 체인 구조에 따라 소재의 밀도가 달라진다. 체인 구조가 복잡할수록 정렬이 어려워 밀도가 낮다. PE는 결정성 수지인데 체인 구조가 결정화도에 영향을 미쳐 밀도가 변한다. 결정화도가 높으면 밀도가 크다.

(a) 선형 구조

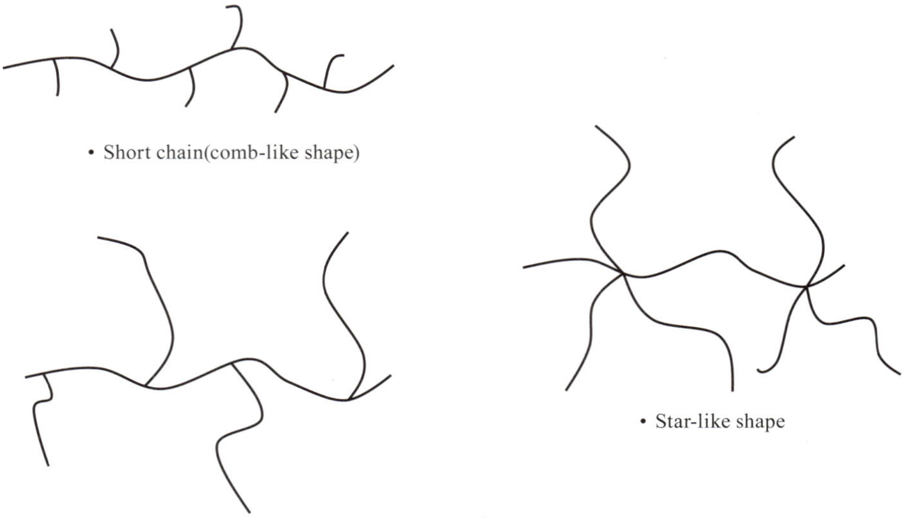

(b) 가지형 구조

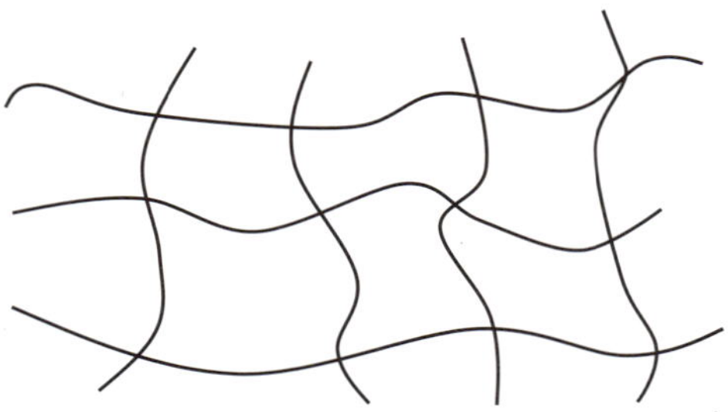

(c) 그물망 구조

그림 7-11 고분자 체인의 구조

HDPE는 LLDPE에 비해 밀도가 크고 기계적 물성이 좋다.

가지형 구조는 선형 구조에 비해 가지 때문에 흐름이 시작되기가 어려워 전단변형률이 작은 영역에서 점도가 높다. 그러나 흐름이 시작되면 같은 분자량에서 길이가 짧아 움직임이 쉬워 점도가 크게 감소한다. 즉 전단박하 현상이 크다. 분자량 분포가 큰 소재와 유사한 전단박하 현상을 보이는 것이다. 그래서 고분자 수지의 사출성형 시 흐름성을

(a) 고밀도 폴리에틸렌

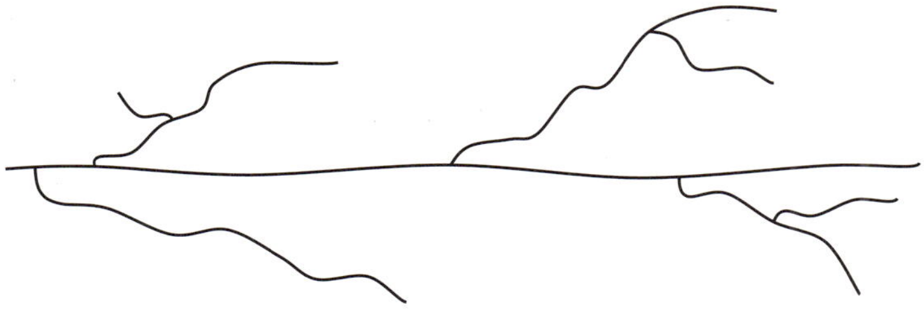

(b) 저밀도 폴리에틸렌

(c) 선형 저밀도 폴리에틸렌

그림 **7-12** 폴리에틸렌 고분자 체인의 다양한 구조

향상시키기 위해서 고분자 구조를 가지형으로 하거나 분자량 분포를 넓게 조절하여 사출성형이 이루어지는 전단변형률이 큰 영역에서 점도를 낮추기도 한다. 또 가지형 구조를 가지는 수지는 용융강도가 크다. 분자량 분포가 넓은 수지와 유사한 특성을 보인다. 그래서 압출성형용 수지나 압출 블로잉(extrusion blowing)용 수지, 필름 블로잉 수지는 가지형 수지를 이용하여 성형성을 좋게 한다.

(3) 분자의 배열

고분자가 만들어진 후 고분자 체인이 탄소를 기준으로 회전하여 모양이 변하는 것을 분자 형태(molecular conformation)라고 한다. 이런 경우는 체인이 끊어지지 않고 체인의 모양이 변하는 것이다. 따라서 고분자 체인이 직선에 가깝게 정렬하거나 서로 꼬여 있는 형태로 나타난다. 그림 7-5에 나타난 체인의 모양이 분자 형태의 다양한 모습이다.

고분자 체인이 끊어지지 않고는 분자구조가 변형이 되지 않는 형태를 분자 배열(molecular configuration)이라고 한다. 이런 경우는 체인의 형상 변화가 없다. 분자 배열에는 이성질(isomerism)이 있는데, 입체 이성질(stereoisomerism)과 기하 이성질(geometrical isomerism)로 나뉜다. 이러한 이성질은 똑같은 화학적 형태를 가지나

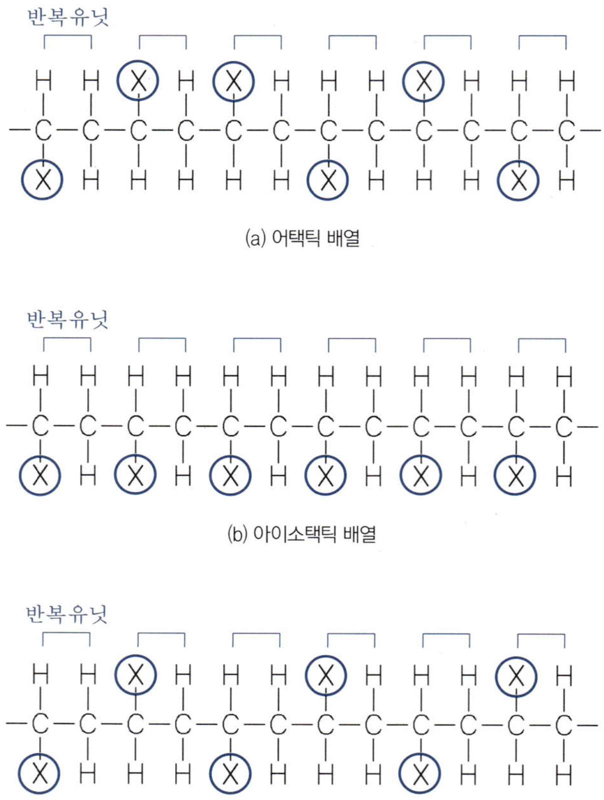

(a) 어택틱 배열

(b) 아이소택틱 배열

(c) 신디오택틱 배열

그림 **7-13** 입체 이성질 분자 배열

다른 구조를 갖고 있어 물성이 다르다. 그림 7-13에 입체 이성질의 예가 있다. C와 H, 그리고 반응체(X)로 구성된 고분자인데 X의 위치에 따라 3가지 형태를 보인다.

X가 규칙 없이 위와 아래에 위치하는 것을 어택틱 배열(atactic configuration), 위나 아래의 한쪽에만 위치하는 것을 아이소택틱 배열(isotactic configuration), 위와 아래 양쪽에 번갈아 가면서 위치하는 것을 신디오택틱 배열(synditactic configuration)이라고 한다. X의 위치에 따라 물성이 다르다. 이러한 3가지 배열을 보이는 대표적인 수지가 폴리프로필렌(PP)이다. 그림 7-13과 같은 화학적 형태를 갖는 고분자를 비닐 고분자(vinyl polymer)라고 한다. 여기서 반응체 X가 H이면 PE가 되고, X가 CH_3(methyl)이면 PP, X가 C_6H_6(phenyl)이면 폴리스틸렌(PS, polystyrene), X가 Cl(chlorine)이면 폴리염화비닐(PVC, polyvinylchloride)이 된다.

X가 CH_3인 PP를 고려해보자. H 옆에 분자량이 큰 CH_3가 오게 되는데, CH_3의 위치에 따라 다른 특성을 보인다. 아이소택틱이나 신디오택틱인 경우는 CH_3가 규칙적으로 위치하기 때문에 분자의 정렬이 쉽다. 그러나 어택틱에서는 CH_3가 규칙적으로 위치하지 않기 때문에 분자의 정렬이 매우 어렵다. 그래서 아이소택틱 PP나 신디오택틱 PP는 결정화도가 높다. 그러나 어택틱 PP는 결정화도가 매우 낮다. PP는 결정성 고분자임에도 반투명한 PP가 존재하는 이유가 여기에 있다. 물론 PP의 분자구조에서 가지가 크고 많으면 결정화도가 낮아 반투명으로 보일 수 있다. 그림 7-14에 CH_3의 배치에 따른 PP의 분자 배열과 구조가 3차원으로 나타나 있다.

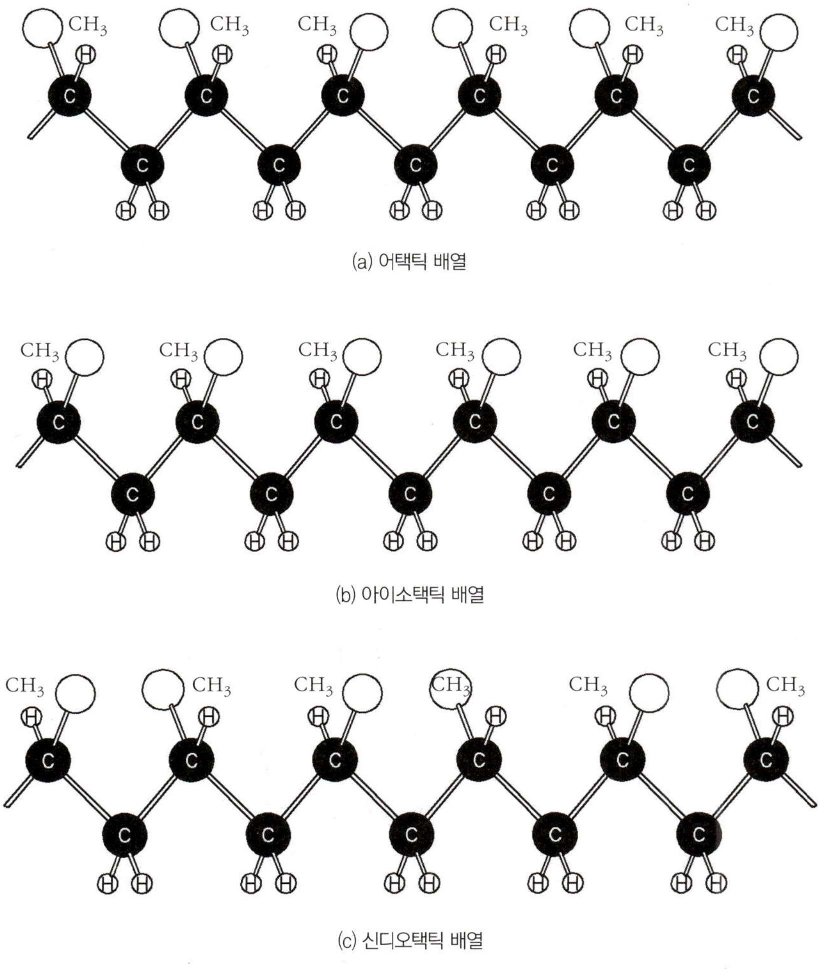

(a) 어택틱 배열

(b) 아이소택틱 배열

(c) 신디오택틱 배열

그림 7-14 폴리프로필렌의 다양한 배열

PP 수지의 매우 특징적인 것은 힌지(hinge)가 있는 제품에 사용할 수 있다는 것이다. 힌지는 인장이 수시로 일어나는 제품이어서 인장에 의한 크랙이나 파손의 우려가 크다. PP는 H 옆에 분자량이 큰 CH_3가 위치하고 있어 결정을 이루면서 H와 CH_3가 서로 비켜서 나선(helical) 모양으로 꼬아지는 형상을 보인다. 그래서 PP 제품의 힌지에 인장이 가해지면 꼬여진 결정구조가 펴지면서 인장이 된다. 그리고 인장이 제거되면 다시 꼬여진 상태로 되돌아가면서 원래 모양으로 돌아간다. 마치 스프링처럼 회복된다. 이러한 운동은 PP 체인의 연결을 파괴하지 않기 때문에 재료에 손상을 주지 않는다.

(4) 공중합체

고분자는 작은 부분, 즉 반복유닛이 연속적으로 연결되어 있는 물질이라고 앞에서 설명하였다. 반복유닛이 하나인 고분자를 단일 고분자(homopolymer)라고 하고, 반복유닛이 2개 이상인 것을 공중합체(copolymer)라고 한다. 공중합체는 반복유닛이 2개이므로 각 반복유닛의 물성이 복합적으로 나타난다. 단일 고분자로 부족한 물성을 보강하기 위해 반복유닛을 더 추가한 것이다. 2개 이상의 반복유닛이 어떻게 결합되어 있는지에 따라 공중합체의 물성은 다양하다. 공중합체는 결합의 상태에 따라 불규칙 공중합체(random copolymer), 교대 공중합체(alternating copolymer), 블록 공중합체(block copolymer), 그래프트 공중합체(graft copolymer) 등으로 나뉜다. 그림 7-15는 단일 고분자와 반복유닛이 2개인 다양한 공중합체를 보여준다.

불규칙 공중합체는 2개의 다른 반복유닛(A와 B)이 일정한 순서 없이 결합되어 있는 고분자이다. 교대 공중합체는 2개의 다른 반복유닛이 교대로 결합되어 있는 고분자이다. 블록 공중합체는 각 반복유닛이 블록을 형성하면서 서로 결합되어 있는 고분자로, 블록을 이루는 형태에 따라 다시 다양한 공중합체가 존재한다. 그래프트 공중합체는 하나의 반복유닛에 다른 반복유닛이 가지를 형성하고 있는 고분자이다. 2개의 반복유닛이 같더라도 어떠한 형태로 결합되어 있는지에 따라 물성은 크게 다르다.

에틸렌-프로필렌 공중합체(ethylene-propylene copolymer)가 불규칙 공중합체인지 블록 공중합체인지에 따라 물성이 크게 다르다. 그림 7-16은 에틸렌-프로필렌 불규칙 공중합체에서 에틸렌과 프로필렌의 함량에 따른 용융온도(T_m)와 유리전이온도(T_g)를 보여준다. 에틸렌 함량이 0~35%(프로필렌 함량이 100~65%), 그리고 65~100%(프로필렌 함량이 35~0%)에서 용융온도와 유리전이온도를 보인다. 그러나 에틸렌 함량

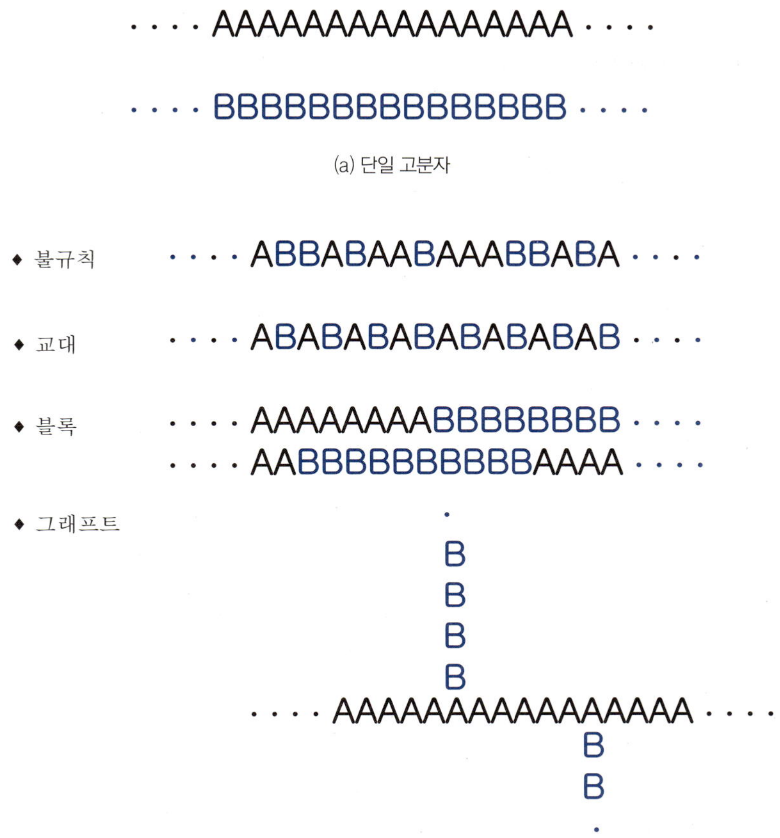

(b) 다양한 공중합체

그림 7-15 단일 고분자와 다양한 공중합체

이 35~65%(프로필렌 함량이 65~35%)에서는 용융온도를 보이지 않는다. 따라서 PE와 PP는 결정성 수지이지만 에틸렌-프로필렌 불규칙 공중합체에서 에틸렌 함량이 35~65%(프로필렌 함량이 65~35%)에서는 비결정성을 보이며 탄성체의 물성을 보인다.

그림 7-17은 에틸렌-프로필렌 블록 공중합체에서 에틸렌과 프로필렌의 함량에 따른 용융온도를 보여준다. 전 영역에서 용융온도가 존재하며 PE와 PP 각각의 용융온도 사이의 값을 가진다. 에틸렌-프로필렌 블록 공중합체는 어떤 함량에서도 결정성 수지의 특성을 보인다. 에틸렌-프로필렌 불규칙 공중합체와는 매우 다른 물성을 보인다. 이처럼 공중합체에서 반복유닛들이 같다고 하더라도 결합되는 상태에 따라 매우 상이한 물성을 보인다.

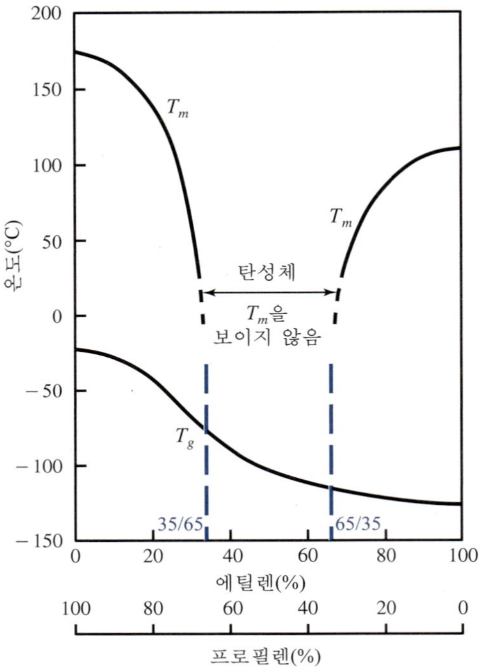

그림 7-16 에틸렌-프로필렌 불규칙 공중합체의 온도 특성

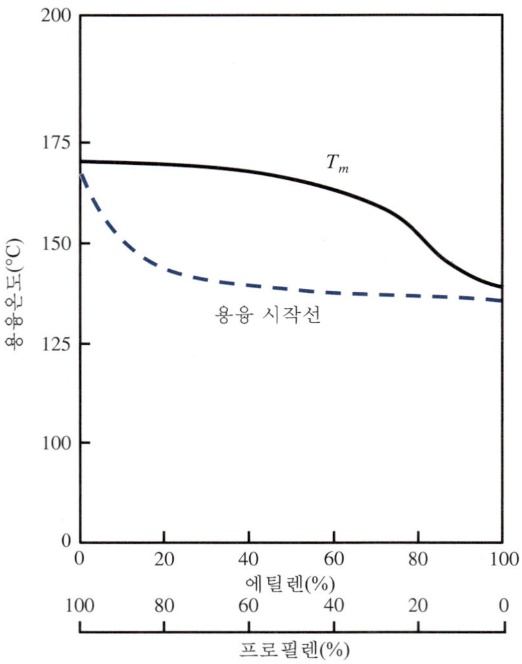

그림 7-17 에틸렌-프로필렌 블록 공중합체의 용융온도

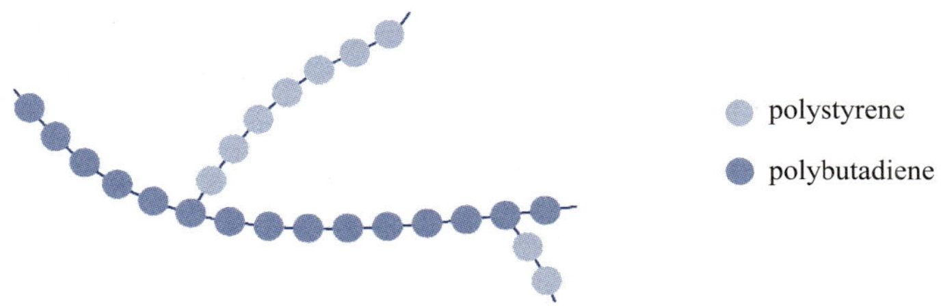

(a) 부타디엔과 폴리스틸렌의 그래프트 공중합체

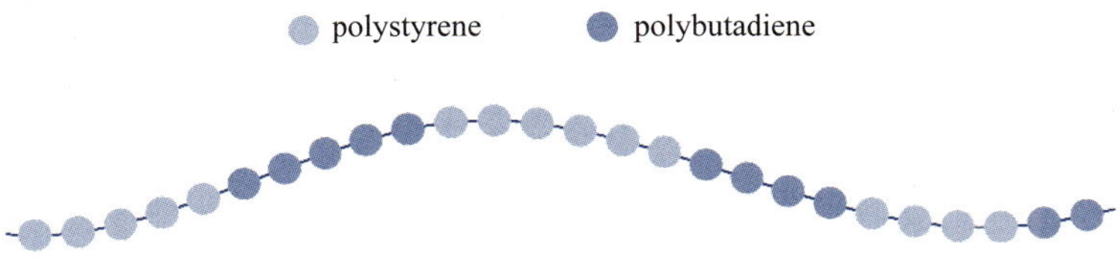

(b) 부타디엔과 폴리스틸렌의 교대 블록 공중합체

그림 **7-18** 고충격 폴리스틸렌 공중합체

투명수지인 PS는 취성이 매우 높아 충격강도가 매우 낮다. 그래서 투명한 용도 외로 사용할 때는 그 자체로 사용하는 것보다 충격강도를 보강하여 사용한다. 고분자 수지에서 충격강도를 보강하는 방법은 일반적으로 고무 성질의 물질을 첨가한다. 즉 고무 성질의 첨가제를 수지에 첨가하여 혼합을 통하여 고충격용 수지를 제조한다. 다른 방법으로는 수지와 고무 성질의 물질을 공중합체로 합성하여 충격을 높이는 것이다. PS의 경우는 고무 물질인 부타디엔(polybutadiene)과 공중합체로 제조하여 충격을 보강한다. 이것이 고충격 폴리스틸렌(HIPS, high impact polystyrene)이다. 그림 7-18은 부타디엔에 PS를 그래프팅하거나, 부타디엔과 PS를 블록 공중합체(교대 블록 공중합제)로 HIPS를 제조하는 방법을 보여준다. 만약 부타디엔과 PS를 불규칙 공중합체로 제조하면 이는 HIPS가 아니라 스틸렌-부타디엔 고무(SBR, styrene-butadien rubber)가 된다. 즉 합성고무가 된다. 그림 7-19는 SBR 불규칙 공중합체를 보여준다. 이처럼 반복유닛의 결합

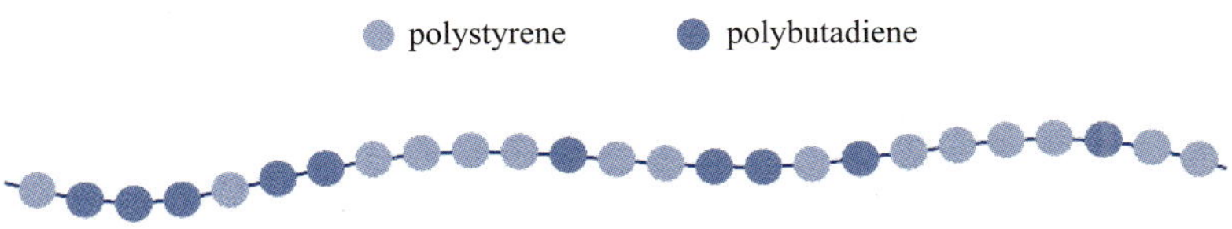

그림 **7-19** 스틸렌-부타디엔 고무의 불규칙 공중합제

형태는 고분자 소재의 물성에 크게 영향을 미친다.

7.3 고분자의 분류

7.3.1 고분자 분류의 개요

고분자 수지는 크게 열가소성 수지(thermoplastics), 열경화성 수지(thermosets), 고무(rubber), 열가소성 탄성체(thermoplastic elastomers)로 나뉜다. 이러한 분류는 고분자의 분자구조와 밀접하게 관련이 되어 있다. 그림 7-20에 고분자 수지의 분류가 나타나 있다.

열가소성 수지는 온도를 올리면 흐름성을 갖고 온도를 내리면 다시 고체로 돌아오며 이러한 과정이 가역적으로 일어나는 수지이다. 일반 고분자 성형공정에서 가장 많이 사용하는 수지이다. 열가소성 수지의 분자구조는 선형이나 가지형을 이룬다. 선형 및 가지형 고분자구조는 각 체인들이 독립적이어서 온도를 올리면 체인들 사이에 움직임이 일어나 흐름을 갖게 된다. 이러한 열가소성 수지는 고체상태에서 결정을 갖는지의 유무에 따라 결정성 수지(crystalline polymer)와 비결정 수지(amorphous polymer)로 나뉜다.

열경화성 수지는 온도를 올려도 흐름성을 갖지 않는다. 그리고 온도를 더 올리면 타

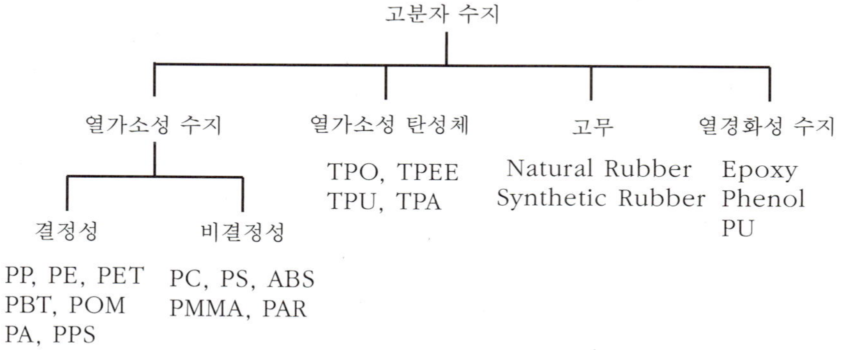

그림 7-20 고분자 수지의 분류

버리는 수지이다. 온도에 따라 비가역적인 수지이다. 열경화성 수지의 분자구조는 네트워크구조, 즉 그물망 구조이다. 체인들이 네트워크 구조로 연결되어 있어 온도를 올려도 체인의 움직임에 제약을 받아 흐름성을 갖지 못한다. 온도가 더 올라가면 체인이 끊어지면서 가스로 된다. 즉 타버린다. 따라서 열경화성 수지를 이용하여 성형작업을 하기가 매우 어렵다. 대부분 열경화성 수지가 형성되기 전에, 즉 합성 전에 성형작업하여 성형 중에 반응이 끝나면서 고분자가 되는 동시에 제품이 완성되게 한다.

고무는 고무나무의 수액으로 제조하는 천연고무와 합성으로 제조하는 합성고무가 있다. 모두 최종적으로는 분자구조가 네트워크 구조를 이루고 있다. 따라서 고무는 열경화성 수지와 같이 온도를 올리면 흐름성이 없고 계속 온도를 올리면 타버린다. 온도에 비가역적이다. 이러한 고무와 열경화성 수지는 비가역적 특성 때문에 재활용이 어렵다. 열가소성 탄성체는 열가소성 수지와 같이 온도에 가역적인 성질을 갖고 있는데 고무와 같은 탄성의 성질을 갖고 있는 수지이다. 열가소성 탄성체는 재활용이 불가능한 고무를 대체하는 데 매우 유용한 수지이다.

7.3.2 결정성 수지

결정성 고분자 수지는 선형 및 가지형 분자구조를 가지고 있다. 그리고 고체상태에서 결정을 가지고 있어 불투명하다. 고분자 내의 결정의 크기는 고체상태로 오는 과정에 따라 다양한데, 일반적으로 결정(구형 결정, spherulite)의 크기는 수십~수백 μm 수준까지 이른다. 가시광선의 파장이 570 nm이므로 빛이 결정을 통과하지 못하여 불투명하다.

고분자 수지의 결정은 화학 원소가 일정하게 정렬을 하면서 연결되어 있는 형태이다. 모든 물질은 안정한 상태, 즉 에너지가 낮은 상태로 존재하려는 특성을 보이는데, 결정성 수지는 화학 원소가 정렬하여 안정한 상태로 존재하는 것이다. 결정성 수지를 고체상태에서 온도를 올리면 화학 원소들이 에너지를 받아 움직이기 때문에 정렬이 파괴된다. 정렬이 파괴된다는 것은 결정이 없어지는 것, 즉 결정이 녹는 것을 의미한다. 결정이 녹는 온도를 용융온도로 정의한다. 그래서 고체상태에서 불투명한 결정성 수지는 용융온도 이상에서는 결정이 없어지기 때문에 투명하다.

사출성형 등과 같이 성형을 하는 공정에서는 수지가 녹는 온도 이상에서 작업을 한다. 따라서 결정성 수지는 비결정 상태에서 성형작업을 하는 것이다. 그리고 냉각에 의해 성형작업이 완료되는데, 이 과정에서 다시 결정을 이루게 된다. 고체상태의 결정성 수지에서 결정의 형태와 크기는 냉각과정에 따라 다양하게 나타난다. 냉각과정뿐만 아니라 성형 중에 받는 분자 배향이나 응력에 따라서도 다양하게 나타난다. 수지가 결정을 이루는 것은 화학 원소의 정렬을 의미하므로 수지의 성형과정 중 냉각에 의해 결정을 이루면서 밀도가 증가한다. 즉 체적이 줄어든다. 이러한 체적변화 때문에 결정성 수지를 이용하여 치수가 정밀한 제품 성형이 어렵다. 또한 냉각 상태에 따라 결정화도가 다르기 때문에 냉각속도에 따른 체적의 수축도 다르다. 따라서 결정성 수지를 이용한 정밀성형에서 냉각속도제어와 수축량 보충이 매우 중요하다.

결정성 수지의 결정화도는 체인의 구조에도 크게 영향을 받는다. 그림 7-12의 PE에서 선형 구조(가지 크기가 매우 작고 빈도수가 작음)를 갖는 HDPE는 결정화도가 80%까지 이른다. 선형 구조를 가지고 있어 화학 원소의 정렬이 쉬워 결정화도가 높은 것이다. 이렇게 결정화도가 높아 밀도가 높은 PE이기 때문에 HDPE라고 한다. 긴 가지형 구조를 갖고 있는 LDPE의 경우는 긴 가지가 화학 원소가 정렬을 이루는 데 방해가 되어 결정화도가 40~50% 수준을 이룬다. 결정화도가 낮아 밀도가 낮기 때문에 LDPE라고 한다.

결정성 수지의 특징을 정리하면 다음과 같다. 결정성 수지는 고분자 체인이 규칙적으로 배열되어 있다. 아이소택틱 배열과 신디오택틱 배열에서 결정성 수지를 이룬다. 어택틱 배열은 규칙성이 없어 정렬을 하지 못하여 결정을 이루지 못한다. 온도 특성으로 유리전이온도와 용융온도를 가지고 있다. 상온(고체상태)에서 불투명하고 기계적으로 인성이 큰 물성을 보인다. 결정성 수지는 체인의 밀착 또는 결정으로 내화학성이 크다. 그리고 결정성 수지는 섬유로의 활용에 적합하다. 섬유는 스피닝(fiber spinning) 공정으로 제조하는데, 성형 방향(drawing direction)으로 매우 높은 분자의 배향으로 높은 강도를 얻는다. 그런데 결정성 수지를 이용하여 섬유를 제조하면 분자의 배향뿐만 아니라 결정의 배향도 이루어지기 때문에 물성은 더욱 증가하게 된다. 따라서 대부분의 경우 섬유는 결정성이 높은 수지를 사용한다. 결정성 수지는 분자의 밀착으로 성형수축이 크다. 따라서 사출성형 시에는 보압과정에서 큰 보압과 긴 보압 시간이 필요하다.

7.3.3 비결정성 수지

비결정성 고분자 수지는 결정성 수지와 마찬가지로 선형 및 가지형 분자 구조를 가지고 있다. 그리고 고체상태에서 결정이 없어서 투명하다. 화학 원소가 특정한 규칙으로 정렬이 되어 있지 않다. 정렬되었다고 보여지는 것은 겨우 탄소와 탄소의 거리 또는 탄소 몇 개의 거리 정도이다. 연결된 탄소와 탄소의 거리는 1 nm 미만이기 때문에 570 nm의 파장을 가지고 있는 가시광선은 재료 내부를 통과한다. 비결정성 수지가 투명하게 보이는 이유이다.

비결정성 수지는 결정이 없어 용융온도가 없다. 그래서 온도 특성으로는 유리전이온도만을 가지고 있다. 결정성 수지는 용융온도 이상으로 가열하여 성형하지만 비결정성 수지는 용융온도가 없어 흐름이 나타나는 온도까지 올려서 성형한다.

비결정성 수지는 사출성형 전후의 분자 정렬에 차이가 없어 성형수축이 작다. 성형 시 높은 온도에서는 체적이 증가하고 상온에서는 체적이 수축하는데, 이러한 정도가 성형수축이 된다. 고온의 비결정 상태에서 저온으로 냉각되면서 결정이 이루어지는 과정, 즉 상변화 과정이 없어서 결정성 수지에 비해 성형수축이 작다.

비결정성 수지의 특징을 정리하면 다음과 같다. 비결정성 수지는 고분자 체인이 불규칙적으로 배열되어 있다. 체인의 불규칙 배열로 결정을 이루지 못하며 밀도가 낮다. 따라서 화학물질의 침투가 쉽다. 비결정성 수지는 대부분 취성이 강하고 강성이 크다. 고분자 체인의 배열 중 어택틱 배열에서 비결정성 특성을 보인다. 온도에 따른 특성은 용융온도가 없고 유리전이온도만 존재한다. 그래서 성형온도는 유리전이온도보다 매우 높은 온도로 설정한다. 용융온도가 없는 것은 상변화가 없는 것을 의미하며, 따라서 상변화에 따른 체적변화가 작아 성형수축이 작다.

그림 7-21에 결정성 수지, 비결정성 수지, 열경화성 수지의 온도에 따른 분자들의 배열이 도식적으로 나타나 있다. 비결정성 수지와 열경화성 수지는 온도 변화에 따라 분자 배열이 바뀌지 않고 체적의 팽창과 수축만 일어난다. 그러나 결정성 수지는 온도 변화에 따라 체적의 팽창과 수축뿐만 아니라 분자의 배열이 바뀌는 것을 알 수 있다. 그림 7-22는 결정성 수지, 비결정성 수지, 열경화성 수지의 온도에 따른 탄성계수(elastic modulus)를 보여준다. 유리전이온도와 용융온도의 존재 여부에 따라 탄성계수가 변하는 시점이 다르다.

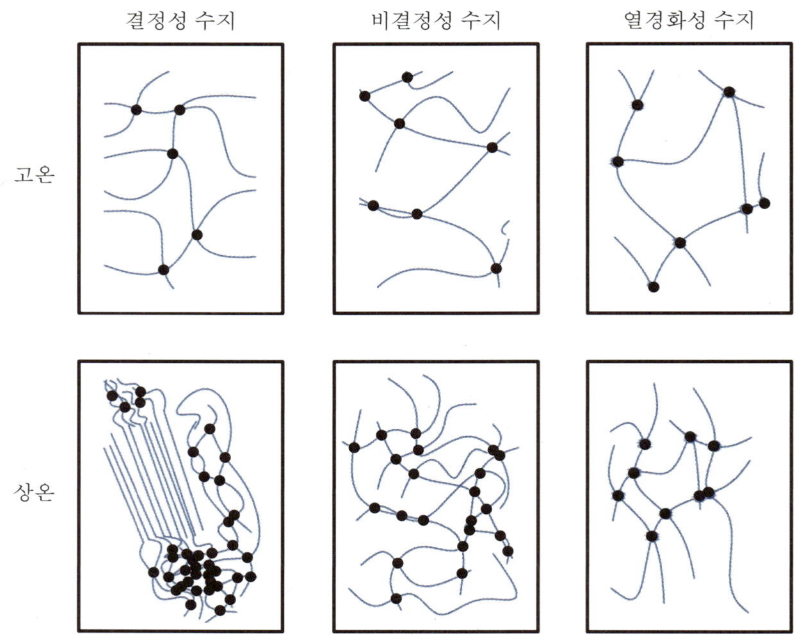

그림 7-21 온도에 따른 고분자 체인의 형상

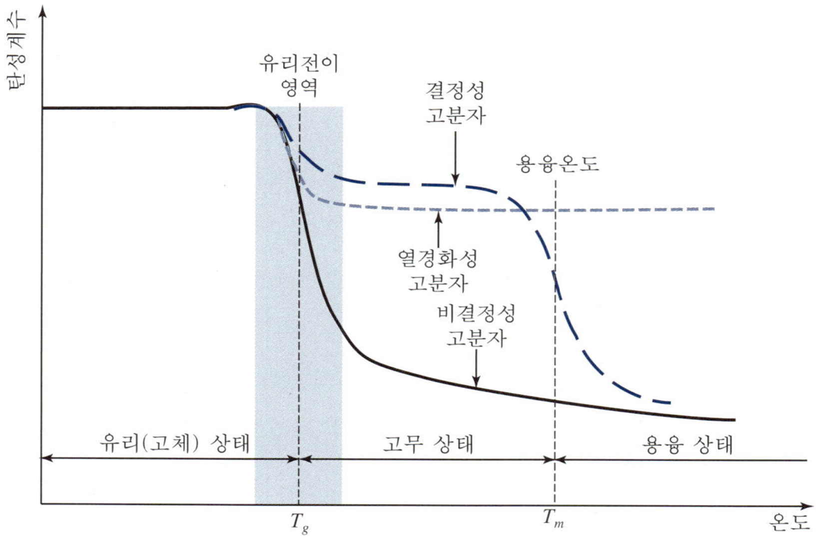

그림 7-22 고분자 수지의 온도에 따른 탄성계수의 변화

7.4 고분자의 개질

7.4.1 고분자 개질의 개요

실제로 성형공정 현장에 제공되는 고분자 수지는 기본적인 중합으로만 완성된 고분자를 직접 사용하는 경우는 많지 않다. 일반적으로 수지를 생산하는 업체에서는 중합 시 분자량 등의 조절을 통하여 기본적인 기계적 성질과 흐름 성질을 갖는 고분자 수지를 제조한다. 그 후 기본적으로 만들어진 고분자 수지에 물성을 형상시키거나 안정성의 개선, 특별한 기능을 부여하기 위해 적절한 첨가물을 혼합하여 컴파운드(compound, 고분자와 첨가물 혼합체)로 제조하여 성형 현장에 제공한다. 또는 특정 물성을 갖는 농축물(concentrate)을 미리 제조하여 기본적인 고분자에 적당량 분산시켜 컴파운드를 제조한다. 그래서 기본적인 고분자 수지의 특성뿐만 아니라 여러 가지 첨가물을 이해해야 실제로 사용하는 고분자 수지를 이해할 수 있다. 고분자 제품 성형 중에 문제를 야기하는 것은 기본 고분자 수지보다는 첨가물인 경우가 많다.

7.4.2 기본 고분자

기본 고분자(base polymer)는 최종 고분자 수지의 기본 물성을 결정한다. 이러한 기본 고분자는 7.2.2절 고분자의 기본 물성에서 언급한 방법으로 기본 물성을 확보한다. 기본 고분자는 단일 고분자, 공중합체, 그리고 얼로이(alloy) 또는 블렌드(blend)가 있다. 그림 7-23은 기본 고분자 수지의 개질에 대한 구성물질을 보여준다.

(1) 단일 고분자

단일 고분자는 단일의 물질이 연속적으로 결합되어 있는, 즉 반복유닛이 1개인 고분자이다. 단일 고분자는 하나의 유리전이온도와 하나의 용융온도를 갖는다. 그리고 기계적 물성도 하나의 값을 갖고 있다. 대부분 수지 이름 앞에 'poly'가 들어간 수지이다. PE, PP, PC(polycarbonate), PA(polyamide), POM(polyoxymethylene), PMMA (polymethyl methacrylate), PVC 등이 단일 고분자에 속한다.

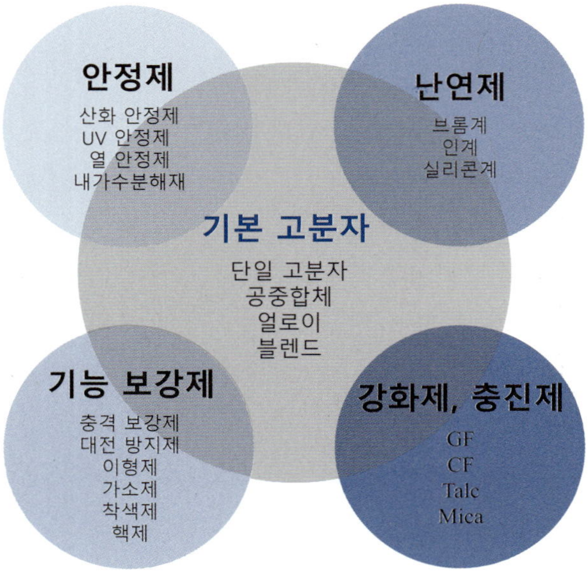

그림 7-23 기본 고분자 수지 개발의 구성물질

(2) 공중합체

공중합체는 2개 이상 물질이 연속적으로 결합되어 있는, 즉 반복유닛이 2개 이상인 고분자이다. 공중합체는 합성에 의해 이루어지므로 2개 이상의 물질이 화학적으로 혼합된 것이다. 반복되는 2개 이상 물질의 특징을 함께 얻고자 해서 공중합체를 제조하는데 공중합체의 유리전이온도와 용융온도는 각 물질과는 다른 새로운 값을 보인다. 그러나 2개 이상의 반복유닛의 결합 방법에 따라 각각의 반복유닛의 유리전이온도와 용융온도를 보일 수도 있다. 공중합체의 특성은 기본적으로 반복되는 2개 이상 물질의 특징이 함께 나타나지만 결합 방법에 따라서 다양한 물성을 보인다.

수지를 제공하는 업체에서 고분자 수지의 포장지(포대)에 단일 고분자 또는 공중합체라고 친절히 쓰는 경우가 많다.

(3) 고분자 얼로이

고분자 얼로이(polymer alloy) 또는 고분자 블렌드(polymer blend)는 2종류 이상의 고분자를 물리적으로 용융 혼합(melt mixing)한 고분자 수지이다. 공중합체의 제조 목적처럼 두 고분자 수지의 물성을 함께 얻기 위해 각각의 고분자를 물리적으로 혼합한 것이다. 따라서 고분자 얼로이는 두 고분자의 유리전이온도와 용융온도를 보인다. 고분자 얼로이는 두 고분자가 화학적으로 어느 정도 호환(compatible)이 되어야 하나의 수지로 역할을 할 수 있다. 만약에 두 수지가 화학적으로 완전히 호환이 되지 않는다면 제3의 물질을 도입하여 두 고분자의 호환에 중간역할을 하도록 한다. 이러한 것이 컴파운딩 기술 중의 하나이다. 두 고분자의 혼합 시 혼합도를 높이기 위해 용융상태에서 혼합한다. 연속적인 믹서(continuous mixer) 역할을 하는 이축 스크류(twin screw)를 이용하여 믹싱과 펌핑(pumping)을 한다. 그리고 이축 스크류 압출기 끝에 설치된 다이(die)를 통해 몇 가닥 원형 스트랜드(strand)를 압출하고 뒤이어 냉각조(water bath)에서 스트랜드를 냉각한다. 냉각된 스트랜드를 펠리타이저(pelletizer)에서 짧은 길이로 잘라서 최종 고분자 수지를 제조한다. 그래서 고분자 얼로이는 대부분 원형의 스트랜드가 잘린 원통형으로 제공된다.

대표적인 고분자 얼로이로는 PC/ABS, PC/PBT, PA/PP 등이 있으며, 대부분 고분자 수지의 포장지에 표기되어 있다.

7.4.3 강화제

강화제(reinforcing agent)는 고분자 수지의 기계적 물성, 특히 강성을 보완하기 위해 첨가하는 물질이다. 강화제의 기본 요건은 강도가 높아야 한다. 그리고 고분자 수지와의 접착성이 좋아야 하고 내열, 내마모, 내식성 등이 좋아야 기본 고분자 수지를 보강할 수 있다.

강화제로 가장 많이 사용하는 물질은 유리섬유(glass fiber)이다. 유리섬유는 통상 원형을 사용하는데, 지름은 대략 10 μm 내외 수준이다. 길이는 짧은 섬유(short fiber)의 경우는 3~5 mm, 긴 섬유(long fiber)는 5~10 mm 수준이다. 유리섬유의 길이가 길수록 우수한 보강효과를 보이기 때문에 가능한 한 긴 섬유로 고분자 수지에 분산시키기 위한 연구를 한다. 고분자 수지에 첨가하는 유리섬유의 양은 무게비로 대략 30% 이내 수준이다. 유리섬유가 첨가되면 강성은 크게 증가하나 충격강도는 크게 저하된다. 유리섬유 자체가 충격강도가 낮기 때문이다. 유리섬유는 성형과정에서 흐르는 방향으로 배향을 하기 때문에 성형에서도 이러한 특성을 고려하여야 한다. 고분자 수지와의 접착을 위해 유리섬유의 표면을 화학 처리(silane coating)하여 사용한다.

탄소섬유(carbon fiber)는 고분자의 기계적인 물성보강 능력이 현재 가장 뛰어난 첨가제이다. 유리섬유보다 월등한 고강도 및 고탄성률을 보이지만 매우 고가여서 고부가가치 제품에 제한적으로 사용되고 있다. 탄소섬유의 생산이 획기적으로 발전하여 가격이 하락하면 많은 부분에 사용될 것으로 예측된다. 유리섬유나 탄소섬유가 포함된 고분자 수지는 재활용이 어렵기 때문에 이들의 적용에 주의가 필요하다.

7.4.4 충진제

충진제는 고분자 수지의 가공성을 개선하거나 증량제로 사용한다. 증량제는 고분자 수지가 용도에 비해 물성이 너무 좋은 경우에 원가를 절감하기 위해 사용하는 첨가제이다. 충진제로 쓰이는 몇 가지 물질들에 대해 알아보자. 탈크(talc)는 주로 증량제로 사용하고 마이카(mica)는 전기절연성을 향상시킨다. 실리카(silica)는 내열성과 내약품성을 향상시키기 위해 사용한다. 칼슘카보네이트($CaCO_3$)는 수지의 유연성을 향상시키기 위해 첨가한다. 카본 블랙(carbon black)은 검은색을 내기 위해 첨가한다. 또 대전방지의 기능도 한다. 황산바륨(Barium Sulfate, $BaSO_4$)은 비중을 높이고 표면의 광택을 위해 첨가한다. 이산화티타늄(TiO_2)은 흰색을 내기 위해 사용한다. 또 차광성의 효과도 있다. 이황화몰리브덴(MoS_2)은 내마모성을 향상시키기 위해 첨가한다.

방향성이 없는 형상의 무기 충진제는 성형수축을 줄이며 수축의 이방성을 줄이는 특성이 있다.

7.4.5 기능 보강제 및 난연제

기능 보강제는 고분자의 기본 성질에 기능을 추가하기 위해 사용한다. 충격 보강제(impact modifier)는 기본 고분자의 충격을 보강하기 위해 유리전이온도가 낮은 물질, 즉 고무나 탄성체를 사용한다. 이러한 충격 보강제는 기본 고분자 수지(matrix)와의 상용성이 매우 중요하므로 세심하게 선정해야 한다. 가소제(plasticizer)는 기본 고분자 수지의 흐름성을 높이기 위해 사용한다. 가소제는 고분자 체인 사이에 분산되어 체인의 움직임을 향상시켜 결국 수지의 흐름성을 높인다.

난연제(flame retardant)는 고분자의 연소를 지연시키는 역할을 한다. 브롬, 인, 실리콘 등을 이용하여 난연 특성을 부여하는데 난연제를 포함한 수지는 가스 발생이 많아 성형 시 주의가 필요하다. 브롬은 연소 시 유독가스를 내므로 인이나 실리콘 위주로 난연 수지가 개발된다.

7.4.6 기타 첨가제

고분자 수지에 첨가되는 첨가제는 종류가 많고 계속 개발되고 있는데 대표적으로 몇 가지 첨가제를 소개하고 첨가제가 하는 역할에 대해 알아보도록 하자. 현장에서 사용하는 고분자 수지는 기본 고분자 수지의 요구특성에 따라 몇 가지의 첨가제가 함께 첨가된 경우가 대부분이다. 따라서 첨가제의 특성을 파악하는 것은 기본 고분자 수지 못지않게 중요한 일이다. 성형 중 수지에서 문제가 발생하는 것은 기본 고분자 수지보다는 첨가제에 원인이 있는 경우가 많다. 기본 고분자 수지는 분자량이 높고 또 그들은 강한 공유결합으로 연결되어 있어 분해가 쉽지 않다. 그러나 유기물로 형성된 첨가제는 대부분 분자량이 낮아 열에 약하다.

(1) 물리적 특성과 가공성을 향상시키는 첨가제

대전방지제(anti-static agent)는 고분자 제품의 표면 저항을 줄여 전하의 방전을 도와 정전기에 의한 스파크 발생을 억제하는 첨가제이다. 각종 계면활성제, 카본 블랙, 금속 충진제를 이용하여 고분자 수지의 전기전도도를 향상시키면 대전 방지가 가능하다. 건물 높은 곳에 설치되는 플라스틱 간판은 청소하기가 불편한데 대전방지제가 첨가된 수지로 간판을 제작하면 먼지가 잘 달라붙지 않는 특성을 보여 자주 청소하지 않아도 된다.

고분자 수지와 금속은 극성에 따라 서로 분리되는 특성이 다르다. 이형제(mold releasing agent)는 성형품이 금형에서 쉽게 분리되도록 하기 위한 첨가제이다. 가소제와 유사성이 있는데, 가소제는 고분자 수지가 흐를 때 고분자 체인 사이에 들어가 유동성을 증가시키는 반면 이형제는 고분자 수지가 흐를 때 금형 벽면으로 이동하여 고분자 수지와 금속과의 이탈을 쉽게 한다.

(2) 기본 고분자의 물성을 보호하는 첨가제

산화방지제는 대기 중의 산소와 결합에 의한 산화를 방지하기 위해 첨가한다. 고분자 수지를 수분을 흡수한 상태로 성형하면 고분자 수지가 분해되어 분자량이 떨어지면서 물성의 저하가 일어난다. 이러한 현상을 방지하기 위해 내가수분해제를 첨가하여 컴파운드를 제조한다. 내가수분해제는 고분자 수지가 수분을 흡수하여 분해되는 것을 방지하는 첨가제이다. 고분자 수지의 중합은 크게 축중합(condensation polymerization)과

부가중합(addition polymerization)으로 나눌 수 있는데, 축중합은 두 화학물질이 반응하여 거대한 분자량의 고분자가 되면서 분자량이 작은 부가물이 생성된다. 축중합으로 제조되면서 부가물로 물이 생성된 고분자의 경우 물을 첨가하고 온도와 압력을 올리면 역으로 고분자가 분해되는 반응이 일어난다. 그래서 물이 생성된 축중합에 의해 제조된 고분자 수지는 내가수분해제를 첨가하여 수분 흡수에 대한 안정성을 갖도록 한다. 부가중합은 반복유닛이 연속적으로 붙어서 고분자가 형성되는 반응이며 부가물이 발생하지 않는다. 따라서 부가중합으로 제조된 고분자 수지에는 내가수분해제를 첨가하지 않는다.

UV(ultra violet) 안정제는 햇빛에 노출되는 투명 수지에 사용된다. 고분자 수지가 UV에 노출되면 고분자가 분해되어 색이 변하며 물성도 저하된다. 대표적으로 자동차 헤드램프 커버에는 UV 안정제가 포함된 투명 PC를 사용한다.

(3) 특별한 성질을 향상시키는 첨가제

결성성 수지에서 결정의 역할은 중요하다. 결정의 입도를 고르게 하고 결정화 속도를 높이기 위해 첨가하는 물질이 핵제(nucleation agent)이다. 핵제로는 주로 무기물로 된 미립자를 사용한다. 고분자 수지에서 무기물 미립자와 같은 불순물은 핵을 생성하는 자리(nucleation site)를 제공해주는 역할을 한다.

착색제는 고분자 수지에 색을 입히는 역할을 한다. 착색하는 가공을 용이하게 하기 위해 주로 색을 갖는 농축물(master batch)을 만들고 이를 고분자 수지와 혼합하여 컴파운드를 제작한다. 착색을 위한 물질은 안료(pigment)와 염료(dye stuff)로 나뉘는데, 안료는 색을 갖는 물질(주로 무기물)이 고분자 수지 속에 들어가서 화학적 반응 없이 전체적으로 특정한 색을 띠게 하는 것이고, 염료는 주로 유기물을 사용하여 화학적 반응으로 고분자 수지를 특정한 색으로 물들게 하여 색을 나타내게 하는 것이다. 착색제가 유기물인지 무기물인지에 따라 열에 대한 특성이 다르다.

찾아보기

INDEX

ㅈ

ㅊ

기타

사출성형의 원리와 응용

2022년 2월 14일 초판 발행
등록번호 1968.10.28. 제406-2006-000035호
ISBN 978-89-363-2295-3(93530)
값 25,500원

지은이
류민영
펴낸이
류원식
편집팀장
김경수
책임진행
안영선
표지디자인
신나리
본문편집
홍익m&b

펴낸곳
교문사
10881, 경기도 파주시 문발로 116
문의
Tel. 031-955-6111
Fax. 031-955-0955
www.gyomoon.com
e-mail. genie@gyomoon.com

저자 소개

류민영

[경력]
서울과학기술대학교 기계시스템디자인공학과 교수
삼양사 중앙연구소 수석연구원(유변학, 고분자가공)
LG 생산기술연구원 주임연구원(사출성형, CAE)
삼성전기 기술고문(사출금형, 사출성형, 고분자재료)
우진플라임 기술고문(사출성형공정, 수지 가소화)

[학력]
박사, The Univ. of Akron, Department of Polymer Engineering(고분자가공), USA
석사, KAIST, 기계공학과(생산공학)
학사, 한양대학교 기계공학부(기계설계)

[연구분야]
고분자 재료 및 가공(사출, 압출, 블로잉, 코팅 등)
고분자 성형공정의 CAE
플라스틱 제품의 구조 및 열 해석
다이 및 금형 설계
고분자 3D & 4D 프린팅